駿台

2025
大学入学 共通テスト
実戦問題集

数学 I・A

駿台文庫編

は　じ　め　に

　1990 年度から 31 年間にわたって実施されてきた大学入試センター試験に代わり，2021 年度から「大学入学共通テスト」が始まった。次回で 5 年目に突入する共通テストであるが，その問題には目新しいものも多く，また，2025 年度は新課程初年度ということもあり，どのような問題が出題されるか不安に感じる受験生も少なくないだろう。

　出題範囲については，従来通り教科書の範囲から出題されるので，教科書の内容を正しく把握していれば特に問題はないと思われる。また，共通テスト特有の思考力を問う問題については，様々なタイプの問題にあたっておくことが有効な対策となろう。

　本書は，本番に予想される問題のねらい・形式・内容・レベルなどを徹底的に研究した**実戦問題 5 回分**に加え，**試作問題**および 2024・2023 年度本試験の**過去問題 2 回分**を収録した対策問題集である。そして，**わかりやすく，ポイントをついた解説**によって学力を補強し，**ゆるぎない自信を保証**しようとするものである。

　次に，特に注意すべき点を記しておく。

1　基礎事項は正確に覚えよ。　教科書をもう一度ていねいに読み返すこと。忘れていたことや知らなかったことは，内容をしっかり理解した上で徹底的に覚える。

2　公式・定理は的確に活用せよ。　限られた時間内に正しい結果を得るためには，何をどのように用いればよいかを的確に判断することが肝要。このためには，重要な公式や定理は，事実をただ暗記するのではなく，その意味と証明も理解し，どのような形で用いるのかをまとめておきたい。

3　図形を描け。　穴埋め問題だからといって，図やグラフをいい加減に扱ってはいけない。図形を正しく描けば，容易に答が見えてくることが多い。関数のグラフについても同じことが言える。

4　計算力をつける。　考え方が正しくても，途中の計算が違っていれば 0 点である。特に，答だけが要求される共通テストでは，よほど慎重に計算しないと駄目。普段から，易しい問題でも最後まで計算するようにしておくことがたいせつである。

5　解答欄に注意する。　解答欄の形を見れば，どのような答になるのか，大略の見当がつくことがある。考え違い・計算ミスを防ぐためにも，まず解答欄を見ておくとよい。

　この「大学入学共通テスト 実戦問題集」および姉妹編の「大学入学共通テスト実戦パッケージ問題 青パック」を徹底的に学習することによって，みごと栄冠を勝ち取られることを祈ってやまない。

（編集責任者）　吉川浩之・榎明夫

本書の特長と利用法

●特　長

1　実戦問題５回分，試作問題，過去問題２回分の計８回分の問題を掲載！

　　計８回の全てに，ていねいでわかりやすい解説を施しました。また，本書収録の実戦問題は，全５回すべてが2022年度大学入試センター公表の試作問題の形式に対応しています。

2　重要事項の総復習ができる！

　　別冊巻頭には，共通テストに必要な重要事項をまとめた「直前チェック総整理」を掲載しています。コンパクトにまとめてありますので，限られた時間で効率よく重要事項をチェックすることができます。

3　各問に難易度を掲載！

　　8回分の全ての解説に，**設問ごとの難易度を掲載**しました。学習の際の参考としてください。

　　★…教科書と同レベル，★★…教科書よりやや難しい，★★★…教科書よりかなり難しい

4　自分の偏差値がわかる！

　　共通テスト本試験の各回の解答・解説のはじめに，大学入試センター公表の平均点と標準偏差をもとに作成した偏差値表を掲載しました。「自分の得点でどのくらいの偏差値になるのか」が一目でわかります。

5　わかりやすい解説で２次試験の準備も！

　　解説は，ていねいでわかりやすいだけでなく，そのテーマの背景，周辺の重要事項まで解説してありますので，２次試験の準備にも効果を発揮します。

●利用法

1　問題は，実際の試験に臨むつもりで，必ずマークシート解答用紙を用いて，制限時間を設けて取り組んでください。

2　解答したあとは，自己採点（結果は解答ページの自己採点欄に記入しておく）を行い，ウイークポイントの発見に役立ててください。ウイークポイントがあったら，再度同じ問題に挑戦し，わからないところは教科書や「直前チェック総整理」で調べるなどして克服しましょう！

●マークシート解答用紙を利用するにあたって

※実戦問題・試作問題と，過去問題ではマークシートの内容が異なります。

1　氏名・フリガナ，受験番号・試験場コードを記入する

　　受験番号・試験場コード欄には，クラス番号などを記入して，練習用として使用してください。

2　解答科目欄をマークする

　　特に，解答科目が無マークまたは複数マークの場合は，０点になります。

3　１つの欄には１つだけマークする

新課程における 大学入学共通テスト・数学　出題分野対応一覧

科目	内容	大問の番号
数学Ⅰ	数と式	第1問
	集合と命題	第1問
	2次関数	第1問，第2問
	図形と計量	第1問，第2問
	データの分析	第2問
数学A	図形の性質	第5問
	場合の数と確率	第3問

（注）　旧課程で出題された 2023，2024 年度の数学Ⅰ・Aの問題が，新課程のどの分野に相当する
　　のかを，大問の番号で表している。ただし，おおまかな分類であって厳密なものではない。

2025 年度版 共通テスト実戦問題集『数学Ⅰ・A』 出題分野一覧

科 目	分野	内容	実戦問題					過去問題		
			第1回	第2回	第3回	第4回	第5回	試作問題	2024本試	2023本試
数学Ⅰ	数と式	実数	○	○	○	○	○	○	○	○
		整式の計算					○	○		○
		1次不等式	○			○				○
		集合と命題		○	○	○				
	2次関数	2次関数のグラフ	○	○	○					○
		2次関数の最大・最小	○	○		○	○	○	○	
		2次方程式・2次不等式	○	○		○	○	○	○	
	図形と計量	三角比	○	○	○	○		○		○
		正弦定理・余弦定理	○	○	○	○		○		
		図形の計量	○	○				○		○
	データの分析	データの整理	○	○					○	
		データの代表値	○	○					○	
		データの散らばり	○	○					○	
		データの相関	○	○					○	○
		仮説検定			○			○		
数学A	図形の性質	三角形とその性質	○	○	○	○	○	○		○
		チェバ・メネラウスの定理		○	○	○			○	
		円の性質	○	○	○	○	○	○		○
		方べきの定理・接弦定理	○		○			○	○	
		空間図形				○				
	場合の数と確率	場合の数			○	○			○	○
		確率	○	○	○	○	○			
		反復試行の確率				○		○	○	
		条件付き確率	○	○	○	○	○	○		
		期待値	○	○	○	○	○	○		

(注) 出題されている分野を○で上の表に示した。

2025 年度版 共通テスト実戦問題集『数学Ⅰ・A』 難易度一覧

	年度・回数	第1問	第2問	第3問	第4問	第5問
実戦問題	第1回	〔1〕…★ 〔2〕…★ 〔3〕…★★	〔1〕…★ 〔2〕…★	★★	★★★	
	第2回	〔1〕…★ 〔2〕…★★	〔1〕…★★ 〔2〕…★★	★	★★	
	第3回	〔1〕…★ 〔2〕…★ 〔3〕…★★	〔1〕…★★ 〔2〕…★★	★★	★★	
	第4回	〔1〕…★ 〔2〕…★ 〔3〕…★	〔1〕…★★ 〔2〕…★★ 〔3〕…★★	〔1〕…★★ 〔2〕…★★	★★	
	第5回	〔1〕…★ 〔2〕…★ 〔3〕…★★	〔1〕…★ 〔2〕…★	★★	★★	
過去問題	試作問題	〔1〕…★ 〔2〕…★★	〔1〕…★ 〔2〕…★★	★	★★	
	2024 本試験	〔1〕…★ 〔2〕…★★	〔1〕…★★ 〔2〕…★	★★	★★	★★
	2023 本試験	〔1〕…★ 〔2〕…★★	〔1〕…★ 〔2〕…★	★	★	★★

（注）

1° 表記に用いた記号の意味は次の通りである。

　★　　……教科書と同じレベル

　★★　……教科書よりやや難しいレベル

　★★★……教科書よりかなり難しいレベル

2° 難易度評価は現行課程教科書を基準とした。

2025年度　大学入学共通テスト　出題教科・科目

以下は，大学入試センターが公表している大学入学共通テストの出題教科・科目等の一覧表です。

最新の情報は，大学入試センター web サイト（http://www.dnc.ac.jp）でご確認ください。

不明点について個別に確認したい場合は，下記の電話番号へ，原則として志願者本人がお問い合わせください。

●問い合わせ先　大学入試センター　TEL　03-3465-8600　（土日祝日，5月2日，12月29日〜1月3日を除く　9時30分〜17時）

教科	グループ	出題科目	出題方法 （出題範囲，出題科目選択の方法等） 出題範囲について特記がない場合，出題科目名に含まれる学習指導要領の科目の内容を総合した出題範囲とする。	試験時間（配点）
国語		『国　語』	・「現代の国語」及び「言語文化」を出題範囲とし，近代以降の文章及び古典（古文，漢文）を出題する。	90分（200点）（注1）
地理歴史 公民		『地理総合，地理探究』 『歴史総合，日本史探究』 『歴史総合，世界史探究』→(b) 『公共，倫理』 『公共，政治・経済』 『地理総合／歴史総合／公共』 　　　　　　　→(a) ※(a)：必履修科目を組み合わせた出題科目 　(b)：必履修科目と選択科目を組み合わせた出題科目	・左記出題科目の6科目のうちから最大2科目を選択し，解答する。 ・(a)の『地理総合／歴史総合／公共』は，「地理総合」，「歴史総合」及び「公共」の3つを出題範囲とし，そのうち2つを選択解答する（配点は各50点）。 ・2科目を選択する場合，以下の組合せを選択することはできない。 　(b)のうちから2科目を選択する場合 　　『公共，倫理』と『公共，政治・経済』の組合せを選択することはできない。 　(b)のうちから1科目及び(a)を選択する場合 　　(b)については，(a)で選択解答するものと同一名称を含む科目を選択することはできない。（注2） ・受験する科目数は出願時に申し出ること。	1科目選択 60分（100点） 2科目選択 130分（注3） （うち解答時間120分） （200点）
数学	①	『数学Ⅰ，数学A』 『数学Ⅰ』	・左記出題科目の2科目のうちから1科目を選択し，解答する。 ・「数学A」については，図形の性質，場合の数と確率の2項目に対応した出題とし，全てを解答する。	70分（100点）
	②	『数学Ⅱ，数学B，数学C』	・「数学B」及び「数学C」については，数列（数学B），統計的な推測（数学B），ベクトル（数学C）及び平面上の曲線と複素数平面（数学C）の4項目に対応した出題とし，4項目のうち3項目の内容の問題を選択解答する。	70分（100点）
理科		『物理基礎／化学基礎／生物基礎／地学基礎』 『物　理』 『化　学』 『生　物』 『地　学』	・左記出題科目の5科目のうちから最大2科目を選択し，解答する。 ・物理基礎／化学基礎／生物基礎／地学基礎は，「物理基礎」，「化学基礎」，「生物基礎」及び「地学基礎」の4つを出題範囲とし，そのうち2つを選択解答する（配点は各50点）。 ・受験する科目数は出願時に申し出ること。	1科目選択 60分（100点） 2科目選択 130分（注3） （うち解答時間120分） （200点）
外国語		『英　語』 『ドイツ語』 『フランス語』 『中国語』 『韓国語』	・左記出題科目の5科目のうちから1科目を選択し，解答する。 ・『英語』は「英語コミュニケーションⅠ」，「英語コミュニケーションⅡ」及び「論理・表現Ⅰ」を出題範囲とし，【リーディング】及び【リスニング】を出題する。受験者は，原則としてその両方を受験する。その他の科目については，『英語』に準じる出題範囲とし，【筆記】を出題する。 ・科目選択に当たり，『ドイツ語』，『フランス語』，『中国語』及び『韓国語』の問題冊子の配付を希望する場合は，出願時に申し出ること。	『英　語』 【リーディング】 80分（100点） 【リスニング】 60分（注4） （うち解答時間30分）（100点） 『ドイツ語』『フランス語』『中国語』『韓国語』 【筆記】 80分（200点）
情報		『情報Ⅰ』		60分（100点）

（備考）　『　』は大学入学共通テストにおける出題科目を表し，「　」は高等学校学習指導要領上設定されている科目を表す。

　　　　また，『地理総合／歴史総合／公共』や『物理基礎／化学基礎／生物基礎／地学基礎』にある"／"は，一つの出題科目の中で複数の出題範囲を選択解答することを表す。

（注１）　『国語』の分野別の大問数及び配点は，近代以降の文章が３問110点，古典が２問90点（古文・漢文各45点）とする。

（注２）　地理歴史及び公民で２科目を選択する受験者が，(b)のうちから１科目及び(a)を選択する場合において，選択可能な組合せは以下のとおり。
　　　・(b)のうちから『地理総合，地理探究』を選択する場合，(a)では「歴史総合」及び「公共」の組合せ
　　　・(b)のうちから『歴史総合，日本史探究』又は『歴史総合，世界史探究』を選択する場合，(a)では「地理総合」及び「公共」の組合せ
　　　・(b)のうちから『公共，倫理』又は『公共，政治・経済』を選択する場合，(a)では「地理総合」及び「歴史総合」の組合せ

　　　　［参考］地理歴史及び公民において，(b)のうちから１科目及び(a)を選択する場合に選択可能な組合せについて

○：選択可能　×：選択不可

		(a)		
		「地理総合」「歴史総合」	「地理総合」「公共」	「歴史総合」「公共」
(b)	『地理総合，地理探究』	×	×	○
	『歴史総合，日本史探究』	×	○	×
	『歴史総合，世界史探究』	×	○	×
	『公共，倫理』	○	×	×
	『公共，政治・経済』	○	×	×

（注３）　地理歴史及び公民並びに理科の試験時間において２科目を選択する場合は，解答順に第１解答科目及び第２解答科目に区分し各60分間で解答を行うが，第１解答科目及び第２解答科目の間に答案回収等を行うために必要な時間を加えた時間を試験時間とする。

（注４）　【リスニング】は，音声問題を用い30分間で解答を行うが，解答開始前に受験者に配付したICプレーヤーの作動確認・音量調節を受験者本人が行うために必要な時間を加えた時間を試験時間とする。
　　　　なお，『英語』以外の外国語を受験した場合，【リスニング】を受験することはできない。

2019～2024年度 共通テスト・センター試験 受験者数・平均点の推移（大学入試センター公表）

センター試験←｜→共通テスト

科目名	2019年度 受験者数	平均点	2020年度 受験者数	平均点	2021年度第1日程 受験者数	平均点	2022年度 受験者数	平均点	2023年度 受験者数	平均点	2024年度 受験者数	平均点
英語 リーディング（筆記）	537,663	123.30	518,401	116.31	476,173	58.80	480,762	61.80	463,985	53.81	449,328	51.54
英語 リスニング	531,245	31.42	512,007	28.78	474,483	56.16	479,039	59.45	461,993	62.35	447,519	67.24
数学Ⅰ・数学A	392,486	59.68	382,151	51.88	356,492	57.68	357,357	37.96	346,628	55.65	339,152	51.38
数学Ⅱ・数学B	349,405	53.21	339,925	49.03	319,696	59.93	321,691	43.06	316,728	61.48	312,255	57.74
国　語	516,858	121.55	498,200	119.33	457,304	117.51	460,966	110.26	445,358	105.74	433,173	116.50
物理基礎	20,179	30.58	20,437	33.29	19,094	37.55	19,395	30.40	17,978	28.19	17,949	28.72
化学基礎	113,801	31.22	110,955	28.20	103,073	24.65	100,461	27.73	95,515	29.42	92,894	27.31
生物基礎	141,242	30.99	137,469	32.10	127,924	29.17	125,498	23.90	119,730	24.66	115,318	31.57
地学基礎	49,745	29.62	48,758	27.03	44,319	33.52	43,943	35.47	43,070	35.03	43,372	35.56
物　理	156,568	56.94	153,140	60.68	146,041	62.36	148,585	60.72	144,914	63.39	142,525	62.97
化　学	201,332	54.67	193,476	54.79	182,359	57.59	184,028	47.63	182,224	54.01	180,779	54.77
生　物	67,614	62.89	64,623	57.56	57,878	72.64	58,676	48.81	57,895	48.46	56,596	54.82
地　学	1,936	46.34	1,684	39.51	1,356	46.65	1,350	52.72	1,659	49.85	1,792	56.62
世界史B	93,230	65.36	91,609	62.97	85,689	63.49	82,985	65.83	78,185	58.43	75,866	60.28
日本史B	169,613	63.54	160,425	65.45	143,363	64.26	147,300	52.81	137,017	59.75	131,309	56.27
地理B	146,229	62.03	143,036	66.35	138,615	60.06	141,375	58.99	139,012	60.46	136,948	65.74
現代社会	75,824	56.76	73,276	57.30	68,983	58.40	63,604	60.84	64,676	59.46	71,988	55.94
倫　理	21,585	62.25	21,202	65.37	19,954	71.96	21,843	63.29	19,878	59.02	18,199	56.44
政治・経済	52,977	56.24	50,398	53.75	45,324	57.03	45,722	56.77	44,707	50.96	39,482	44.35
倫理，政治・経済	50,886	64.22	48,341	66.51	42,948	69.26	43,831	69.73	45,578	60.59	43,839	61.26

（注1）2020年度までのセンター試験『英語』は，筆記200点満点，リスニング50点満点である。
（注2）2021年度以降の共通テスト『英語』は，リーディング及びリスニングともに100点満点である。
（注3）2021年度第1日程及び2023年度の平均点は，得点調整後のものである。

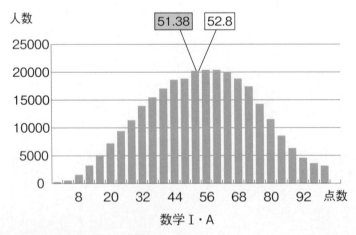

2024年度 共通テスト本試「数学Ⅰ・A」
データネット（自己採点集計）による得点別人数

　上のグラフは，2024年度大学入学共通テストデータネット（自己採点集計）に参加した，数学Ⅰ・A：290,296名の得点別人数をグラフ化したものです。
　2024年度データネット集計による平均点は 52.8 ，大学入試センター公表の2024年度本試平均点は 51.38 です。

共通テスト 攻略のポイント

過去問を徹底分析！

1979年度から始まった共通1次試験は，1990年度からセンター試験と名前を変えて，2020年度まで42年間にわたって実施されました。この間，何度か教育課程（カリキュラム）の変更があり，これに伴い出題分野も変化しながら毎年行われました。そして，2021年度から「知識の深い理解と思考力・判断力・表現力を重視」する大学入学共通テストが始まりました。さらに，2025年度からは，新しい課程のもとでの第1回目の共通テストが始まります。

2024年度の共通テストは4回目の共通テストでした。昨年と比べるとやや難しくなっていますが，昨年同様，「数学Ⅰ・数学A」の平均点の方が，「数学Ⅱ・数学B」の平均点より低くなりました。

ここでは，2022年11月に公表された試作問題と2024～2021年度共通テストを参考にして，共通テストの出題形式や問題の傾向と対策について考えてみたいと思います。

共通テストの出題形式はマークシート形式であり，数字または記号をマークして答える方式となります。計算結果としての数値をマークする場合に加え，共通テストでは，いくつかの記述の中から正しいもの（あるいは誤っているもの）を選ぶという選択式の問題が多くなっており，2024，2023年度の共通テストでは，解答群の中から選択する形式の問題が増えています。2024年の「数学Ⅱ・数学B」第1問〔1〕では，グラフの概形や領域を選択する問題が出題されています。また，「数学Ⅱ・数学B」第1問〔2〕，第2問では，正しい記述を選ぶ問題が出題されています。このような問題は，各分野における基本事項を正しく理解することが要求されるため，日頃の学習習慣として身に着けておくことが大事になってきます。

共通テストの出題内容は，「より考える力」を要求する問題が出題されています。本試験，試行調査のねらいは「思考力・判断力・表現力」を重視したことであり，実際の問題にはこのような「力」を要求される問題が多く含まれています。

2024年「数学Ⅰ・数学A」第1問〔2〕電柱の高さを求める問題，「数学Ⅱ・数学B」第2問3次曲線の点対称性に関する問題，2023年「数学Ⅱ・数学B」第1問〔1〕の三角不等式の解を求める問題など，与えられた条件から状況を正しく推測・判断していく能力を養うことも大

切です。

また，共通テストでは，従来のような「公式を用いて答を出す」ような問題も出題されていますが，試行調査と同様に

- ・公式の証明の過程を問う問題
- ・与えられた問題に対して，自らが変数を導入し，立式して答を出す問題
- ・条件を変えることによって，状況がどのように変わっていくかを問う問題
- ・高度な数学の問題を誘導によって解いていく問題

など，レベルの高い問題も出題されました。2024年「数学Ⅰ・数学A」第2問〔1〕，2023年「数学Ⅰ・数学A」第3問，第5問，「数学Ⅱ・数学B」第2問〔2〕，また，2024年「数学Ⅰ・数学A」第3問においては，同じテーマの問題を繰り返し解くという形の出題でした。

また，2021年第2日程の「数学Ⅰ・数学A」第4問は，整数問題としてラグランジュの定理の具体例に関する問題であり，このような出題は，2018年試行調査の「数学Ⅰ・数学A」第5問の平面図形でフェルマー点に関する問題がありました。

問題の形式についても，共通テスト特有の点がいくつかあります。その一つが，**会話文の導入**です。先生と生徒または生徒同士が，会話を通しながら問題の解決へと考察を進めていきます。

また，コンピュータのグラフ表示ソフトを用いた設定によって，グラフの問題を考える場面もあります。

さらに，問題の解法は一つだけに限りません。いわゆる別解がある場合は，2024年「数学Ⅱ・数学B」第5問で，花子さんと太郎さんの会話によって，2通りの解法を考えています。2023年「数学Ⅱ・数学B」第4問では方針1と方針2の両方を考えて答を導く場合もありました。

いろいろな工夫がこらされた問題の形式ですが，このことによって問題文が長文になりますので，根気強く長文の問題を読み柔軟に対応する必要もあります。

最後に，問題の題材について，従来のように数学の問題を誘導に従って解いていく問題の他に，**日常生活における現実の問題**を題材とし，それを数学的に表現し解決するタイプの問題が出題されています。また，会話文の中で，誤った解法を検討し正しい解法へと導くプロセスを示す場合などがあり，過去の入試問題ではあまり扱わ

— 11 —

れなかった題材が数学の問題として出題される可能性があります。この点については,「データの分析」のように,目新しいテーマに対する正しい理解と速い反応が要求されることになります。

以上のように,2024,2023年度共通テストをもとにして共通テストの出題内容について考えてきましたが,共通テストは4年実施されたとはいえ,新しい試みであるため未知の部分も多い状態です。まずは試作問題と2024,2023年度の問題に挑戦してみましょう。そして来年の共通テストに向けて着実に勉強を進めていきましょう。

●共通テスト数学への取り組み方

当然のことではありますが,実力がなくては共通テストの数学は解くことができません。**基本的な定理,公式を単に記憶するだけではなく,その使い方にも慣れていなければなりません。**さらに,定石的な解法も覚えておく必要があります。

しかし,共通テストの性格上,**非常に特殊な知識や巧妙なテクニックといったものは必要ではありません。**あくまでも,教科書の範囲内の考え方や知識で十分に解決することができる問題が出題されます。したがって,教科書の内容を十分に学習し,公式や定理などの深い理解と考える力を養うことが重要になります。その上で共通テストの出題形式は2次試験とは異なり特殊ですから,このことを踏まえた効率のよい学習が必要でしょう。

共通テスト数学では,途中に空所があり,空所にあてはまる答を順にマークしていく形式が今後も引き続き出題されるものと予想されます。すなわち,最後の結果をいきなり問う形式ではなく,誘導に従って順次空所を埋めていくという形式です。つまり,自分で自由に方針を決定して,最終結果に向けて推論し計算していく2次試験とは異なっています。まず最初に,出題者の意図した誘導の意味を把握しようとすることが先決です。出題者の意図した誘導の順に考えることさえできれば,最終の結果に到達することができるという点では気楽ではあります。ところが,これがなかなか難しいのです。設定された条件の下で,最終の結果に到達するアプローチは1つとは限らないし,出題者の意図した誘導の意味がつかみにくいこともあります。また,最初から出題者の意図を把握しきれずに,順次空所を埋めていくに従って,徐々に出題者の意図した誘導の意味が判然としてくるという場合もあります。

出題者の意図した誘導の意味を把握するためには,順次空所を埋めていくだけでは不十分です。最初の空所を埋める前に,まず最初の空所から最終結果の空所まで,一通り目を通すことが肝心です。一通り目を通すことにより,最終的に出題者がどのような内容を尋ねようとしているのか,また,そのためにどのようなプロセスを踏ませようとしているのかということを,途中の空所に埋めるべき内容から探らねばならないのです。

また,出題者の意図とは1つの解答方針です。数ある方針の中から,特に出題者の設定した解答方針を選び出すのですから,相当の実力が要求されます。問題を読んだとき,即座に,最終の解答を求めるための解答方針を複数思いつかねばなりません。その中から出題者の意図する解答方針を選び出すわけです。常日頃の学習態度が問われる部分です。「解ければよい」というような安易な学習態度では,共通テストの数学に対応することはできません。

しかし,共通テストの数学はマークシート形式であるため,それなりに対処しやすい面もあります。

空所のカタカナ1文字に対して,数学①(「数学I,数学A」または「数学I」),数学②(「数学II,数学B,数学C」)では,ともに符号−,0から9までの1つの数字のいずれかの1つがマークされます。したがって,自分の出した答に対して**マークされる部分が不足したり余ったりした場合は,明らかに間違いであるか,分数の場合は約分しきれていない**ことがわかります。

また,$\boxed{\text{ア}}\,a$ の場合に,$\boxed{\text{ア}}$ に1が入ることはありません。……+$\boxed{\text{ア}}\,a$ の場合に,$\boxed{\text{ア}}$ に−(マイナス)が入ることもありません。

特に座標平面上において,点の座標を求める場合,空所の形式から考えて整数値しか入らないとわかれば,丁寧に図やグラフを書くことにより,答の見当がつくこともあります。

また,答はかならず入るのだから,**1つ答が得られれば,これ以上答を探す必要もないし,十分性の確認をする必要もない**ということになります(ただし,これは必要条件としての答が正しい場合に限りますが)。

このように,マークシート形式であるがゆえに,正解への手掛かりをつかむことができるというメリットもあります。

以上が,共通テストの数学の一般的な特徴とそのための学習上の注意,および解答する場合の注意です。

以下,出題科目別にねらわれる部分について考えてみましょう。

数学 I

数と式，2次関数，図形と計量，データの分析から出題されます。

数と式

- 多項式の展開と因数分解
- 有理数と無理数の計算
  分母の有理化，対称式を利用した求値問題など。
- 1次不等式の解法
  不等式の性質についての理解，および不等式，連立不等式の解法など。
- 絶対値記号を含む方程式・不等式の解法
- 集合と命題
  集合の記号の意味や用語の使い方に慣れる。また，必要条件と十分条件の問題，条件の否定，命題の逆・裏・対偶のつくり方を学習しておきましょう。
  この分野は，他の分野との融合問題として出題されることがあります。

2次関数

- 2次関数のグラフ（放物線）の性質
  頂点の座標，軸の方程式，グラフの平行移動，対称移動など。
- 2次関数の最大・最小
  定義域に制限がある場合の最大値・最小値を求める問題，関数や定義域に文字を含む場合の最大・最小問題など。
- グラフと x 軸の位置関係
  2次方程式の解法，判別式の利用，x 軸との交点の座標，放物線が x 軸から切り取る線分の長さに関する問題など。
- 2次不等式の解法
  グラフを利用した2次不等式の解法など。

さらに，2次関数の立式や決定を問う問題が考えられます。

図形と計量

- 三角比の定義と相互関係
- 正弦定理，余弦定理
- 三角形の面積公式
- 三角形の外接円，内接円の半径

公式を利用していろいろな量の値を求める問題など。この分野は，図形の問題として出題されますから，三平方の定理，三角形の相似，円周角，円に内接する四角形の性質のような平面幾何の知識も学習しておきましょう。

データの分析

- データの代表値
  平均値，中央値（メジアン），最頻値（モード）などの値を求める。
- データの分布
  度数分布表，ヒストグラムを読み取る能力を問う。
- データの散らばり
  データの範囲，四分位数，四分位範囲および外れ値などを求め，箱ひげ図の読み方を問う。さらに，分散，標準偏差の値を計算する。また，変数変換における分散，共分散，相関係数の値の変化を考える。
- データの相関
  散布図を読み相関関係を調べるとともに，共分散，相関係数の値を求める。
- 仮説検定
  ある主張が正しいかどうかを，仮説検定の考え方を用いて判断する。

以上のように，与えられたデータからいろいろな値を計算したり，表や図の読み方を問う問題が出題されています。

数学 A

図形の性質，場合の数と確率から出題されます。

図形の性質

- 三角形の性質
  三角形の角の二等分線の性質，三角形の重心，外心，内心の性質やチェバの定理，メネラウスの定理など。
- 円の性質
  円に内接する四角形の性質，円と直線の位置関係，接弦定理（接線と弦の作る角の性質），方べきの定理，2円の位置関係など。
- 空間図形の性質
  空間における直線や平面の位置関係，多面体の性質など。

平面図形，空間図形の性質を問う問題や求値問題に注意しましょう。

場合の数と確率

・場合の数

集合の要素の個数，和の法則，積の法則を利用した数え上げ，順列，組合せの公式を用いた場合の数の計算を問う。

・確率

場合の数を利用した確率の計算，および反復試行の確率，条件付き確率の求め方を問う。また，あることがらの判断材料として期待値を利用する。

特に，確率の問題では「外見上区別がつかないものでも，かならず区別して考える」ということに注意しましょう。

解答上の注意

1 解答は，解答用紙の問題番号に対応した解答欄にマークしなさい。

2 問題の文中の ア ， イウ などには，符号（−）又は数字（0〜9）が入ります。ア，イ，ウ，…の一つ一つは，これらのいずれか一つに対応します。それらを解答用紙のア，イ，ウ，…で示された解答欄にマークして答えなさい。

   例　アイウ に − 83 と答えたいとき

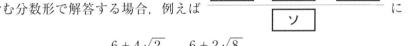

3 分数形で解答する場合，分数の符号は分子につけ，分母につけてはいけません。

   例えば，$\dfrac{\boxed{エオ}}{\boxed{カ}}$ に $-\dfrac{4}{5}$ と答えたいときは，$\dfrac{-4}{5}$ として答えなさい。

   また，それ以上約分できない形で答えなさい。

   例えば，$\dfrac{3}{4}$ と答えるところを，$\dfrac{6}{8}$ のように答えてはいけません。

4 小数の形で解答する場合，指定された桁数の一つ下の桁を四捨五入して答えなさい。また，必要に応じて，指定された桁まで⓪にマークしなさい。

   例えば，$\boxed{キ}.\boxed{クケ}$ に 2.5 と答えたいときは，2.50 として答えなさい。

5 根号を含む形で解答する場合，根号の中に現れる自然数が最小となる形で答えなさい。

   例えば，$\boxed{コ}\sqrt{\boxed{サ}}$ に $4\sqrt{2}$ と答えるところを，$2\sqrt{8}$ のように答えてはいけません。

6 根号を含む分数形で解答する場合，例えば $\dfrac{\boxed{シ}+\boxed{ス}\sqrt{\boxed{セ}}}{\boxed{ソ}}$ に $\dfrac{3+2\sqrt{2}}{2}$ と答えるところを，$\dfrac{6+4\sqrt{2}}{4}$ や $\dfrac{6+2\sqrt{8}}{4}$ のように答えてはいけません。

7 問題の文中の二重四角で表記された $\boxed{\boxed{タ}}$ などには，選択肢から一つを選んで，答えなさい。

8 同一の問題文中に $\boxed{チツ}$，$\boxed{テ}$ などが 2 度以上現れる場合，原則として，2 度目以降は，チツ，テ のように細字で表記します。

第 1 回
実 戦 問 題

（100 点　70 分）

―――● 標 準 所 要 時 間 ●―――

第1問	21分	第3問	14分
第2問	21分	第4問	14分

数　学　Ⅰ・Ａ

第1問 （配点　30）

〔1〕 実数 x の整数部分を n，小数部分を α とする。すなわち，n は

$$n \leqq x < n+1$$

を満たす整数であり，α は

$$\alpha = x - n, \quad 0 \leqq \alpha < 1$$

を満たす。

$\alpha^2 + \alpha$ のとり得る値の範囲は

$$\boxed{\ ア\ } \leqq \alpha^2 + \alpha < \boxed{\ イ\ }$$

である。

（数学Ⅰ，数学Ａ 第1問は次ページに続く。）

— 2 —

第1回　数学 I・A

$$x + \alpha^2 = \frac{15}{4} \qquad\qquad \cdots\cdots(*)$$

を満たす x を求めてみよう。

　$(*)$の左辺を n と α で表し，右辺を整数部分と小数部分に分けると

$$n + \alpha\left(\alpha + \boxed{\ \text{ウ}\ }\right) = \boxed{\ \text{エ}\ } + \frac{\boxed{\ \text{オ}\ }}{4}$$

であるから

$$n = \boxed{\ \text{カ}\ } \quad \text{または} \quad n = \boxed{\ \text{キ}\ }$$

である。ただし，$\boxed{\ \text{カ}\ } < \boxed{\ \text{キ}\ }$ とする。

　よって，$(*)$を満たす x は

$$x = \frac{\boxed{\ \text{ク}\ }}{\boxed{\ \text{ケ}\ }} \quad \text{または} \quad x = \frac{\boxed{\ \text{コ}\ } + \boxed{\ \text{サ}\ }\sqrt{\boxed{\ \text{シ}\ }}}{\boxed{\ \text{ス}\ }}$$

である。

（数学 I，数学 A 第 1 問は次ページに続く。）

— 3 —

〔2〕 以下の問題を解答するにあたっては，必要に応じて7ページの三角比の表を用いてもよい。

太郎さんは，ある展望台Aから山頂Mと湖に映る山頂Cを見ている。

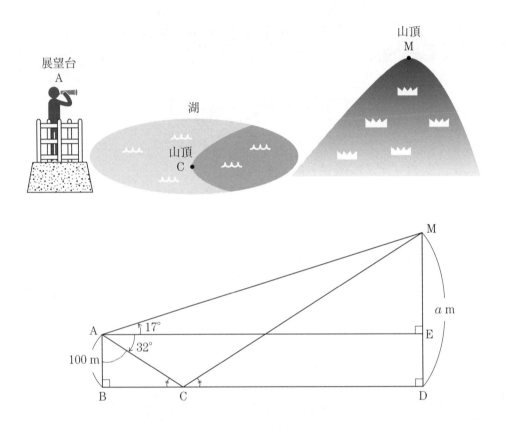

展望台Aは湖と同じ高さの地点Bから100 mの高さにある。Aから山頂Mの仰角を測ったところ17°であり，湖に映るMをCとするとAから測ったCの俯角は32°であった。ここで，Mの真下で湖と同じ高さの地点をDとすると∠ACB = ∠MCDが成り立つとする。また，点A，B，C，D，Mはすべて同一平面上にあるものとし，太郎さんの身長は考えないものとする。

(数学 I，数学 A 第1問は次ページに続く。)

第1回　数学 I・A

A から線分 MD に下ろした垂線と線分 MD との交点を E とする。

AB = 100 (m)，∠CAE = 32° であることから

$$BC = \boxed{\text{セ}} \ (m)$$

であり，D から M までの高さを a m とすると

$$CD = \boxed{\text{ソ}} \ (m)$$

である。∠MAE = 17° であることから，a を求めると

$$a = \boxed{\text{タ}}$$

である。

$\boxed{\text{セ}}$ の解答群

⓪	$100 \sin 32°$	①	$100 \cos 32°$	②	$100 \tan 32°$
③	$\dfrac{100}{\sin 32°}$	④	$\dfrac{100}{\cos 32°}$	⑤	$\dfrac{100}{\tan 32°}$

$\boxed{\text{ソ}}$ の解答群

⓪	$a \sin 32°$	①	$a \cos 32°$	②	$a \tan 32°$
③	$\dfrac{a}{\sin 32°}$	④	$\dfrac{a}{\cos 32°}$	⑤	$\dfrac{a}{\tan 32°}$

$\boxed{\text{タ}}$ については，最も適当なものを，次の⓪〜⑤のうちから一つ選べ。

⓪	192	①	292	②	392
③	492	④	592	⑤	692

（数学 I，数学 A 第 1 問は 7 ページに続く。）

（下 書 き 用 紙）

数学 I，数学 A の試験問題は次に続く。

第1回　数学 I・A

三角比の表

角	正弦（sin）	余弦（cos）	正接（tan）	角	正弦（sin）	余弦（cos）	正接（tan）
0°	0.0000	1.0000	0.0000	45°	0.7071	0.7071	1.0000
1°	0.0175	0.9998	0.0175	46°	0.7193	0.6947	1.0355
2°	0.0349	0.9994	0.0349	47°	0.7314	0.6820	1.0724
3°	0.0523	0.9986	0.0524	48°	0.7431	0.6691	1.1106
4°	0.0698	0.9976	0.0699	49°	0.7547	0.6561	1.1504
5°	0.0872	0.9962	0.0875	50°	0.7660	0.6428	1.1918
6°	0.1045	0.9945	0.1051	51°	0.7771	0.6293	1.2349
7°	0.1219	0.9925	0.1228	52°	0.7880	0.6157	1.2799
8°	0.1392	0.9903	0.1405	53°	0.7986	0.6018	1.3270
9°	0.1564	0.9877	0.1584	54°	0.8090	0.5878	1.3764
10°	0.1736	0.9848	0.1763	55°	0.8192	0.5736	1.4281
11°	0.1908	0.9816	0.1944	56°	0.8290	0.5592	1.4826
12°	0.2079	0.9781	0.2126	57°	0.8387	0.5446	1.5399
13°	0.2250	0.9744	0.2309	58°	0.8480	0.5299	1.6003
14°	0.2419	0.9703	0.2493	59°	0.8572	0.5150	1.6643
15°	0.2588	0.9659	0.2679	60°	0.8660	0.5000	1.7321
16°	0.2756	0.9613	0.2867	61°	0.8746	0.4848	1.8040
17°	0.2924	0.9563	0.3057	62°	0.8829	0.4695	1.8807
18°	0.3090	0.9511	0.3249	63°	0.8910	0.4540	1.9626
19°	0.3256	0.9455	0.3443	64°	0.8988	0.4384	2.0503
20°	0.3420	0.9397	0.3640	65°	0.9063	0.4226	2.1445
21°	0.3584	0.9336	0.3839	66°	0.9135	0.4067	2.2460
22°	0.3746	0.9272	0.4040	67°	0.9205	0.3907	2.3559
23°	0.3907	0.9205	0.4245	68°	0.9272	0.3746	2.4751
24°	0.4067	0.9135	0.4452	69°	0.9336	0.3584	2.6051
25°	0.4226	0.9063	0.4663	70°	0.9397	0.3420	2.7475
26°	0.4384	0.8988	0.4877	71°	0.9455	0.3256	2.9042
27°	0.4540	0.8910	0.5095	72°	0.9511	0.3090	3.0777
28°	0.4695	0.8829	0.5317	73°	0.9563	0.2924	3.2709
29°	0.4848	0.8746	0.5543	74°	0.9613	0.2756	3.4874
30°	0.5000	0.8660	0.5774	75°	0.9659	0.2588	3.7321
31°	0.5150	0.8572	0.6009	76°	0.9703	0.2419	4.0108
32°	0.5299	0.8480	0.6249	77°	0.9744	0.2250	4.3315
33°	0.5446	0.8387	0.6494	78°	0.9781	0.2079	4.7046
34°	0.5592	0.8290	0.6745	79°	0.9816	0.1908	5.1446
35°	0.5736	0.8192	0.7002	80°	0.9848	0.1736	5.6713
36°	0.5878	0.8090	0.7265	81°	0.9877	0.1564	6.3138
37°	0.6018	0.7986	0.7536	82°	0.9903	0.1392	7.1154
38°	0.6157	0.7880	0.7813	83°	0.9925	0.1219	8.1443
39°	0.6293	0.7771	0.8098	84°	0.9945	0.1045	9.5144
40°	0.6428	0.7660	0.8391	85°	0.9962	0.0872	11.4301
41°	0.6561	0.7547	0.8693	86°	0.9976	0.0698	14.3007
42°	0.6691	0.7431	0.9004	87°	0.9986	0.0523	19.0811
43°	0.6820	0.7314	0.9325	88°	0.9994	0.0349	28.6363
44°	0.6947	0.7193	0.9657	89°	0.9998	0.0175	57.2900
45°	0.7071	0.7071	1.0000	90°	1.0000	0.0000	―

（数学 I，数学 A 第 1 問は次ページに続く。）

〔3〕 ∠BAC = 90° の直角三角形 ABC において，AB = a，AC = 1 とする。この
とき

$$\cos\angle ABC = \boxed{\text{チ}}$$

である。

$\boxed{\text{チ}}$ の解答群

⓪ a ① $\dfrac{1}{a}$ ② $\sqrt{a^2+1}$

③ $\dfrac{1}{\sqrt{a^2+1}}$ ④ $\dfrac{\sqrt{a^2+1}}{a}$ ⑤ $\dfrac{a}{\sqrt{a^2+1}}$

(1) 辺 BC の 3 等分点のうち，B に近い方を D とする。このとき

$$AD = \frac{\sqrt{\boxed{\text{ツ}}\,a^2 + \boxed{\text{テ}}}}{\boxed{\text{ト}}}$$

であり，AD < AB となる a の値の範囲は $a > \dfrac{\sqrt{\boxed{\text{ナ}}}}{\boxed{\text{ニ}}}$ である。

(数学 I，数学 A 第 1 問は次ページに続く。)

第 1 回　数学 I・A

(2)　∠BAC の 3 等分線が辺 BC と交わる点のうち，B に近い方から順に E，F とする。このとき

$$AE = \dfrac{\boxed{ヌ}\,a}{a + \sqrt{\boxed{ネ}}}$$

であり，AE < AB となる a の値の範囲は $a > \boxed{ノ} - \sqrt{\boxed{ハ}}$ である。

また，△AEF の面積が △ABC の面積の $\dfrac{1}{4}$ 倍になるような a の値は

$$a = \sqrt{\boxed{ヒ}}, \quad \sqrt{\dfrac{\boxed{フ}}{\boxed{ヘ}}}$$

である。

— 9 —

第2問 （配点　30）

〔1〕　ジョギングをしたときの消費カロリーは，体重，走る速さ，走る時間のそれぞれにおおむね比例すると言われている。そこで，消費カロリーを z (kcal)，体重を w (kg)，走る速さを x (km/h)，走る時間を y (時間)とすると，正の実数 a を用いて

$$z = awxy$$

と表せるものとする。以下，単位は必要のない限り省略する。

　　時々ジョギングをしている太郎さんは，この関係式について花子さんと話している。

太郎：x と y の両方を大きくすると z も大きくなるね。

花子：それはそうだけれど，あんまり速く走りすぎると，疲れて長い時間走れないから，x と y の両方を同時に大きくするのは難しいんじゃないかな。

太郎：確かにそうだね。

---

(1)　太郎さんは疲労のことも考え，走る時間を 15 分以上 60 分以下として，走る速さに対して走る時間を次の表のように計画した。

走る速さ(km/h)	7	9	12
走る時間(分)	55	45	30

　　走る時間が，走る速さの 1 次関数で表されると考える。走る時間の単位に注意すると，走る時間 y (時間)は走る速さ x を用いて

$$y = \frac{-x + \boxed{アイ}}{12} \qquad \cdots\cdots①$$

と表される。走る時間を 15 分以上 60 分以下としているので，x の値の範囲は

$$\boxed{ウ} \leqq x \leqq \boxed{エオ}$$

である。

（数学 I，数学 A 第 2 問は次ページに続く。）

第1回　数学I・A

(2)　以下では，$a = 1$とする。また，走る時間は15分以上60分以下とする。

太郎さんの体重を60 kgとし，走る速さと走る時間の関係は①であるとすると，消費カロリーzは走る速さxを用いて

$$z = \boxed{カキ}\, x^2 + \boxed{クケ}\, x$$

と表される。よって，消費カロリーが最大になるのは，走る速さが$\boxed{コ}$ km/hのときであり，このときの消費カロリーは$\boxed{サシス}$ kcalである。

また，消費カロリーが250 kcal以上になるような走る速さxの値の範囲は

$$\boxed{セ} \leqq x \leqq \boxed{ソ}$$

である。

$\boxed{セ}$，$\boxed{ソ}$の解答群

⓪　3	①　6	②　9
③　12	④　15	⑤　$9 - \sqrt{31}$
⑥　$9 + \sqrt{31}$	⑦　$18 - 2\sqrt{31}$	⑧　$18 + 2\sqrt{31}$

（数学I，数学A 第2問は次ページに続く。）

— 11 —

〔2〕 総務省が実施している家計調査では，品目別に47都道府県庁所在市および5政令指定都市(川崎市，相模原市，浜松市，堺市，北九州市)の1世帯(二人以上)当たりの年間品目別支出金額(単位は千円)と購入数量(単位はg)が公表されている。以下，47都道府県庁所在市および5政令指定都市を52都市とする。

なお，以下の図や表については，総務省のWebページをもとに作成している。

(1) 図1は，52都市における2018年から2020年の3年間の果物8品目について，年間購入金額の平均を箱ひげ図で表したものである。

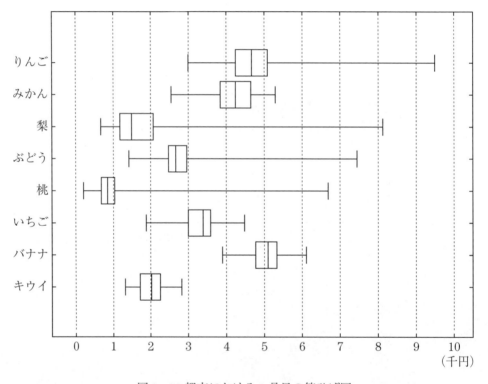

図1 52都市における8品目の箱ひげ図

(数学I，数学A 第2問は次ページに続く。)

第1回　数学Ⅰ・A

(i) 次のヒストグラムA，Bは，図1で示した8品目のうちの2品目の年間購入金額の平均のヒストグラムである。ただし，ヒストグラムの各階級の区間は，左側の数値を含み，右側の数値は含まない。

Aは タ ，Bは チ のヒストグラムである。

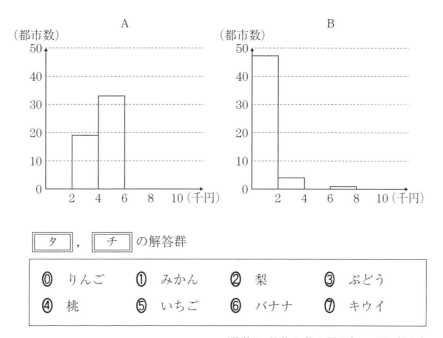

タ ， チ の解答群

⓪ りんご　① みかん　② 梨　③ ぶどう
④ 桃　⑤ いちご　⑥ バナナ　⑦ キウイ

（数学Ⅰ，数学A 第2問は次ページに続く。）

以下では，データが与えられた際，次の値を外れ値とする。

「(第 1 四分位数) − 1.5 × (四分位範囲)」以下のすべての値

「(第 3 四分位数) + 1.5 × (四分位範囲)」以上のすべての値

(ii) 図 1 から読み取れる 8 品目の年間購入金額の平均について，次の ⓪ ～ ⑥ のうち，正しくないものは ツ と テ である。

ツ ， テ の解答群（解答の順序は問わない。）

⓪ 範囲が最小の果物は桃である。

① 最大値はすべて 2000 円以上である。

② 中央値が 3000 円以上の果物は 4 品目あり，3000 円未満の果物は 4 品目ある。

③ 第 1 四分位数が 5000 円以上の果物はない。

④ 四分位偏差が 1000 円以上の果物がある。

⑤ 外れ値が存在する果物は 4 品目以上ある。

⑥ 5000 円以上の都市が 13 以上ある果物は 1 品目以上ある。

(数学 I，数学 A 第 2 問は 16 ページに続く。)

第1回　数学**I・A**

（下 書 き 用 紙）

数学 I，数学 A の試験問題は次に続く。

(2) 図2は52都市における2018年から2020年の3年間の購入数量の平均について，左の散布図は，横軸を生鮮果物の合計に，縦軸をりんごにとったもので，右の散布図は，横軸を生鮮果物の合計に，縦軸をバナナにとった散布図である。なお，これらの散布図には，完全に重なっている点はない。

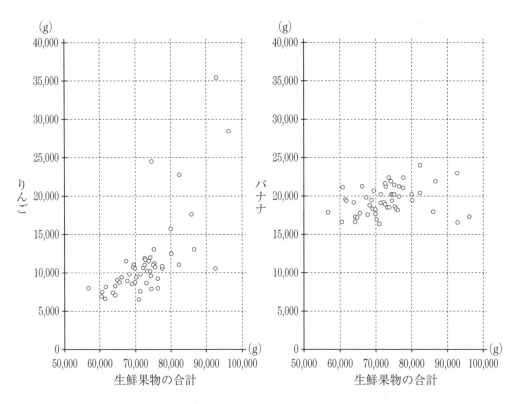

図2　52都市における，生鮮果物の合計とりんごの購入数量の散布図および生鮮果物の合計とバナナの購入数量の散布図

（数学Ⅰ，数学A 第2問は次ページに続く。）

第 1 回　数学 I・A

次の (I), (II), (III) は，図 2 から読み取れることを記述したものである。

(I)　生鮮果物の合計の購入数量が最小の都市はりんごの購入数量は最小
　　でないが，バナナの購入数量は最小である。

(II)　りんごの購入数量の範囲はバナナの購入数量の範囲より大きい。

(III)　生鮮果物の合計の購入数量とりんごの購入数量の間には正の相関が
　　あり，生鮮果物の合計の購入数量とバナナの購入数量の間には負の相
　　関がある。

(I), (II), (III) の正誤の組合せとして正しいものは　ト　である。

ト　の解答群

	⓪	①	②	③	④	⑤	⑥	⑦
(I)	正	正	正	正	誤	誤	誤	誤
(II)	正	正	誤	誤	正	正	誤	誤
(III)	正	誤	正	誤	正	誤	正	誤

（数学 I，数学 A 第 2 問は次ページに続く。）

— 17 —

(3)　表1は，52都市においていちごとキウイの購入数量の平均値，分散，標準偏差および共分散を算出してまとめたものである。ただし，共分散は52のそれぞれの都市における，いちごの購入数量の偏差とキウイの購入数量の偏差との積の平均値である。また，表1の値は小数第一位を四捨五入してある。

表1　52都市における，いちごとキウイの購入数量の平均値，
分散，標準偏差および共分散

	平均値	分散	標準偏差	共分散
いちごの購入数量	2367	244902	495	80133
キウイの購入数量	2485	288318	537	

(i)　表1を用いると，52都市におけるいちごの購入数量とキウイの購入数量の相関係数は $\boxed{\text{ナ}}$ である。

$\boxed{\text{ナ}}$ については，最も適当なものを，次の⓪〜⑦のうちから一つ選べ。

⓪ -0.89	① -0.67	② -0.30	③ -0.05
④ 0.05	⑤ 0.30	⑥ 0.67	⑦ 0.89

(数学I，数学A 第2問は次ページに続く。)

(ii) 横軸にいちごの購入数量を，縦軸にキウイの購入数量をとった散布図として正しいものは ニ である。

ニ については，最も適当なものを，次の⓪～③のうちから一つ選べ。なお，これらの散布図には，完全に重なっている点はない。

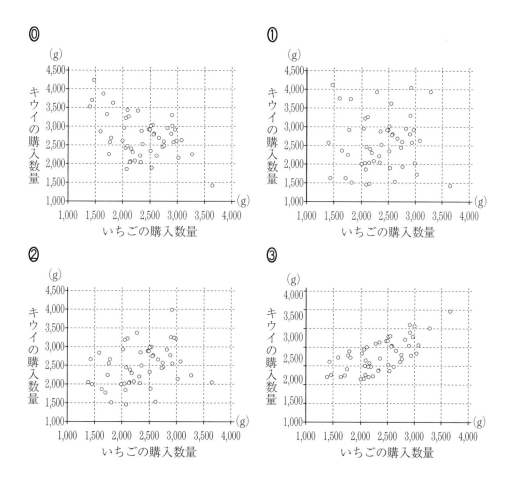

第3問 (配点 20)

三角形の3頂点から対辺またはその延長に下ろした3本の垂線は1点で交わり，その交点を垂心という。垂心についていろいろ考えてみよう。いま，△ABCを鋭角三角形とし，3頂点 A, B, C から対辺に下ろした垂線 AP, BQ, CR の交点を垂心 H とする。

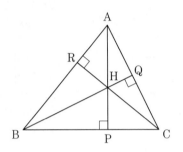

(1)　　　四角形 ARHQ において，∠HAR = ｱ

　　　　四角形 ARPC において，∠PAR = ｲ

　　　　四角形 CQHP において，∠PCH = ｳ

である。

ｱ の解答群

⓪ ∠AHR	① ∠AHQ	② ∠AQR
③ ∠HRQ	④ ∠HQR	

ｲ の解答群

⓪ ∠PCA	① ∠PCR	② ∠ACR
③ ∠PRC	④ ∠PRA	

ｳ の解答群

⓪ ∠PHC	① ∠CHQ	② ∠CQP
③ ∠PQH	④ ∠QPH	

(数学 I，数学 A 第3問は次ページに続く。)

第1回　数学 I・A

よって，$\boxed{\text{ア}} = \boxed{\text{ウ}}$ である。

他の角についても同様に考えることによって，H は $\triangle$PQR の $\boxed{\text{エ}}$ であることがわかる。

さらに，線分 AP と線分 RQ の交点を S とすると，$\dfrac{\text{RS}}{\text{QS}} = \boxed{\text{オ}}$ である。

$\boxed{\text{エ}}$ の解答群

⓪　重　心　　　①　外　心　　　②　内　心　　　③　垂　心

$\boxed{\text{オ}}$ の解答群

⓪　$\dfrac{\text{AR}}{\text{AQ}}$　　　　　①　$\dfrac{\text{PR}}{\text{PQ}}$　　　　　②　$\dfrac{\text{HR}}{\text{HQ}}$

③　$\dfrac{\text{BP}}{\text{CP}}$　　　　　④　$\dfrac{\text{CP}}{\text{BP}}$

(2)　BP $= 1$，CP $= 2$ とする。

$$\text{BH} \cdot \text{BQ} = \boxed{\text{カ}}$$

$$\text{CH} \cdot \text{CR} = \boxed{\text{キ}}$$

$$\text{AB} \cdot \text{BR} = \boxed{\text{ク}}$$

さらに AC $= \dfrac{4}{3}$ AB であるとき

$$\dfrac{\text{CQ}}{\text{BR}} = \dfrac{\boxed{\text{ケ}}}{\boxed{\text{コ}}}$$

である。

— 21 —

第4問 （配点 20）

　　太郎さんと花子さんはトランプの「神経衰弱」とよばれるゲームについて考え
ている。

　「神経衰弱」は，裏向きに並べたカードの中から，同じ数字のカードの組を当て
るゲームである。ルールは，ジョーカーを除いた52枚のカードをよく切って裏向
きに重ならないように並べ，1番目の人が裏向きのカードの中から1枚ずつ2枚
めくる。その2枚が同じ数字のカードであれば，その2枚のカードがもらえ，続
けてもう2枚のカードをめくることができる。めくった2枚のカードが同じ数字
のカードである限りはその2枚のカードがもらえ，続けて1枚ずつ2枚めくるこ
とができる。めくった2枚のカードが異なる数字のカードであれば，カードを裏
向きに戻して次の人と交代する。順番に続けていき，すべてのカードがなくなっ
たときに，一番多くカードを取った人が勝ちとなる。

（数学 I，数学 A 第4問は次ページに続く。）

第1回　数学 I・A

太郎：短い時間で勝負がつくように，枚数を減らして2人で勝負してみよう。

花子：どっちが先にカードをめくるかじゃんけんしよう。

太郎：じゃんけんぽん。じゃあ，勝った花子さんから先にどうぞ。

　以下，スペードの1，2，3とハートの1，2，3の合計6枚のカードで始めることにする。

(i)　まず，最初に花子さんが選んだ2枚のカードが同じ数字のカードである確率は $\dfrac{\boxed{ア}}{\boxed{イ}}$ であり，このとき，続いて花子さんが残った4枚のカードから選んだ2枚のカードが同じ数字のカードである条件付き確率は $\dfrac{\boxed{ウ}}{\boxed{エ}}$ である。したがって，花子さんが3回連続で同じ数字のカードを取り，勝つ確率は $\dfrac{\boxed{オ}}{\boxed{カキ}}$ である。

(数学 I，数学 A 第 4 問は次ページに続く。)

太郎：交代したとき，前の人がめくったカードの数字が分かるから，後の
　　　順番の人の方が有利だね。

花子：そうだね。裏向きのカードの中に数字が分かっているカードがあ
　　　れば，まずはそれ以外のカードを1枚選ぶ方がよさそうだね。

次の**仮定**の下で，確率を計算してみよう。

仮定

- 数字が分かっているカードがある場合，それ以外の数字が分かってい
  ないカードの中からまず1枚選ぶ。
- 選んだカードに書かれた数字が，数字が分かっているカードと同じ場
  合は，もう1枚はその数字が分かっているカードを選び，2枚もらう。
- 選んだカードに書かれた数字が，数字が分かっているカードと異なる
  場合は，残りの数字が分かっていないカードの中からもう1枚選ぶ。

このとき，先にカードをめくる花子さんが勝つのは

- 花子さんが3回連続でカードをもらう。
- 花子さんがカードをもらえず，交代した太郎さんもカードをもらえず，
  次に花子さんが3回連続でカードをもらう。
- 花子さんがカードをもらえず，交代した太郎さんが1組だけカードをも
  らい，次に花子さんが2回連続してカードをもらう。

のいずれかである。

（数学 I，数学 A 第 4 問は次ページに続く。）

第1回　数学Ⅰ・A

(ii) 花子さんがカードをもらえず，次に交代した太郎さんもカードをもらえず，その次の花子さんが3回連続してカードをもらう確率について考えてみよう。

花子さんが最初に異なる数字のカードを2枚選ぶ確率は $\dfrac{ク}{ケ}$ である。

このとき，交代した太郎さんが数字がわかっていない4枚のカードから1枚を選び，それが初めて出る数字であり，さらに残りの数字がわかっていない3枚のカードから1枚選んだカードが1枚目と異なる数字である条件付き確率は $\dfrac{コ}{サ}$ である。

したがって，花子さんと太郎さんがともに異なる数字のカードを選ぶ確率は $\dfrac{シ}{スセ}$ である。

このとき，花子さんに交代することになり，6枚中4枚のカードの数字がわかっているので，花子さんが6枚とも取ることができ，花子さんの勝ちとなる。

（数学Ⅰ，数学A　第4問は次ページに続く。）

(iii) 花子さんがカードをもらえず，交代した太郎さんが1組だけカードをもらい，次に花子さんが2回連続でカードをもらう確率について考えてみよう。

花子さんが最初に異なる数字のカードを2枚選び，交代した太郎さんが数字がわかっていない4枚のカードから1枚を選び，それが数字がわかっているカードと同じ数字のカードであれば，同じ数字のカードを2枚選ぶことができる。さらに残った4枚のカードのうち数字がわかっていない3枚のカードから1枚を選ぶことにし，そのカードが初めて出る数字のカードであり，残り1枚を数字がわかっていない2枚のカードから1枚を選び，異なる数字のカードとなれば花子さんに交代することになり，4枚中3枚のカードの数字がわかっているので，花子さんが4枚とることができ，花子さんの勝ちとなる。この場合の確率は $\dfrac{\boxed{\text{ソ}}}{\boxed{\text{タチ}}}$ である。

(iv) 花子さんが勝つ確率と太郎さんの勝つ確率を比べると $\boxed{\text{ツ}}$ 。

$\boxed{\text{ツ}}$ の解答群

⓪ 花子さんの方が大きい
① 太郎さんの方が大きい
② 同じである

(v) 勝ったときに取ったカードの枚数で得点を与えることにする。6枚取ったときには6点，4枚取ったときには4点とすると，花子さんが勝ったときの得点の期待値は $\dfrac{\boxed{\text{テト}}}{\boxed{\text{ナニ}}}$ 点である。

第 2 回
実 戦 問 題

（100 点　70 分）

第 2 回　実戦問題

● 標 準 所 要 時 間 ●

| 第 1 問 | 21 分 | 第 3 問 | 14 分 |
| 第 2 問 | 21 分 | 第 4 問 | 14 分 |

数　学　I・A

第1問 （配点　30）

〔1〕　以下，$\sqrt{3}$ が無理数であることを用いてよい。

　（1）　a, b を有理数とする。次の二つの命題

$$A：「a + b\sqrt{3} = 0 \text{ ならば，} a = b = 0」$$
$$B：「a + b\sqrt{4} = 0 \text{ ならば，} a = b = 0」$$

の真偽の組合せとして，正しいものは ア である。

ア の解答群

	⓪	①	②	③
A	真	真	偽	偽
B	真	偽	真	偽

a, b を有理数，n を自然数とする。

$a + b\sqrt{n} = 0$ であることは $a = b = 0$ であるための イ 。

イ の解答群

- ⓪ 必要条件であるが，十分条件ではない
- ① 十分条件であるが，必要条件ではない
- ② 必要十分条件である
- ③ 必要条件でも十分条件でもない

（数学 I，数学 A 第 1 問は次ページに続く。）

— 2 —

第 2 回　数学 I・A

(2)　α, β を 0 でない実数とする。

命題：「α, β がともに有理数であるならば，$\alpha+\beta$, $\alpha\beta$, $\dfrac{\alpha}{\beta}$ はすべて有理数である」

は　ウ　である。

ウ　の解答群

⓪　真　　　　　　　　　　　　①　偽

α, β が次の各値のとき，$\alpha+\beta$, $\alpha\beta$, $\dfrac{\alpha}{\beta}$ が有理数または無理数のどちらになるか，その組合せとして正しいものを答えよ。

$\alpha=2\sqrt{3}$, $\beta=\sqrt{3}$ のとき，　エ

$\alpha=2+\sqrt{3}$, $\beta=2-\sqrt{3}$ のとき，　オ

エ，オ　の解答群（同じものを繰り返し選んでもよい。）

	⓪	①	②	③	④	⑤	⑥	⑦
$\alpha+\beta$	有理数	有理数	有理数	有理数	無理数	無理数	無理数	無理数
$\alpha\beta$	有理数	有理数	無理数	無理数	有理数	有理数	無理数	無理数
$\dfrac{\alpha}{\beta}$	有理数	無理数	有理数	無理数	有理数	無理数	有理数	無理数

（数学 I，数学 A 第 1 問は次ページに続く。）

— 3 —

$\alpha,\ \beta$ を 0 でない実数とする。

$\alpha + \beta,\ \alpha\beta,\ \dfrac{\alpha}{\beta}$ の少なくとも一つが有理数であることは、

$\alpha,\ \beta$ の少なくとも一方が有理数であるための　カ　。

カ　の解答群

⓪　必要条件であるが、十分条件ではない

①　十分条件であるが、必要条件ではない

②　必要十分条件である

③　必要条件でも十分条件でもない

（数学 I，数学 A 第 1 問は 6 ページに続く。）

第2回　数学Ⅰ・Ａ

（下 書 き 用 紙）

数学Ⅰ，数学Ａの試験問題は次に続く。

〔2〕 右の図のように，△ABC の外側に辺 BC，CA，AB をそれぞれ斜辺とする直角二等辺三角形 A'BC，AB'C，ABC' をかく。以下において

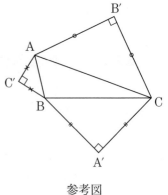

参考図

BC = a，CA = b，AB = c

∠CAB = A，∠ABC = B，∠BCA = C

とする。

(1) $b = 8$，$c = 3$，$\cos A = \dfrac{1}{2}$ のとき，$\sin A =$ キ であり，△ABC の面積は ク $\sqrt{$ ケ $}$ である。また

$a =$ コ

であり，$\sin \angle A'BC =$ サ であるから，△A'BC の面積は $\dfrac{シス}{セ}$ である。

キ ， サ の解答群(同じものを繰り返し選んでもよい。)

⓪	0	①	1	②	-1
③	$\dfrac{1}{2}$	④	$\dfrac{\sqrt{2}}{2}$	⑤	$\dfrac{\sqrt{3}}{2}$
⑥	$-\dfrac{1}{2}$	⑦	$-\dfrac{\sqrt{2}}{2}$	⑧	$-\dfrac{\sqrt{3}}{2}$

(数学 I，数学 A 第 1 問は次ページに続く。)

第 2 回　数学 I・A

以下の(2), (3)では，△ABC は**鋭角三角形**とする。

(2)　△A′BC, △AB′C, △ABC′ の面積をそれぞれ S_1, S_2, S_3 とする。このとき

$$S_1 = \boxed{\text{ソ}}$$

であり，S_2, S_3 についても，同様に考えることができる。

$\boxed{\text{ソ}}$ の解答群

⓪ $\dfrac{1}{4}a$　　① $\dfrac{\sqrt{2}}{4}a$　　② $\dfrac{1}{2}a$　　③ $\dfrac{\sqrt{2}}{2}a$　　④ a

⑤ $\dfrac{1}{4}a^2$　　⑥ $\dfrac{\sqrt{2}}{4}a^2$　　⑦ $\dfrac{1}{2}a^2$　　⑧ $\dfrac{\sqrt{2}}{2}a^2$　　⑨ a^2

（数学 I，数学 A 第 1 問は次ページに続く。）

— 7 —

また，$\triangle AB'C'$，$\triangle A'BC'$，$\triangle A'B'C$ の面積をそれぞれ S_1'，S_2'，S_3' とする。このとき，$\angle B'CA' = \boxed{タ}$ であり，$\sin\angle B'CA' = \boxed{チ}$ であるから

$$S_3' = \boxed{ツ}$$

である。さらに，S_1'，S_2' についても，同様に考えることができる。

$\boxed{タ}$ の解答群

⓪ C　　　① $90° + C$　　　② $90° - C$　　　③ $180° - C$

④ $2C$　　　⑤ $90° + 2C$　　　⑥ $90° - 2C$　　　⑦ $180° - 2C$

$\boxed{チ}$ の解答群

⓪ $\sin C$　　　① $2\sin C$　　　② $\cos C$　　　③ $2\cos C$

④ $\sin 2C$　　　⑤ $2\sin 2C$　　　⑥ $\cos 2C$　　　⑦ $2\cos 2C$

$\boxed{ツ}$ の解答群

⓪ $\dfrac{1}{2}ab\sin C$　① $\dfrac{1}{4}ab\sin C$　② $\dfrac{1}{2}ab\cos C$　③ $\dfrac{1}{4}ab\cos C$

④ $\dfrac{1}{2}ab\sin 2C$　⑤ $\dfrac{1}{4}ab\sin 2C$　⑥ $\dfrac{1}{2}ab\cos 2C$　⑦ $\dfrac{1}{4}ab\cos 2C$

（数学 I，数学 A 第 1 問は次ページに続く。）

第2回　数学Ⅰ・A

(3)　$\triangle$ABC，$\triangle$A$'$B$'$C$'$ の面積をそれぞれ T_1，T_2 とする。

このとき，六角形 AC$'$BA$'$CB$'$ の面積は，(2)の S_1，S_2，S_3 と T_1 を用いると $\boxed{\ \text{テ}\ }$ と表すことができ，(2)の $S_1{}'$，$S_2{}'$，$S_3{}'$ と T_2 を用いると $\boxed{\ \text{ト}\ }$ と表すことができる。

したがって，$\boxed{\ \text{テ}\ }=\boxed{\ \text{ト}\ }$ が成り立ち，余弦定理を用いて変形すると

$$T_1 - T_2 = \boxed{\ \text{ナ}\ }$$

であることがわかる。

$\boxed{\ \text{テ}\ }$ の解答群

① ⓪ $(S_1 + S_2 + S_3) + T_1$　　　　① $(S_1 + S_2 + S_3) + 2T_1$

② $(S_1 + S_2 + S_3) - T_1$　　　　③ $(S_1 + S_2 + S_3) - 2T_1$

$\boxed{\ \text{ト}\ }$ の解答群

⓪ $(S_1{}' + S_2{}' + S_3{}') + T_2$　　　　① $(S_1{}' + S_2{}' + S_3{}') + 2T_2$

② $(S_1{}' + S_2{}' + S_3{}') - T_2$　　　　③ $(S_1{}' + S_2{}' + S_3{}') - 2T_2$

$\boxed{\ \text{ナ}\ }$ の解答群

⓪ $a^2 + b^2 + c^2$　　　　　　　　① $-(a^2 + b^2 + c^2)$

② $\dfrac{1}{2}(a^2 + b^2 + c^2)$　　　　　③ $-\dfrac{1}{2}(a^2 + b^2 + c^2)$

④ $\dfrac{1}{4}(a^2 + b^2 + c^2)$　　　　　⑤ $-\dfrac{1}{4}(a^2 + b^2 + c^2)$

⑥ $\dfrac{1}{8}(a^2 + b^2 + c^2)$　　　　　⑦ $-\dfrac{1}{8}(a^2 + b^2 + c^2)$

⑧ 0

— 9 —

第2問 (配点 30)

〔1〕 フィギュアスケートの世界選手権は1年に1回行われ，各回ごとに，男子シングル，女子シングル，ペア，アイスダンスの4種目が実施される。

世界選手権の男子シングル，女子シングル(以下では，それぞれ男子，女子とする)では，初めに参加選手全員がショートプログラムの演技を行い，その得点の高い順に24人がフリースケーティングの演技を行うことができる。最終的な順位は，ショートプログラムとフリースケーティングの得点の合計(総合得点)の高い順で決まる。以下では，男子，女子について，フリースケーティングの演技を行った選手の結果のみについて扱う。

なお，以下の図については，国際スケート連盟のWebページをもとに作成している。

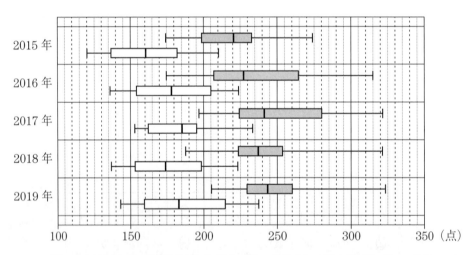

図1 男子(上側：網掛け)と女子(下側：白抜き)の総合得点の箱ひげ図

(数学Ⅰ，数学A 第2問は次ページに続く。)

第2回　数学Ⅰ・A

(1)　図1は，2015年から2019年までの五つの大会について，男子(上側：網掛け)と女子(下側：白抜き)の総合得点を，24人ずつ箱ひげ図で表したものである。ただし，2018年の女子については棄権者がいたため23人の箱ひげ図である。

　　図1から読み取れることとして，次の⓪〜④のうち，正しいものは　ア　と　イ　である。

　　ア，　イ　の解答群(解答の順序は問わない。)

⓪　同じ年における男子と女子の箱ひげ図の右側のひげの長さどうしを比較すると，どの年も男子の方が短い。

①　同じ年における男子と女子の四分位範囲どうしを比較すると，男子の方が小さい年が一つ以上ある。

②　この五つの大会について，女子の第3四分位数の最大値は，男子の第1四分位数の最小値よりも大きい。

③　2015年の女子の優勝者と同じ総合得点を2019年の大会で得た女子選手がいたとすると，その選手は2019年の大会での女子の総合得点の上位6人のうちのいずれかである。

④　2015年から2019年までの男子の総合得点全体(のべ120人)の結果について中央値を求めると，その値は250点より大きい。

(数学Ⅰ，数学A　第2問は次ページに続く。)

— 11 —

(2) 2015年から2019年までの五つの大会のうち、二つの大会を取り出して考える。下のヒストグラム a, b は、それぞれの大会の女子の総合得点についてのものである。なお、ヒストグラムの各階級の区間は、左側の数値を含み、右側の数値を含まない。

10ページの図1をもとにすると、2017年の大会の女子の総合得点についてのヒストグラムである可能性があるものは ウ 。

ウ の解答群

⓪ a だけである
① b だけである
② a と b の両方である
③ ない

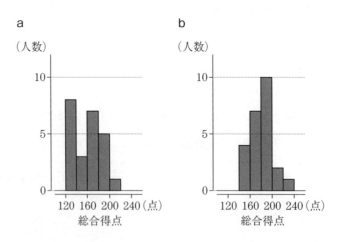

（数学Ⅰ，数学A 第2問は次ページに続く。）

第2回　数学 I・A

(3) 図2は，図1から2018年における男子の総合得点の箱ひげ図を抜き出したものと，同じデータについてのヒストグラムである。なお，ヒストグラムの各階級の区間は，左側の数値を含み，右側の数値を含まない。

2018年の男子について，「総合得点が280点以上320点未満である選手は1人もいなかった」ということは エ 。

エ の解答群

⓪ 箱ひげ図だけから正しいと判断できる
① 箱ひげ図だけから誤りと判断できる
② ヒストグラムだけから正しいと判断できる
③ ヒストグラムだけから誤りと判断できる
④ 箱ひげ図とヒストグラムの両方を用いることで初めて正しいと判断できる
⑤ 箱ひげ図とヒストグラムの両方を用いることで初めて誤りと判断できる
⑥ 図2からは正しいか誤りか判断できない

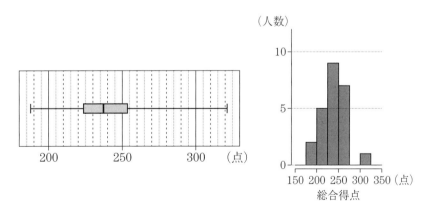

図2　2018年の男子の総合得点の箱ひげ図(左図)とヒストグラム(右図)

(数学 I，数学 A 第2問は次ページに続く。)

(4) フィギュアスケートの得点は，技術点と演技構成点の和から規定違反による減点をすることで求められる。技術点はジャンプの難しさや正確さなどに関する得点，演技構成点は演技の構成や滑りの技術などに関する得点を表す。図3は，2017年における男子の総合得点についての，技術点（横軸）と演技構成点（縦軸）の散布図である。ただし，黒丸は技術点が150点以上，白丸は技術点が150点未満の選手を表している。なお，この散布図には，完全に重なっている点はない。

次の(I)，(II)，(III)は，2017年の男子の技術点と演技構成点に関する記述である。

(I) 2017年の男子全体について技術点と演技構成点の相関係数を求めると，正の値となる。

(II) 技術点が150点未満の選手については，技術点と演技構成点には負の相関があり，技術点が150点以上の選手については，技術点と演技構成点には正の相関がある。

(III) 技術点が150点以上の選手は全員，技術点が150点未満のどの選手よりも演技構成点が高い。

(I)，(II)，(III)の正誤の組合せとして正しいものは　オ　である。

　オ　の解答群

	⓪	①	②	③	④	⑤	⑥	⑦
(I)	正	正	正	正	誤	誤	誤	誤
(II)	正	正	誤	誤	正	正	誤	誤
(III)	正	誤	正	誤	正	誤	正	誤

（数学I，数学A 第2問は次ページに続く。）

第 2 回　数学 I・A

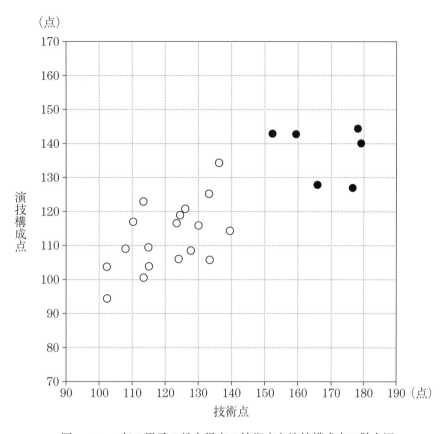

図 3　2017 年の男子の総合得点の技術点と演技構成点の散布図

(数学 I，数学 A 第 2 問は次ページに続く。)

(5) 図4は，2017年の女子のショートプログラムの得点(横軸)とフリースケーティングの得点(縦軸)の散布図である。図には，補助的に原点を通り傾きが1.6から2.4まで0.2刻みである5本の直線(細い実線)と，傾き -1 で切片が160から220まで20刻みである4本の直線(太い実線)を付加している。なお，この散布図には，完全に重なっている点はない。

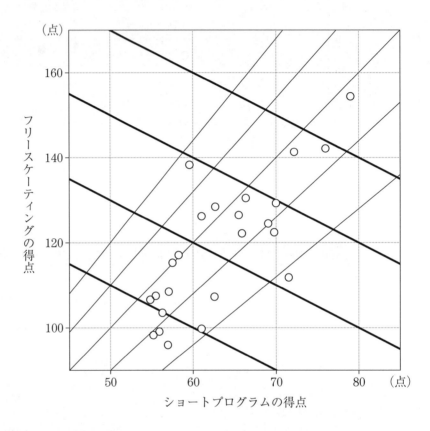

図4　2017年の女子のショートプログラムの得点とフリースケーティングの得点の散布図

(数学 I，数学 A 第 2 問は次ページに続く。)

第 2 回　数学 I・A

　ショートプログラムの得点 X，フリースケーティングの得点 Y について，総合得点 $Z = X + Y$ と，得点比 $W = \dfrac{Y}{X}$ を考える。

　横軸に Z，縦軸に W をとった散布図は ボックス カ である。

ボックス カ については，最も適当なものを，次の ⓪〜③ のうちから一つ選べ。なお，設問の都合で各散布図の横軸と縦軸の目盛りは省略しているが，横軸は右方向，縦軸は上方向がそれぞれ正の方向である。また，これらの散布図には，完全に重なっている点はない。

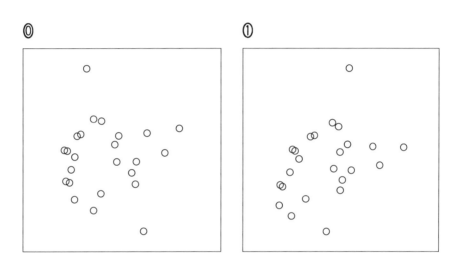

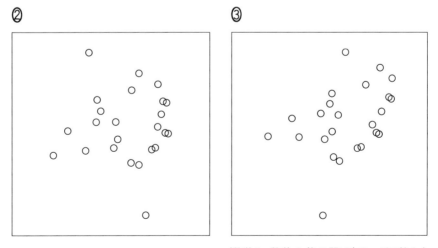

（数学 I，数学 A 第 2 問は次ページに続く。）

〔2〕 a, b を実数とし，$f(x) = (x-a)^2 - b$ とする。$y = f(x)$ のグラフを C とすると，C は x 軸と 2 点 $(9-3\sqrt{7},\ 0)$, $(9+3\sqrt{7},\ 0)$ で交わっている。

$$a = \boxed{\text{キ}}, \qquad b = \boxed{\text{クケ}}$$

である。

(1) $f(x) < 106$ を満たす x の値の範囲は $\boxed{\text{コサ}} < x < \boxed{\text{シス}}$ である。

(2) $f(10+4\sqrt{3}) = \boxed{\text{セ}}\sqrt{3} - \boxed{\text{ソタ}}$ である。

　　よって，$f(10+4\sqrt{3})\ \boxed{\text{チ}}\ 0$ であるから，$10+4\sqrt{3}\ \boxed{\text{ツ}}\ 9+3\sqrt{7}$ である。

　　　　$\boxed{\text{チ}}$, $\boxed{\text{ツ}}$ の解答群(同じものを繰り返し選んでもよい。)

⓪ $<$	① $=$	② $>$

(3) $p = a - (9+3\sqrt{7})$，$q = a + (10+4\sqrt{3})$ とする。$p \leqq x \leqq q$ における $f(x)$ の最大値は

$$\boxed{\text{テト}} + \boxed{\text{ナニ}}\sqrt{\boxed{\text{ヌ}}}$$

である。

(数学 I，数学 A 第 2 問は次ページに続く。)

— 18 —

第 2 回　数学 I・A

(4) t を実数とする。

曲線 C を x 軸方向に 1, y 軸方向に t だけ平行移動した曲線を D とし，D を表す式を $y = g(x)$ とする。

(i) D が点 $(9 - 3\sqrt{7},\ 0)$ を通るとき，$t = \boxed{ネノ} - \boxed{ハ}\sqrt{7}$ である。

(ii) $f(x) \geqq 0$ であることが $g(x) \geqq 0$ であるための必要条件となるような t の値の範囲は

$$t \boxed{ヒ} \boxed{ネノ} - \boxed{ハ}\sqrt{7}$$

である。

$\boxed{ヒ}$ の解答群

| ⓪ $<$ | ① $\leqq$ | ② $>$ | ③ $\geqq$ |

― 19 ―

第3問 (配点 20)

　ある二つの円の共通接線のうち，接線に関して同じ側に二つの円がある接線を共通外接線といい，反対側に二つの円がある接線を共通内接線という。

　太郎さんと花子さんは，図1のように共有点をもたない二つの円 O_1，O_2 の共通外接線の交点 K と共通内接線の交点 L について，何か特徴がないか考えてみることにした。ただし，円 O_1 の半径は円 O_2 の半径より小さいとする。

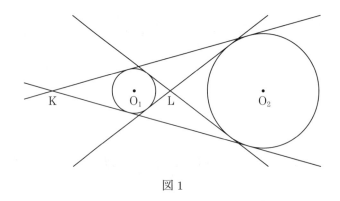

図1

花子：4点 K，O_1，L，O_2 が同一直線上にありそうだよ。

太郎：そのようだね。どうやって証明することができるのかな。

花子：一度に4点を扱うのは難しいから，3点ずつに分けて考えてみようよ。

太郎：点 K と点 L が直線 O_1O_2 上にあることを別々に示してみればいいね。

（数学 I，数学 A 第3問は次ページに続く。）

第2回　数学I・A

(1) 点Kが直線O_1O_2上にあることは、次のような**構想1**で証明できる。

構想1

図2のように、共通外接線と円O_1との接点をA、B、共通外接線と円O_2との接点をC、Dとする。

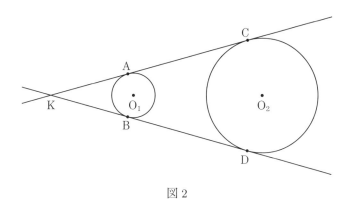

図2

点O_1が∠AKBの二等分線上にあることを示すには、 ア ≡ イ を示せばよい。

点O_2が∠CKDの二等分線上にあることを示すには、 ウ ≡ エ を示せばよい。

よって、∠AKO_1 = ∠CKO_2であるから、3点K、O_1、O_2は同一直線上にある。

ア ～ エ の解答群（ ア と イ 、および、 ウ と エ の解答の順序は問わない。）

| ⓪ △ABO_1 | ① △AKB | ② △AKO_1 | ③ △BKO_1 |
| ④ △CDO_2 | ⑤ △CKD | ⑥ △CKO_2 | ⑦ △DKO_2 |

（数学I、数学A 第3問は次ページに続く。）

(2) 点Lが直線O_1O_2上にあることは、次のような**構想2**で証明できる。

構想2

図3のように、共通内接線と円O_1との接点をE, F, 共通内接線と円O_2との接点をG, Hとする。

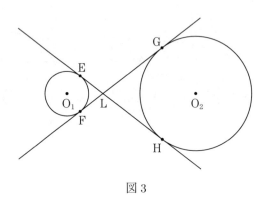

図3

∠ELF = ∠GLH であることを用いて証明する。

構想1と同様の考え方により、点O_1は∠ELFの二等分線上にあり、点O_2は∠GLHの二等分線上にある。

このことから

$$\angle ELO_1 = \frac{\boxed{オ}}{\boxed{カ}} \angle ELF, \quad \angle HLO_2 = \frac{\boxed{キ}}{\boxed{ク}} \angle GLH$$

である。

よって、$\angle ELO_1 = \angle HLO_2$ であるから、3点 L, O_1, O_2 は同一直線上にある。

太郎：点Kと点Lがともに直線O_1O_2上にあることが示せたね。

花子：これで4点 K, O_1, L, O_2 が同一直線上にあるとわかったね。

（数学Ⅰ, 数学A 第3問は次ページに続く。）

第2回　数学Ⅰ・A

(3) 二つの円の共通接線の交点の考察を終えた二人に，先生から次のような問題が出された。

問題　図4において，三つの円 O_1, O_2, O_3 の半径は，順に 2, 3, 5 であり

　　　　P は二つの円 O_1, O_2 の共通外接線の交点

　　　　Q は二つの円 O_2, O_3 の共通内接線の交点

　　　　R は二つの円 O_3, O_1 の共通内接線の交点

である。ただし，共通接線は省略されている。

(i) $\dfrac{PO_2}{PO_1}$, $\dfrac{QO_3}{QO_2}$ をそれぞれ求めよ。

(ii) 直線 PQ と線分 O_1O_3 との交点を T とする。$\dfrac{TO_1}{TO_3}$ を求めよ。

(iii) $\triangle O_1PR$, $\triangle O_3QR$ の面積をそれぞれ S_1, S_2 とする。$\dfrac{S_1}{S_2}$ を求めよ。

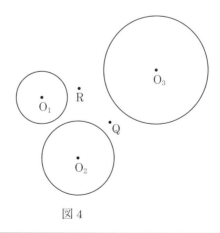

図4

（数学Ⅰ，数学A 第3問は次ページに続く。）

太郎さんと花子さんは，この問題の(i)について，次のように考察している。

> 太郎：まず(i)については，二つの円 O_1，O_2 の共通外接線，二つの円 O_2，O_3 の共通内接線を引いて考えてみようか。
> 花子：三角形の相似を利用すると求まるね。

$$\frac{PO_2}{PO_1} = \frac{\boxed{ケ}}{\boxed{コ}}, \quad \frac{QO_3}{QO_2} = \frac{\boxed{サ}}{\boxed{シ}} \text{ である。}$$

さらに，太郎さんと花子さんは，問題の(ii)，(iii)について考察を続けている。

> 太郎：(ii)を考えるために，図5をかいてみたよ。
> 花子：(i)の結果とメネラウスの定理を利用すると，$\dfrac{TO_1}{TO_3}$ が求められるね。
> 太郎：この値から直線 PQ と点 R の位置関係がわかるので，(iii)の $\dfrac{S_1}{S_2}$ も求められそうだね。

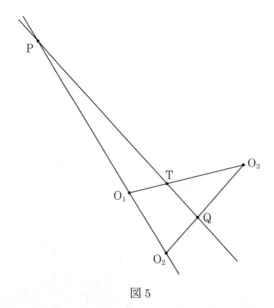

図 5

（数学 I，数学 A 第 3 問は次ページに続く。）

第2回　数学 I・A

$$\frac{\mathrm{TO_1}}{\mathrm{TO_3}} = \frac{\boxed{\text{ス}}}{\boxed{\text{セ}}}$$ である。

この値から直線 PQ と点 R の位置関係を考えると，$\boxed{\text{ソ}}$ とわかる。

よって

$$\frac{S_1}{S_2} = \frac{\boxed{\text{タチ}}}{\boxed{\text{ツテ}}}$$

である。

$\boxed{\text{ソ}}$ の解答群

⓪ 点 R は直線 PQ に関して点 O_1 と同じ側にある

① 点 R は直線 PQ 上にある

② 点 R は直線 PQ に関して点 O_3 と同じ側にある

— 25 —

第4問 （配点 20）

1から9までの番号が書かれた9枚のパネルが下の図のように並んでいる。また，1から9までの番号が一つずつ書かれた9個の球が入った袋がある。この袋の中から球を1個取り出し，その球に書かれた番号と同じ番号のパネルに穴をあける。これを1回の試行とする。

この試行を何回か行う。ただし，それぞれの試行で取り出した球は元に戻さない。このとき

 A を「縦一列に並ぶパネルのいずれか3枚すべてに穴があいている」という事象

 B を「横一列に並ぶパネルのいずれか3枚すべてに穴があいている」という事象

 C を「斜め一列に並ぶパネルのいずれか3枚すべてに穴があいている」という事象

とする。

(1) この試行を3回行う。A が起こる確率は $\dfrac{\boxed{ア}}{\boxed{イウ}}$，$C$ が起こる確率は $\dfrac{\boxed{エ}}{\boxed{オカ}}$ である。

このとき，A または B が起これば3点，C が起これば6点の点数がもらえるとする。点数の期待値は $\dfrac{\boxed{キ}}{\boxed{クケ}}$ 点である。

（数学 I，数学 A 第4問は次ページに続く。）

第2回　数学I・A

(2) この試行を5回行う。5番のパネルに穴があいており，かつ A, B がともに起こる確率は $\dfrac{\boxed{コ}}{\boxed{サシス}}$ であり，5番のパネルに穴があいておらず，かつ A, B がともに起こる確率は $\dfrac{\boxed{セ}}{\boxed{ソタ}}$ である。また，A, B, C のうちいずれか二つの事象が起こる確率は $\dfrac{\boxed{チ}}{\boxed{ツ}}$ である。よって，A, B, C のうちいずれか二つの事象が起こるという条件のもとで，5番のパネルに穴があいている条件付き確率を p_1 とすると，$p_1 = \dfrac{\boxed{テト}}{\boxed{ナニ}}$ である。

(3) この試行を5回行う。4回目の試行を終えた時点では A, B, C のいずれの事象も起こっておらず，かつ5回目の試行を終えた時点で初めて A, B, C のうちいずれか二つの事象が起こっている確率は $\dfrac{\boxed{ヌ}}{\boxed{ネノ}}$ である。よって，「4回目の試行を終えた時点では A, B, C のいずれの事象も起こっておらず，かつ5回目の試行を終えた時点で初めて A, B, C のうちいずれか二つの事象が起こっている」という条件のもとで，5番のパネルに穴があいている条件付き確率を p_2 とすると，$p_1 \boxed{ハ} p_2$ である。

$\boxed{ハ}$ の解答群

⓪ $<$	① $=$	② $>$

— 27 —

第 3 回
実 戦 問 題

（100 点　70 分）

●── 標 準 所 要 時 間 ──●

| 第1問 | 21 分 | 第3問 | 14 分 |
| 第2問 | 21 分 | 第4問 | 14 分 |

数　学　I・A

第１問　（配点　30）

〔１〕　x の関数 $f(x)=2|x-1|-x-2$ を考える。

$f(-1)=\boxed{\text{ア}}$ である。

また，$y=f(x)$ のグラフの概形は $\boxed{\text{イ}}$ である。

$\boxed{\text{イ}}$ については，最も適当なものを，次の ⓪～⑤ のうちから一つ選べ。

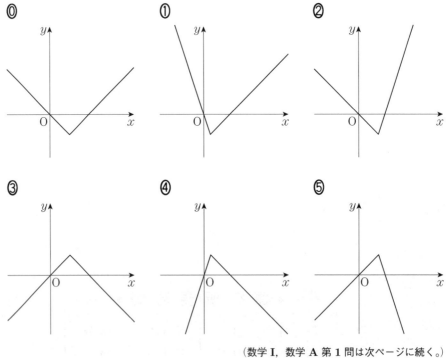

（数学 I，数学 A 第１問は次ページに続く。）

〔2〕 二つの自然数 a, b に関する三つの条件 p, q, r を次のように定める。

$p : a \leqq 3$ かつ $b \leqq 3$

$q : a + b \leqq 6$

$r : ab \leqq 6$

自然数の組 (a, b) 全体の集合を全体集合 U とする。条件 p, q, r を満たす自然数の組 (a, b) 全体の集合をそれぞれ P, Q, R とする。

(1) 条件 q の否定を $\bar{q}$, 条件 r の否定を $\bar{r}$ で表すとき

p は q であるための ウ 。

$\bar{q}$ は $\bar{r}$ であるための エ 。

ウ , エ の解答群（同じものを繰り返し選んでもよい。）

⓪ 必要条件であるが，十分条件ではない

① 十分条件であるが，必要条件ではない

② 必要十分条件である

③ 必要条件でも十分条件でもない

(2) 集合 P, Q, R の関係を表す図は オ である。ただし，全体集合 U は省略している。

オ については，最も適当なものを，次の⓪～④のうちから一つ選べ。

⓪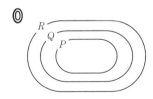
①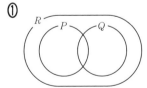
②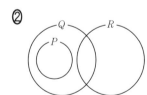
③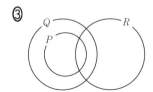
④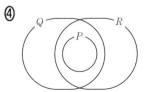

（数学 I, 数学 A 第 1 問は次ページに続く。）

〔3〕 花子さんは人気キャラクター『フロンタ』が活躍するゲーム『フロンタは絶対に落ちないよ！』に夢中になっている。このゲームは「走る」ボタンと「ブレーキ」ボタンでフロンタを操作して画面右方向に走らせ，画面右側にある落とし穴に落ちないように，いかに落とし穴間際まで近づけられるかを競うものである。

簡単のため，図1のようにフロンタの描かれているマスの右下の端を「●」で表し，これをフロンタの位置とする。図2のように画面の水平方向に x 軸を設定し，最初のフロンタの位置を $x = 0$，落とし穴の位置を $x = 100$ とする。フロンタの位置が $x = 100$ ちょうどのときは落とし穴に落ちず，$x = 100$ を超えると落とし穴に落ちるものとする。

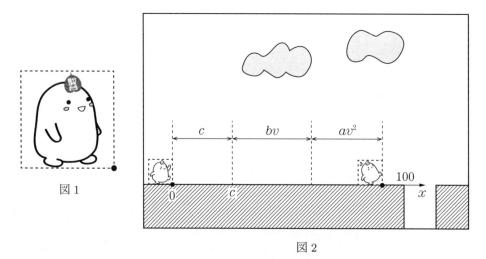

図1

図2

（数学 I，数学 A 第1問は次ページに続く。）

第3回　数学Ⅰ・A

　このゲーム機にはフロンタが1秒間に走る距離(以下，速さ)vの値を入力するボタンおよび，「走る」ボタン，「ブレーキ」ボタンがある。ただし，vは自然数とする。

　まず，$x = 0$の位置で速さvの値を入力し，次に，「走る」ボタンを押すとフロンタは速さ$2v$で右方向に走り出す。「走る」ボタンを押している間，フロンタは速さ$2v$で右方向に走り続ける。次に，「走る」ボタンを離すと，「ブレーキ」ボタンを押すまでの間，フロンタは速さvで右方向に走り続ける。そして，「ブレーキ」ボタンを押すと，フロンタはそのときの速さvの2乗に比例した距離だけ移動して，落とし穴に落ちなければ，停止する。

　落とし穴に落ちない場合のフロンタの停止する位置のx座標Xは，次のように最初に入力した速さvによって表すことができる。

- $x = c\,(0 \leqq c \leqq 100)$の位置で「走る」ボタンを離す。ただし，「走る」ボタンをたたくようにして一瞬だけ押して離すと，$c = 0$にできるものとする。
- 「走る」ボタンを離して「ブレーキ」ボタンを押すまでにb秒かかるとする。この間にフロンタは速さvで走り続けて，bvだけ右方向に移動する。よって，実際にブレーキが効き出すのは$x = c + bv$の位置からである。
- ブレーキが効き出してからフロンタが停止するまでの距離はv^2に比例する。この比例定数をaとすると，フロンタはさらにav^2だけ右方向に移動して停止する。

以上により，フロンタの停止する位置のx座標Xは

$$X = av^2 + bv + c \qquad\qquad \cdots\cdots①$$

と表される。

(数学Ⅰ，数学A 第1問は次ページに続く。)

(1) a, b, c は正の実数であり，$b^2 - 4ac > 0$ を満たすとする。u が実数全体を動くとき，$X = au^2 + bu + c$ のグラフの概形は $\boxed{\text{カ}}$ である。

$\boxed{\text{カ}}$ については，最も適当なものを，次の ⓪〜③ のうちから一つ選べ。

⓪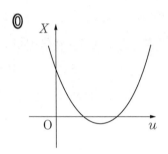

①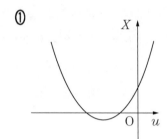

②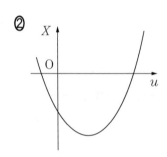

③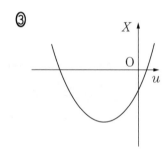

(数学 I，数学 A 第 1 問は次ページに続く。)

このグラフについて，a，bの値をそのまま変えずに，cの値だけを増加させた。cの値を増加させる前のグラフを点線で，増加させた後のグラフを実線でそれぞれ表す。このとき，$X = au^2 + bu + c$のグラフの移動の様子を示すと キ となる。

また，a，cの値をそのまま変えずに，bの値だけを増加させた。bの値を増加させる前のグラフを点線で，増加させた後のグラフを実線でそれぞれ表す。このとき，$X = au^2 + bu + c$のグラフの移動の様子を示すと ク となる。

キ ， ク については，最も適当なものを，次の⓪～⑦のうちから一つずつ選べ。ただし，同じものを繰り返し選んでもよい。なお，u軸とX軸は省略しているが，u軸は右方向，X軸は上方向がそれぞれ正の方向である。

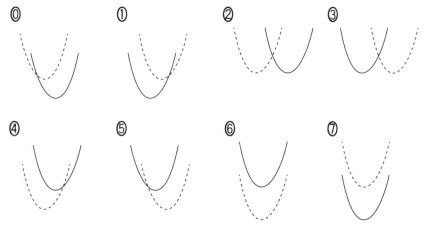

（数学 I，数学 A 第 1 問は次ページに続く。）

以下，①について考える。

(2)　花子さんがボタンを押し変えるのにかかる時間 b 秒を測ったところ，$b = 0.5$ であった。

　$v = 10$ として走り出し，$x = 60$ の位置で「走る」ボタンを離して，b 秒かかって「ブレーキ」ボタンを押したところ，フロンタは $x = 90$ の位置で停止した。これにより

$$a = \frac{\boxed{ケ}}{\boxed{コ}}$$

であることがわかる。

　よって，$v = 10$ で走り出した場合，落とし穴間際の $x = 100$ ちょうどの位置で停止するためには，$x = \boxed{サシ}$ の位置で「走る」ボタンを離す必要がある。

　また，「$c = 0$ かつ $v = v_0$」としたときの X の値を X_1，「$c = 0$ かつ $v = 2v_0$」としたときの X の値を X_2 とすると

$$\frac{X_2}{X_1} = \frac{\boxed{ス}\, v_0 + \boxed{セ}}{v_0 + \boxed{ソ}}$$

であるから，$\dfrac{X_2}{X_1} < 2$ となるような自然数 v_0 は $\boxed{タ}$。

$\boxed{タ}$ の解答群

⓪	存在しない	①	一つ存在する
②	二つ存在する	③	三つ以上存在する

第3回　数学 I・A

（下 書 き 用 紙）

数学 I，数学 A の試験問題は次に続く。

第2問 （配点 30）

〔1〕 △ABC において，BC = 4，CA = $2\sqrt{2}$，AB = x，∠ABC = θ とする。

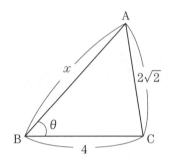

(1) $x = 2$ のとき

$$\cos\theta = \frac{\boxed{\text{ア}}}{\boxed{\text{イ}}}$$

である。また，$\cos\theta = \dfrac{\boxed{\text{ア}}}{\boxed{\text{イ}}}$ のとき

$$x = 2 \quad\text{または}\quad x = \boxed{\text{ウ}}$$

である。

（数学 I，数学 A 第 2 問は次ページに続く。）

第3回　数学 I・A

(2)　AB $=$ ウ のときを考える。辺 AB 上に $A'B = 2$ となる点 A' をとり，$\triangle ABC$ の外接円の中心を O_1，半径を R_1 とし，$\triangle A'BC$ の外接円の中心を O_2，半径を R_2 とする。

(i)　$R_1 = \dfrac{\boxed{エ} \sqrt{\boxed{オカ}}}{\boxed{キ}}$ である。

(ii)　二つの外接円についての記述として，次の ⓪～⑧ のうち，正しいものは クとケ である。

　　　ク，ケ の解答群(解答の順序は問わない。)

⓪ $R_1 < R_2$	① $R_1 = R_2$	② $R_1 > R_2$
③ $O_1O_2 /\!/ AB$	④ $O_1O_2 /\!/ BC$	⑤ $O_1O_2 /\!/ AC$
⑥ $O_1O_2 \perp AB$	⑦ $O_1O_2 \perp BC$	⑧ $O_1O_2 \perp AC$

(数学 I，数学 A 第 2 問は次ページに続く。)

— 11 —

(3) △ABC について，太郎さんと花子さんが次のような会話をしている。

太郎：(1)では，$x = 2$ のとき，θ は 1 通りに決まり，逆に

$$\cos\theta = \frac{\boxed{}}{\boxed{}}$$ のときは x が 2 通り求まったね。

花子：そうだね。x の値が決まれば，三角形の 3 辺の長さが決まるから θ は 1 通りに決まるね。

太郎：θ の値が決まれば三角形はいつでも 2 通りに定まるのか，θ の値を動かして考えてみよう。

θ のとり得る値の範囲は $0° < \theta \leq \boxed{}°$ であり，この範囲において，$\boxed{}$。

$\boxed{}$ の解答群

⓪ つねに △ABC は 2 通りに定まる

① △ABC が 1 通りに定まることがある

（数学 I，数学 A 第 2 問は次ページに続く。）

— 12 —

〔2〕 26の地区に分けられた，ある地域の分野別のデータがある。太郎さんと花子さんは地区別の年間のゴミ排出量を調べた。図1は2019年と2013年における地区別の年間のゴミ排出量を箱ひげ図に表したものである。

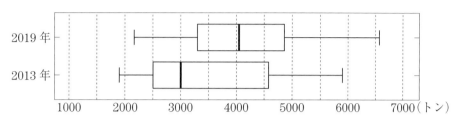

図1 2019年と2013年における地区別年間ゴミ排出量の箱ひげ図

(1) 図1から読み取れることとして，次の⓪〜④のうち，正しいものは ス である。

ス の解答群

⓪ 2019年のゴミ排出量の範囲は，2013年のゴミ排出量の範囲より小さい。

① 2013年のゴミ排出量の第3四分位数は，2019年のゴミ排出量の第1四分位数より小さい。

② 2019年のゴミ排出量の四分位範囲は，2013年のゴミ排出量の四分位範囲より大きい。

③ ゴミ排出量が4500トン以上の地区は，2013年，2019年ともに7以上ある。

④ 2019年では全地区のうち $\frac{1}{3}$ 以上の地区は，ゴミ排出量が3500トン以下である。

（数学Ⅰ，数学A 第2問は次ページに続く。）

(2) 太郎さんと花子さんは，この地域の分野別のデータをもとに散布図を作成しようと思っている。

花子：2019年のゴミ排出量を横軸にとるとしたら，縦軸にはどんな変量をとったらいいかな。
太郎：2019年の地区別の公園やスポーツ施設の数のデータがあるよ。
花子：ゴミ排出量と公園の数の散布図をつくってみようか。

図2は地区別のゴミ排出量と公園の数のデータを散布図に表したものである。

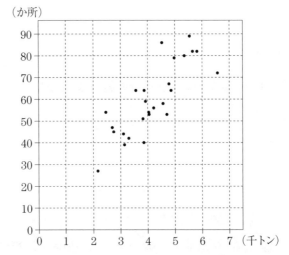

図2 地区別年間ゴミ排出量と公園の数の散布図

太郎：散布図からゴミ排出量と公園の数の間の相関が読み取れるね。
花子：相関係数もだいたい見当がつくね。でも，なんだかちょっと変な気がするんだけど……

（数学Ⅰ，数学A 第2問は次ページに続く。）

第 3 回　数学 I・A

(i)　散布図からゴミ排出量と公園の数の間には $\boxed{\text{セ}}$ ことが読み取れる。

$\boxed{\text{セ}}$ の解答群

⓪　正の相関がある　①　負の相関がある　②　相関はない

(ii)　ゴミ排出量と公園の数の相関係数の値は $\boxed{\text{ソ}}$ である。

$\boxed{\text{ソ}}$ については，最も近いものを，次の⓪〜④のうちから一つ選べ。

⓪　-0.80　①　-0.20　②　0　　③　0.20　　④　0.80

（数学 I，数学 A 第 2 問は次ページに続く。）

— 15 —

(3) 二つの変量の間の相関を，第3の因子の影響を除いた相関係数である「偏相関係数」を用いて評価することがある。

変量 x, y, z に対して，x と y の相関係数を r_{xy}，y と z の相関係数を r_{yz}，z と x の相関係数を r_{zx} としたとき，z の影響を除いた x と y の偏相関係数 $r_{xy,z}$ は

$$r_{xy,z} = \frac{r_{xy} - r_{zx} r_{yz}}{\sqrt{1 - r_{zx}^2}\sqrt{1 - r_{yz}^2}}$$

と定義される。偏相関係数 $r_{xy,z}$ の値は -1 から 1 までの値をとり，$|r_{xy,z}|$ が 1 に近いほど z の影響が小さく，0 に近いほど z の影響が大きいと考えることができる。

太郎：年間のゴミ排出量と公園の数に共通する因子は何かな。

花子：地区別の面積とか人口とかが考えられるね。

太郎：人口とゴミ排出量，人口と公園の数の散布図をつくったら，それぞれ図3，図4のようになったよ。ゴミ排出量を変量 x，公園の数を変量 y，人口を変量 z として，偏相関係数 $r_{xy,z}$ を求めてみよう。

花子：それぞれの相関係数を計算したら，$r_{xy} = \boxed{\text{ソ}}$，$r_{zx} = 0.90$，$r_{yz} = 0.90$ となったよ。

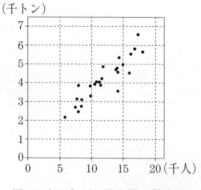

図3　人口とゴミ排出量の散布図

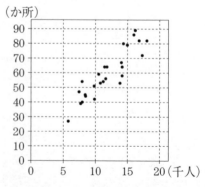

図4　人口と公園の数の散布図

（数学 I，数学 A 第2問は次ページに続く。）

第3回　数学 I・A

$r_{xy,z}$ は $\boxed{\text{タ}}$ を満たす。

この結果から，ゴミ排出量と公園の数の間の相関に，人口が影響を与えた可能性について考察できる。

$\boxed{\text{タ}}$ の解答群

⓪　$-1 < r_{xy,z} \leqq -0.3$ ①　$-0.3 < r_{xy,z} < 0$

②　$0 < r_{xy,z} < 0.3$ ③　$0.3 \leqq r_{xy,z} < 1$

（数学 I，数学 A 第 2 問は次ページに続く。）

(4) 太郎さんは，ある地域でゴミ袋の有料化がゴミを減らすことに有効だと思うかどうかのアンケート調査を実施していることを知った。

太郎：その地域のアンケート調査では 200 人に聞いて，122 人が有効だと思うって答えたらしいよ。

花子：それは多いのかな。多いのなら有効だって判断できそうだね。

二人は，200 人のうち 122 人が「有効だと思う」と回答した場合に，「ゴミ袋の有料化がゴミを減らすことに有効だと考える人の方が多い」といえるかどうかを，次の**方針**で考えることにした。

方針

- "ゴミ袋の有料化がゴミを減らすことに「有効だと思う」と回答する割合と，「有効だとは思わない」と回答する割合が等しい"という仮説をたてる。
- この仮説のもとで，200 人中 122 人以上が「有効だと思う」と回答する確率が 5% 未満であれば，その仮説は誤っていると判断し，5% 以上であれば，その仮説は誤っているとは判断しない。

（数学 I，数学 A 第 2 問は次ページに続く。）

第3回　数学Ⅰ・A

　次の**実験結果**は，200 枚の硬貨を投げる実験を 100 回行ったとき，表が出た枚数ごとの回数をまとめたものの抜粋である。

実験結果

表の出た枚数	…	120	121	122	123	124	125 以上	計
回数	…	3	0	0	1	0	3	100

　実験結果を用いると，200 枚の硬貨のうち 122 枚以上が表となった割合は　チ　%である。これを 200 人のうち 122 人以上が「有効だと思う」と回答する確率とみなし，**方針**に従うと，「有効だと思う」と回答する割合と，「有効だと思わない」と回答する割合が等しいという仮説は　ツ　，ゴミ袋の有料化がゴミを減らすことに有効だと思う人の方が　テ　。

　　ツ　，　テ　については，最も適当なものを，次のそれぞれの解答群から一つずつ選べ。

　ツ　の解答群

⓪　誤っていると判断され	①　誤っているとは判断されず

　テ　の解答群

⓪　多いといえる	①　多いとはいえない

— 19 —

第3問 （配点 20）

　△ABC において，AB $= 2\sqrt{5}$，BC $= 3\sqrt{5}$，AC $= 5$ とする。

　辺 BC を 3 等分する点を B に近い方から D，E とし，辺 AB と △ADE の外接円 O との交点で点 A とは異なる点を F とすると，BD $\cdot$ BE $=$ $\boxed{\text{アイ}}$ であるから，円 O と 2 直線 BA，BE に着目すると

$$AF = \sqrt{\boxed{\ \text{ウ}\ }}$$

であることがわかる。これより，線分 AD と線分 EF との交点を G とすると

$$\frac{DG}{AD} = \frac{\boxed{\text{エ}}}{\boxed{\text{オ}}}$$

である。さらに，辺 AC と円 O との交点で点 A とは異なる点を H とすると

$$AH = \boxed{\ \text{カ}\ }$$

であるから，円 O の面積は $\dfrac{\boxed{\ \text{キ}\ }}{\boxed{\ \text{ク}\ }}\pi$ である。

（数学 **I**，数学 **A** 第 3 問は次ページに続く。）

第3回　数学 I・A

また，$\dfrac{AG}{AD}$ $\boxed{\text{ケ}}$ $\dfrac{AH}{AC}$ であるから，直線 CD と直線 GH との交点は線分 CD の端点 $\boxed{\text{コ}}$ の側の延長上にある。この交点を I とすると，$\dfrac{DI}{CI} = \dfrac{\boxed{\text{サ}}}{\boxed{\text{シ}}}$ であるから

$$BI = \boxed{\text{ス}}\,\sqrt{\boxed{\text{セ}}}$$

である。したがって，△GID の面積は $\dfrac{\boxed{\text{ソタ}}\,\sqrt{\boxed{\text{チ}}}}{\boxed{\text{ツ}}}$ である。

$\boxed{\text{ケ}}$ の解答群

⓪ $<$	① $=$	② $>$

$\boxed{\text{コ}}$ の解答群

⓪ C	① D

— 21 —

第4問 （配点 20）

n を 3 以上の整数とする。

1 から 5 までの数字を，重複を許して並べてできる n 桁の自然数の集合を A_n とする。A_n に属する自然数について，使われている数字の種類の個数を X とすると，$n = 3$ のときは $X = 1$，2，3 のいずれか，$n = 4$ のときは $X = 1$，2，3，4 のいずれか，$n \geqq 5$ のときは $X = 1$，2，3，4，5 のいずれかである。

例えば，$n = 5$ の場合は

33333 は 3 だけが使われているので，$X = 1$

42214 は 1，2，4 が使われているので，$X = 3$

である。

(1) A_n に属する自然数のうち，$X = 1$ であるものの個数を求めてみよう。

A_n に属する自然数で，1 だけが使われているものは $\boxed{\text{ア}}$ 個ある。2 だけ，3 だけ，4 だけ，5 だけが使われているものも $\boxed{\text{ア}}$ 個ずつあるから，A_n に属する自然数のうち，$X = 1$ であるものは $\boxed{\text{イ}}$ 個ある。

(2) A_n に属する自然数のうち，$X = 2$ であるものの個数を求めてみよう。

A_n に属する自然数で，3, 4, 5 が使われていないものは 2^n 個あり，このうち，$X = 1$ であるものは $\boxed{\text{ウ}}$ 個ある。

よって，A_n に属する自然数で，3, 4, 5 が使われていないもののうち，$X = 2$ であるものは $\left(2^n - \boxed{\text{ウ}} \right)$ 個ある。

したがって，A_n に属する自然数のうち，$X = 2$ であるものは

$$\left(\boxed{\text{エ}} \cdot 2^{n+1} - \boxed{\text{オカ}} \right) \text{個}$$

ある。

（数学 I，数学 A 第 4 問は次ページに続く。）

第3回　数学 I・A

(3) A_n に属する自然数のうち，$X = 3$ であるものの個数を求めてみよう。

A_n に属する自然数で，4，5 が使われていないもののうち，$X = 1$ であるものは $\boxed{キ}$ 個あり，$X = 2$ であるものは $\left(\boxed{ク} \cdot 2^n - \boxed{ケ} \right)$ 個ある。

よって，A_n に属する自然数で，4，5 が使われていないもののうち，$X = 3$ であるものは $\left(3^n - \boxed{コ} \cdot 2^n + \boxed{サ} \right)$ 個ある。

したがって，A_n に属する自然数のうち，$X = 3$ であるものは

$$\left(\boxed{シス} \cdot 3^n - \boxed{セソ} \cdot 2^{n+1} + \boxed{タチ} \right) 個$$

ある。

(4) A_3 に属する自然数からでたらめに 1 個の自然数を選ぶ。このとき X の期待値は $\dfrac{\boxed{ツテ}}{\boxed{トナ}}$ である。

(5) A_6 に属する自然数からでたらめに 1 個の自然数を選ぶ。選ばれた自然数について，$X = 3$ であったとき，その自然数の下 5 桁に使われている数字がちょうど 3 種類である条件付き確率は $\dfrac{\boxed{ニ}}{\boxed{ヌ}}$ である。

— 23 —

第 4 回
実 戦 問 題
（100点　70分）

第4回　実戦問題

―●　標 準 所 要 時 間　●―

| 第1問 | 21分 | 第3問 | 14分 |
| 第2問 | 21分 | 第4問 | 14分 |

数　学　Ⅰ・A

第1問 （配点　30）

〔1〕 a を実数の定数とする。実数 x についての不等式

$$|2 - 3x| - \sqrt{6}x > a \qquad\qquad \cdots\cdots①$$

を考える。

$$x \geqq \frac{\boxed{ア}}{\boxed{イ}} \text{ のとき}$$

$$|2 - 3x| - \sqrt{6}x = \boxed{ウ}$$

であり，$x < \dfrac{\boxed{ア}}{\boxed{イ}}$ のとき

$$|2 - 3x| - \sqrt{6}x = \boxed{エ}$$

である。

$\boxed{ウ}$ ，$\boxed{エ}$ の解答群

- ⓪ $-(3 + \sqrt{6})x - 2$
- ① $-(3 + \sqrt{6})x + 2$
- ② $(\sqrt{6} - 3)x - 2$
- ③ $(\sqrt{6} - 3)x + 2$
- ④ $(3 - \sqrt{6})x - 2$
- ⑤ $(3 - \sqrt{6})x + 2$
- ⑥ $(3 + \sqrt{6})x - 2$
- ⑦ $(3 + \sqrt{6})x + 2$

（数学Ⅰ，数学A 第1問は次ページに続く。）

第4回　数学Ⅰ・A

(1) $a=1$ とする。このとき①の解は

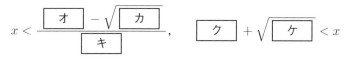

である。

(2) ①がすべての実数 x について成り立つような整数 a の値の最大値は $\boxed{コ}$ である。

$\boxed{コ}$ の解答群

ⓞ -4　　① -3　　② -2　　③ -1　　④ 0

（数学Ⅰ，数学A 第1問は次ページに続く。）

〔2〕 △ABC において

$$\angle CAB = A, \quad \angle ABC = B, \quad \angle BCA = C$$

とし，△ABC の外接円の点 B を含まない弧 CA（両端を除く）上に点 D をとり，∠ADC = D とする。

(1) 次の **⓪**〜**⑧** の値のうち，$\sin D$ と等しいものは $\boxed{\text{サ}}$ であり，$\cos D$ と等しいものは $\boxed{\text{シ}}$ である。

$\boxed{\text{サ}}$，$\boxed{\text{シ}}$ の解答群（同じものを繰り返し選んでもよい。）

⓪ $\sin A$	**①** $\sin B$	**②** $\sin C$
③ $\cos A$	**④** $\cos B$	**⑤** $\cos C$
⑥ $-\cos A$	**⑦** $-\cos B$	**⑧** $-\cos C$

（数学 I，数学 A 第 1 問は次ページに続く。）

第4回　数学 I・A

(2)　$0° < A < B < C < 90°$ のとき

　　　$\sin A,\ \sin B,\ \sin C,\ \sin D$ のうち，最も小さいものは　ス　である。

　　　$\cos A,\ \cos B,\ \cos C,\ \cos D$ のうち，最も小さいものは　セ　である。

　　　$\tan A,\ \tan B,\ \tan C,\ \tan D$ のうち，最も大きいものは　ソ　である。

　　ス　の解答群

⓪　$\sin A$	①　$\sin B$	②　$\sin C$	③　$\sin D$

　　セ　の解答群

⓪　$\cos A$	①　$\cos B$	②　$\cos C$	③　$\cos D$

　　ソ　の解答群

⓪　$\tan A$	①　$\tan B$	②　$\tan C$	③　$\tan D$

（数学 I，数学 A 第 1 問は次ページに続く。）

〔3〕 身の回りには，黄金比や白銀比などといった美しいとされる比がある。この比を用いて二等辺三角形をつくり，考察しよう。

(1) 黄金比は自然界にも多く見られ，美しい比であると言われている。その比は
$$1 : \frac{1+\sqrt{5}}{2}$$
である。
$a = \dfrac{1+\sqrt{5}}{2}$ とおくと，a は，1辺の長さが1の正五角形の対角線の長さと一致する。

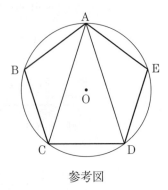

参考図

1辺の長さが1の正五角形 ABCDE が点 O を中心とする円に内接している。このとき，$\angle COD =$ タチ °であり，$\angle CAD =$ ツテ °である。$AC = AD = a$，$CD = 1$ であるから，$\cos\angle ACD =$ ト である。
また，$\angle ACD$ の二等分線と線分 AD との交点を F とおくと，$CD = CF = AF = 1$ となるから，二等辺三角形 FAC に着目すると，$\cos$ ツテ ° $=$ ナ である。

ト ， ナ の解答群（同じものを繰り返し選んでもよい。）

⓪ a	① $2-a$	② $\dfrac{a}{2}$	③ $\dfrac{1}{a}$
④ $\dfrac{1}{2a}$	⑤ $\dfrac{1}{a+1}$	⑥ $\dfrac{2}{a+1}$	

（数学 I，数学 A 第 1 問は次ページに続く。）

第4回　数学Ⅰ・A

(2) 白銀比とは，コピー用紙などの紙の規格に使われている長方形の2辺の比であり，その比は

$$1 : \sqrt{2}$$

である。

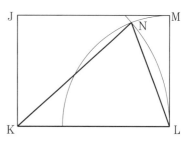

参考図

長方形 JKLM において，JK = 1，KL = $\sqrt{2}$ である。点 K を中心とする半径 $\sqrt{2}$ の円と点 L を中心とする半径 1 の円の交点を N とすると，△KLN は二等辺三角形であり

$$\cos \angle \text{LKN} = \frac{\boxed{ニ}}{\boxed{ヌ}}$$

である。コンピュータで計算すると，∠LKN の大きさはおよそ 41.41° であることがわかる。

(数学Ⅰ，数学A 第1問は次ページに続く。)

(3) 41.41° に近い大きさの頂角をもつ，PQ = PR = 2，∠QPR = 40° の二等辺三角形 PQR の底辺 QR の長さを 2 通りの方法で求めてみよう。

40° の三角比の値を小数第 3 位を四捨五入して小数第 2 位まで表すと

$$\sin 40° = 0.64, \quad \cos 40° = 0.77, \quad \tan 40° = 0.84$$

である。これを用いると

$$QR^2 = \boxed{\text{ネ}}$$

である。この値の平方根を計算することにより辺 QR の長さを求めることができる。

一方，20° の三角比の値を小数第 3 位を四捨五入して小数第 2 位まで表すと

$$\sin 20° = 0.34, \quad \cos 20° = 0.94, \quad \tan 20° = 0.36$$

であり，これを用いて，辺 QR の長さを求めると

$$QR = \boxed{\text{ノ}}$$

である。この値は $\sqrt{\boxed{\text{ネ}}}$ を計算したものの小数第 3 位を四捨五入したものと一致する。このようにして，二等辺三角形の底辺の長さは，2 通りの方法で考えることができる。

また，70° の内角をもつ三角形で，その頂点に向かい合う辺の長さが 2 である三角形を考える。この三角形の外接円の半径は $\boxed{\text{ハ}}$ である。

（数学 I，数学 A 第 1 問は次ページに続く。）

— 8 —

第4回　数学 I・A

$\boxed{\text{ネ}}$ については，最も適当なものを，次の⓪～③のうちから一つ選べ。

⓪	1.28	①	1.54	②	1.84	③	2.88

$\boxed{\text{ノ}}$ については，最も適当なものを，次の⓪～③のうちから一つ選べ。

⓪	1.24	①	1.36	②	1.44	③	1.88

$\boxed{\text{ハ}}$ については，最も近いものを，次の⓪～③のうちから一つ選べ。

⓪	1.06	①	1.47	②	2.13	③	2.94

第2問 （配点 30）

〔1〕 二つの実数 a, b に対して，$a \circ b$ を次のように定める。

$\quad\quad ab > 0$ であるとき，$a \circ b = a - b$

$\quad\quad ab \leqq 0$ であるとき，$a \circ b = a + b$

(1) $(x+1)(2x-2) > 0$ を満たす x の値の範囲は $x < \boxed{\text{アイ}}$，$\boxed{\text{ウ}} < x$ である。

$\quad x < \boxed{\text{アイ}}$，$\boxed{\text{ウ}} < x$ のとき

$\quad\quad (x+1) \circ (2x-2) = \boxed{\text{エ}}$，$\quad (2x+2) \circ (x-1) = \boxed{\text{オ}}$

$\quad \boxed{\text{アイ}} \leqq x \leqq \boxed{\text{ウ}}$ のとき

$\quad\quad (x+1) \circ (2x-2) = \boxed{\text{カ}}$，$\quad (2x+2) \circ (x-1) = \boxed{\text{キ}}$

である。また，不等式

$\quad\quad (x+1) \circ (2x-2) > 0$

を満たす x の値の範囲は $\boxed{\text{ク}}$ である。

$\boxed{\text{エ}} \sim \boxed{\text{キ}}$ の解答群（同じものを繰り返し選んでもよい。）

⓪ $x-1$	① $x+1$	② $x+3$	③ $3x-1$	④ $3x+1$
⑤ $3x-3$	⑥ $3x+3$	⑦ $-x-1$	⑧ $-x+1$	⑨ $-x+3$

$\boxed{\text{ク}}$ の解答群

⓪ $x < \dfrac{1}{3}$, $1 < x < 3$	① $x < \dfrac{1}{3}$, $3 < x$
② $-1 \leqq x < \dfrac{1}{3}$, $1 < x < 3$	③ $-1 \leqq x < \dfrac{1}{3}$, $3 < x$
④ $x < -1$, $\dfrac{1}{3} < x < 3$	⑤ $\dfrac{1}{3} < x \leqq 1$, $3 < x$
⑥ $x < -1$, $\dfrac{1}{3} < x \leqq 1$, $3 < x$	

（数学 I，数学 A 第 2 問は次ページに続く。）

— 10 —

第4回　数学Ⅰ・A

(2)　全体集合 U を実数全体の集合とし，U の部分集合 A，B を

$$A = \{x \mid (x+1) \cdot (2x-2) > 0\}$$
$$B = \{x \mid (2x+2) \cdot (x-1) > 0\}$$

とする。

　このとき，$x \in A$ であることは，$x \in B$ であるための　ケ　。

　また，$x < a$ であることが，$x \in A \cap B$ であるための必要条件となるような実数 a の最小値は　コ　である。

ケ　の解答群

⓪　必要条件であるが，十分条件ではない

①　十分条件であるが，必要条件ではない

②　必要十分条件である

③　必要条件でも十分条件でもない

（数学 Ⅰ，数学 A 第 2 問は次ページに続く。）

[2] 次の図のように座標平面上に4点O(0, 0), A(4, 0), B(4, 2), C(0, 2)を頂点とする長方形OABCがある。長方形OABCの辺上を4点P_1, P_2, P_3, P_4がそれぞれ1秒あたり，1の速さで反時計回り（O→A→B→C→Oの方向）に動き続ける。ただし，最初は，点P_1は点Oに，点P_2は点Aに，点P_3は点Bに，点P_4は点Cにあり，4点P_1, P_2, P_3, P_4は同時に動き始める。また，4点P_1, P_2, P_3, P_4をこの順に結んでできる図形の面積をSとする。

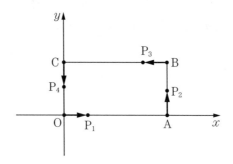

(1) 動き始めて1秒後は，$S = \boxed{サ}$ である。

(2) 最初は$S = 8$である。次に，$S = 8$となるのは動き始めて $\boxed{シ}$ 秒後である。また，動き始めてから $\boxed{シ}$ 秒後までの間に，Sが一定値をとるのは $\boxed{ス}$ 秒後からの $\boxed{セ}$ 秒間であり，Sが最小となるのは $\dfrac{\boxed{ソ}}{\boxed{タ}}$ 秒後と $\dfrac{\boxed{チ}}{\boxed{ツ}}$ 秒後である。このとき，Sの最小値は $\dfrac{\boxed{テ}}{\boxed{ト}}$ である。ただし，$\dfrac{\boxed{ソ}}{\boxed{タ}} < \dfrac{\boxed{チ}}{\boxed{ツ}}$ とする。

（数学I，数学A 第2問は14ページに続く。）

第 4 回　数学 I・A

（下 書 き 用 紙）

数学 I，数学 A の試験問題は次に続く。

〔3〕 厚生労働省が実施している医療施設動態調査では，都道府県ごとの医療施設（病院・一般診療所・歯科診療所）の施設数，人口10万人あたりの施設数，都道府県の可住地面積 100 km^2 あたりの施設数が公表されている。病院とは，医師（歯科医師を含む）が医業を行う場所であって，患者20人以上の入院施設を有するものであり，一般診療所とは，医師が医業を行う場所（歯科医業のみは除く）であって，患者の入院施設を有しないもの，または患者19人以下の入院施設を有するものである。また，歯科診療所とは，歯科医師が歯科医業を行う場所であって，患者の入院施設を有しないもの，または患者19人以下の入院施設を有するものである。

なお，以下の図については，厚生労働省『医療施設動態調査』の Web ページをもとに作成している。

(1) 図1は，1999年から2017年まで3年ごとの10月1日現在（それぞれを時点という）における47都道府県別の病院数を箱ひげ図で表したものである。

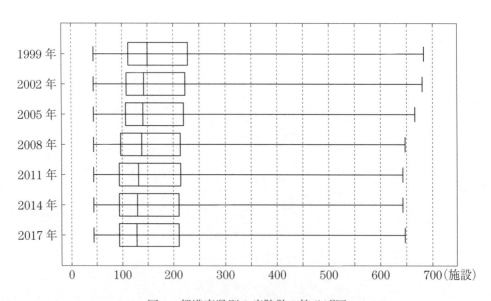

図1 都道府県別の病院数の箱ひげ図

（数学 I，数学 A 第2問は次ページに続く。）

第4回　数学Ⅰ・A

(i) 図1から読み取れることとして，次の⓪〜⑤のうち，正しいものは ナ と ニ である。

ナ , ニ の解答群(解答の順序は問わない。)

⓪ 1999年から2017年まで病院数の最大値は減少している。
① どの時点においても病院数の四分位範囲は100以上である。
② 病院数の第1四分位数は，1999年の方が2017年より小さい。
③ 病院数が200以上の都道府県数は，どの時点でも11以下である。
④ 病院数の中央値は，2017年の方が2005年より小さい。
⑤ 病院数が100以下の都道府県数は，2008年の方が2002年より少ない。

(ii) 2017年における都道府県別の病院数のヒストグラムは ヌ である。

ヌ については，最も適当なものを，次の⓪〜③のうちから一つ選べ。ただし，ヒストグラムの各階級の区間は，左側の数値を含み，右側の数値は含まない。

⓪
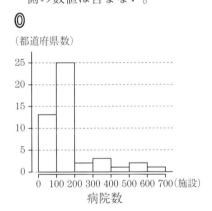

①
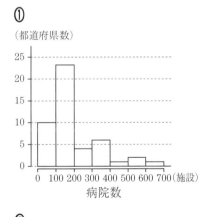

②
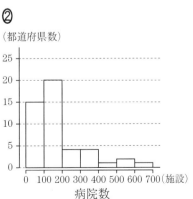

③
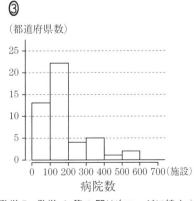

(数学Ⅰ，数学A 第2問は次ページに続く。)

(2) 2018年における47都道府県ごとの医療施設数と人口10万人あたりの施設数の散布図を作成した。図2〜図4は，順に病院数(横軸)と人口10万人あたりの病院数(縦軸)，一般診療所数(横軸)と人口10万人あたりの一般診療所数(縦軸)，歯科診療所数(横軸)と人口10万人あたりの歯科診療所数(縦軸)の散布図である。なお，これらの散布図には完全に重なっている点はない。

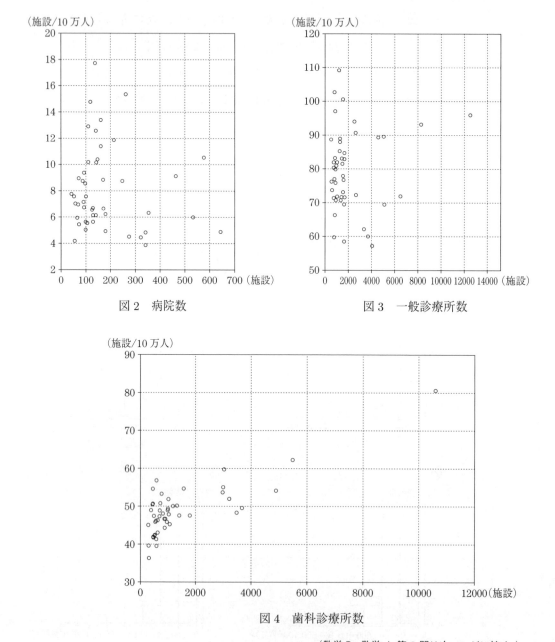

図2 病院数

図3 一般診療所数

図4 歯科診療所数

(数学Ⅰ，数学A 第2問は次ページに続く。)

第4回　数学Ⅰ・A

以下では，データが与えられた際，次の値を外れ値とする。

「(第1四分位数) − 1.5 × (四分位範囲)」以下のすべての値

「(第3四分位数) + 1.5 × (四分位範囲)」以上のすべての値

(i)　図2の病院数のデータには外れ値が $\boxed{\text{ネ}}$ 個ある。

(ii)　次の(I)，(II)，(III)は，図2〜図4から読み取れることを記述したものである。

(I)　病院，一般診療所，歯科診療所それぞれについて，施設数が最大となる都道府県が，人口10万人あたりの施設数も最大である。

(II)　人口10万人あたりの一般診療所数が最大である都道府県も最小である都道府県も，一般診療所数が5000以下の都道府県である。

(III)　病院，一般診療所，歯科診療所のうちで，施設数と人口10万人あたりの施設数の間の相関が最も強いのは，病院である。

(I)，(II)，(III)の正誤の組合せとして正しいものは $\boxed{\text{ノ}}$ である。

$\boxed{\text{ノ}}$ の解答群

	⓪	①	②	③	④	⑤	⑥	⑦
(I)	正	正	正	正	誤	誤	誤	誤
(II)	正	正	誤	誤	正	正	誤	誤
(III)	正	誤	正	誤	正	誤	正	誤

（数学Ⅰ，数学A 第2問は次ページに続く。）

(3) 東京，大阪，神奈川を除いた44道府県の可住地面積 $100\,\mathrm{km}^2$ あたりの一般診療所数をデータ X，歯科診療所数をデータ Y とし，データ X，Y の平均値を $\overline{X}$，$\overline{Y}$，標準偏差を σ_X，σ_Y とする。

(i) データ $X - \overline{X}$ の平均値は $\boxed{\text{ハ}}$ であり，データ $\dfrac{Y - \overline{Y}}{\sigma_Y}$ の標準偏差は $\boxed{\text{ヒ}}$ である。

$\boxed{\text{ハ}}$，$\boxed{\text{ヒ}}$ の解答群（同じものを繰り返し選んでもよい。）

⓪ 0 ① 1 ② $44\overline{X}$ ③ $\dfrac{\overline{X}}{44}$

④ σ_Y ⑤ $\dfrac{1}{\sigma_Y}$ ⑥ $\dfrac{\sigma_Y{}^2 - \overline{Y}^2}{\sigma_Y}$

$X' = \dfrac{X - \overline{X}}{\sigma_X}$，$Y' = \dfrac{Y - \overline{Y}}{\sigma_Y}$ とする。図5は，X と Y の散布図であり，図6は，X'（横軸）と Y'（縦軸）の散布図である。なお，これらの散布図には，完全に重なっている点はない。

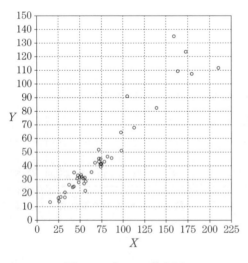

図5　X と Y の散布図

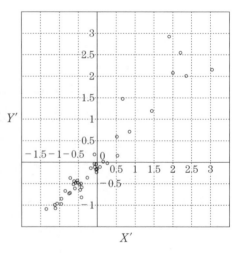

図6　X' と Y' の散布図

（数学 I，数学 A 第2問は次ページに続く。）

第4回　数学 I・A

(ii)　図5と図6より $\overline{X}$ の値は　フ　である。

フ　については，最も適当なものを，次の⓪〜⑤のうちから一つ
選べ。

⓪　25.16　　　　①　46.48　　　　②　51.52

③　75.17　　　　④　98.32　　　　⑤　117.51

(iii)　図5と図6より σ_Y の値は　へ　である。

へ　については，最も適当なものを，次の⓪〜⑤のうちから一つ
選べ。

⓪　14.91　　　　①　30.27　　　　②　44.38

③　61.74　　　　④　78.26　　　　⑤　97.15

— 19 —

第3問 （配点 20）

〔1〕 次の**⓪**～**③**のうち，正しい記述は $\boxed{\text{ア}}$ と $\boxed{\text{イ}}$ である。

$\boxed{\text{ア}}$ ，$\boxed{\text{イ}}$ の解答群（解答の順序は問わない。）

⓪ 3辺の長さが $\sqrt{3}$，4，$\sqrt{5}$ の三角形が存在する。

① 二つの円 C_1，C_2 があり，それぞれの中心を O_1，O_2，半径を r_1，r_2 とする。$O_1O_2 \geqq r_1 + r_2$ であることは，C_1 と C_2 の共通接線が 4 本存在するための必要条件であるが，十分条件ではない。

② 空間内の異なる 2 直線 ℓ，m と平面 α について $\ell /\!/ \alpha$ かつ $\ell \perp m$ のとき，$m \perp \alpha$ である。

③ 正十二面体の頂点の数は 20，辺の数は 30，面の数は 12 である。

（数学 I，数学 A 第 3 問は **22** ページに続く。）

— 20 —

第 4 回　数学 I・A

（下 書 き 用 紙）

数学 I，数学 A の試験問題は次に続く。

〔2〕 △ABC において, AB = 6, BC = 9, AC = 5 とする。

△ABC の内接円と辺 BC との接点を D, 辺 AC との接点を E とする。

$$AE = \boxed{\text{ウ}}, \qquad \frac{\text{CD}}{\text{BC}} = \frac{\boxed{\text{エ}}}{\boxed{\text{オ}}}$$

であり, △ABC の面積を S とすると △ACD の面積は $\dfrac{\boxed{\text{カ}}}{\boxed{\text{キ}}} S$ である。

(数学 I, 数学 A 第 3 問は次ページに続く。)

第 4 回　数学 I・A

線分 AD と線分 BE の交点を F とすると

$$\frac{\text{AF}}{\text{DF}} = \frac{\boxed{\text{ク}}}{\boxed{\text{ケコ}}}$$

であるから，△AEF の面積は $\dfrac{\boxed{\text{サ}}}{\boxed{\text{シスセ}}} S$ である。

また，$S = 10\sqrt{2}$ であることから線分 AD を直径とする円と辺 AC の交点で，点 A と異なる点を G とすると

$$\text{DG} = \frac{\boxed{\text{ソタ}}\sqrt{\boxed{\text{チ}}}}{\boxed{\text{ツ}}}$$

であり

$$\text{CG} = \frac{\boxed{\text{テト}}}{\boxed{\text{ナ}}}$$

である。

— 23 —

第4問 （配点　20）

はじめに，5枚の硬貨 A，B，C，D，E が表が上の状態でテーブルの上に置かれている。これらの硬貨に対して，次の**試行**を行う。

試行

5枚の硬貨のうち，裏が上の状態の硬貨はそのままにして，表が上の状態の硬貨だけをすべて拾い上げて投げる。

表が上の状態の硬貨がある限りは試行を続け，5枚の硬貨すべてが裏が上の状態になったとき，試行は終了とする。

(1)　1回目の試行で，試行が終了する確率は $\dfrac{\boxed{ア}}{\boxed{イウ}}$ である。

1回目の試行の後，表が上の状態の硬貨が3枚と裏が上の状態の硬貨が2枚である確率は $\dfrac{\boxed{エ}}{\boxed{オカ}}$ であり，このとき，2回目の試行で，試行が終了する条件付き確率は $\dfrac{\boxed{キ}}{\boxed{ク}}$ であるから，1回目の試行の後，表が上の状態の硬貨が3枚と裏が上の状態の硬貨が2枚であり，かつ，2回目の試行で，試行が終了する確率は $\dfrac{\boxed{ケ}}{\boxed{コサシ}}$ である。

（数学 I，数学 A 第 4 問は次ページに続く。）

第4回　数学I・A

(2)　3回目の試行の後，表が上の状態の硬貨が3枚と裏が上の状態の硬貨が2枚である確率を求めたい。1回目の試行の後，2回目の試行の後それぞれにおいて，表が上の状態の硬貨が何枚あるかで分けて考えるのは，かなり面倒な計算になるので，別の考え方で求めることにする。A，B，C，D，Eの各硬貨について考えてみよう。

3回目の試行の後，硬貨Aが表が上の状態である確率は $\dfrac{\boxed{\text{ス}}}{\boxed{\text{セ}}}$ である。
3回目の試行の後，硬貨Aは表が上の状態で，硬貨Bは裏が上の状態である確率は $\dfrac{\boxed{\text{ソ}}}{\boxed{\text{タチ}}}$ である。

このように考えて，3回目の試行の後，表が上の状態の硬貨が3枚と裏が上の状態の硬貨が2枚である確率は $\dfrac{\boxed{\text{ツテト}}}{2^{\boxed{\text{ナニ}}}}$ である。

また，3回目の試行の後，表が上の状態の硬貨が3枚と裏が上の状態の硬貨が2枚であるとき，硬貨Aが表が上の状態である条件付き確率は $\dfrac{\boxed{\text{ヌ}}}{\boxed{\text{ネ}}}$ である。

(3)　2回目の試行で，試行が終了せず，3回目の試行の後，表が上の状態の硬貨の枚数が3枚以上あるときにポイントがもらえるとする。表が上の状態の硬貨が3枚のときに32ポイント，4枚のときに128ポイント，5枚のときに512ポイントをもらえるとすると，もらえるポイントの期待値は $\dfrac{\boxed{\text{ノハヒ}}}{\boxed{\text{フヘホ}}}$ ポイントである。

— 25 —

第 5 回
実 戦 問 題
(100 点　70 分)

● 標 準 所 要 時 間 ●

第1問	21 分	第3問	14 分
第2問	21 分	第4問	14 分

数　学　I・A

第1問 （配点　30）

〔1〕 $32b^2 - 64b - 18$ を因数分解すると

$$32b^2 - 64b - 18 = \boxed{\quad ア \quad}$$

となるから，$a^2 + 12ab + 32b^2 - 7a - 64b - 18$ を因数分解すると

$$a^2 + 12ab + 32b^2 - 7a - 64b - 18 = \boxed{\quad イ \quad}$$

となる。

$\boxed{ア}$ の解答群

⓪　$2(4b+3)(4b-3)$　　① $2(4b+1)(4b-9)$　　② $2(4b+9)(4b-1)$

③　$2(2b+3)(8b-3)$　　④ $2(2b+1)(8b-9)$　　⑤ $2(2b+9)(8b-1)$

$\boxed{イ}$ の解答群

⓪ $(a+8b+6)(a+4b-3)$　　　① $(a+8b+2)(a+4b-9)$

② $(a+8b+18)(a+4b-1)$　　　③ $(a+4b+6)(a+8b-3)$

④ $(a+4b+2)(a+8b-9)$　　　⑤ $(a+4b+18)(a+8b-1)$

（数学 I，数学 A 第 1 問は次ページに続く。）

第 5 回　数学 I・A

〔2〕 太郎さんは日曜大工の手伝いの最後に，お父さんから箱に釘を収納するように言われた。長さの異なる釘を箱に入れるとき，大きい箱であればいろいろな長さの釘が入るが中でばらばらになってしまい，小さい箱であれば長い釘が入らない，ということを思いながら，次のような数学の問題として考えることにした。

> 正方形の中に書き入れることのできる線分の最大の長さを考える。ただし，正方形の1辺の長さも，書き入れる線分の長さも正の整数とする。

(1) 1辺の長さが1の正方形の中には，右の図のように最大で長さ1の線分を書き入れることができる。同じように，1辺の長さが2の正方形の中には，最大で長さ ウ の線分を書き入れることができる。また，1辺の長さが3の正方形の中には，最大で長さ エ の線分を書き入れることができる。

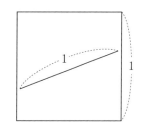

(2) 1辺の長さが6の正方形の中には，最大で長さ オ の線分を書き入れることができる。また，右の図のような，1辺の長さが6の正方形ABCDがあり，長さ オ の線分の端をAとし，もう一方の端Eが辺BC上にあるとする。このとき，線分の長さの比 $\dfrac{BE}{CE}$ を計算すると，$\dfrac{カ\sqrt{キ}+ク}{ケ}$ である。

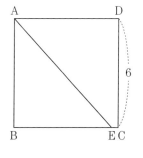

（数学 I，数学 A 第 1 問は次ページに続く。）

〔3〕 △ABC において，AB = 5，BC = 8，AC = 7 とする。

(1) $\cos \angle \mathrm{ABC} = \dfrac{\boxed{\text{コ}}}{\boxed{\text{サ}}}$

である。また，△ABC の面積を S，内接円の半径を r とすると

$$S = \boxed{\text{シス}}\sqrt{\boxed{\text{セ}}}, \qquad r = \sqrt{\boxed{\text{ソ}}}$$

である。

（数学 I，数学 A 第 1 問は次ページに続く。）

第5回　数学 **I**・**A**

(2)　辺 AB 上で点 A，点 B とは異なる位置に点 P をとる。点 P から辺 BC に垂直な直線を引き，辺 BC との交点を Q とする。

BP $= x$ とし，$\triangle$BPQ の内接円の半径を r' とすると

$$r' = \frac{\sqrt{\boxed{タ}} - \boxed{チ}}{\boxed{ツ}}x$$

であるから，$r' = \dfrac{1}{2}r$ となるのは

$$x = \boxed{テ} + \sqrt{\boxed{ト}}$$

のときである。

(3)　$x = \boxed{テ} + \sqrt{\boxed{ト}}$ とする。辺 AB の中点を L，辺 BC の中点を M とすると，線分 LM は $\triangle$BPQ の内接円 E に接する。$\triangle$BLM から円 E の内部を除いた部分の面積は

$$\frac{\boxed{ナ}\sqrt{\boxed{ニ}}}{\boxed{ヌ}} - \frac{\boxed{ネ}}{\boxed{ノ}}\pi$$

である。また，半径が円 E と等しい円 F が $\triangle$ABC の内部を $\triangle$ABC からはみ出ることなく動くとき，円 F の周および内部が動き得る部分の面積は

$$\frac{\boxed{ハヒ}\sqrt{\boxed{ニ}}}{\boxed{フ}} + \frac{\boxed{ネ}}{\boxed{ノ}}\pi$$

である。

— 5 —

第2問 （配点 30）

〔1〕 太郎さんのクラスでは，春の学園祭でカップに入れた唐揚げを販売することになった。クラスでは，1カップあたりの価格をいくらにするかを検討している。次の表は，過去の学園祭での唐揚げ店の売り上げデータから，1カップあたりの価格と売り上げ数の関係をまとめたものである。

1カップあたりの価格（円）	150	200	250
売り上げ数（カップ）	225	150	75

太郎さんは上の表から，売り上げ数は1カップあたりの価格の1次関数で表されると仮定した。このとき，1カップあたりの価格を x 円とおくと，売り上げ数は

$$\boxed{ア} - \frac{\boxed{イ}}{\boxed{ウ}} x$$

と表される。また，売り上げ金額は

$$(売り上げ金額) = (1カップあたりの価格) \times (売り上げ数)$$

と表されるから，売り上げ金額を x の式で表すと

$$-\frac{\boxed{イ}}{\boxed{ウ}}\left(x^2 - \boxed{エ} x\right)$$

である。

このとき，売り上げ金額が最大になるのは1カップあたりの価格が $\boxed{オ}$ 円のときである。

$\boxed{ア}$，$\boxed{エ}$，$\boxed{オ}$ の解答群（同じものを繰り返し選んでもよい。）

(数学Ⅰ，数学A 第2問は次ページに続く。)

第5回　数学 I・A

(1) 太郎さんは，売り上げ金額ではなく，利益を最大にしたいと考えた。利益は

$$(利益) = (売り上げ金額) - (必要経費)$$

で求められる。1カップあたりの必要経費は 120 円である。1カップあたりの価格を x 円とし，$\left(\boxed{\text{ア}} - \dfrac{\boxed{\text{イ}}}{\boxed{\text{ウ}}} x \right)$ カップを作って，すべて売れるものとする。必要経費の合計は

$$- \boxed{\text{カ}} \left(x - \boxed{\text{エ}} \right)$$

であるから，利益が最大になるのは 1 カップあたりの価格が $\boxed{\text{キ}}$ 円のときである。

$\boxed{\text{カ}}$，$\boxed{\text{キ}}$ の解答群(同じものを繰り返し選んでもよい。)

⓪ 120	① 150	② 160	③ 180	④ 200
⑤ 210	⑥ 220	⑦ 240	⑧ 250	⑨ 300

(数学 I，数学 A 第 2 問は次ページに続く。)

(2) 太郎さんは，春の学園祭が終わった後，秋の学園祭の唐揚げ店の構想を立て始めた。秋の学園祭では，サイズの異なる二種類のカップに唐揚げを入れて，商品 A と商品 B として売ることを考えた。

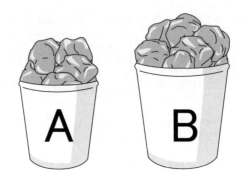

商品 A の 1 カップあたりの価格を x 円とし，商品 B の 1 カップあたりの価格を $\dfrac{3}{2}x$ 円とする。このとき，過去の学園祭での様々な店のデータから

- 商品 A と商品 B の売り上げ数は合わせて $\left(\boxed{ア}-\dfrac{\boxed{イ}}{\boxed{ウ}}x\right)$ カップである
- 商品 A と商品 B の売り上げ数の比は 2:1 である

と仮定した。1 カップあたりの必要経費は，商品 A では 130 円，商品 B では 160 円である。商品 A を $\dfrac{2}{3}\times\left(\boxed{ア}-\dfrac{\boxed{イ}}{\boxed{ウ}}x\right)$ カップ，商品 B を $\dfrac{1}{3}\times\left(\boxed{ア}-\dfrac{\boxed{イ}}{\boxed{ウ}}x\right)$ カップ作って，すべて売れるものとする。

(数学 I，数学 A 第 2 問は次ページに続く。)

第5回　数学Ⅰ・A

このとき，売り上げ金額は

$$-\frac{\boxed{ク}}{\boxed{ケ}}\left(x^2-\boxed{エ}\,x\right)$$

であり，必要経費の合計は

$$-\frac{\boxed{ク}}{\boxed{ケ}}\left(\boxed{コ}\,x-\boxed{サ}\right)$$

であるから，利益が12600円以上になるのは商品Aの1カップあたりの価格が $\boxed{シ}$ 円以上 $\boxed{ス}$ 円以下のときである。

$\boxed{コ}$，$\boxed{シ}$，$\boxed{ス}$ の解答群（同じものを繰り返し選んでもよい。）

⓪ 120	① 150	② 160	③ 180	④ 200
⑤ 210	⑥ 220	⑦ 240	⑧ 250	⑨ 300

$\boxed{サ}$ の解答群

⓪ 12000	① 15000	② 18000	③ 24000	④ 30000
⑤ 36000	⑥ 45000	⑦ 54000	⑧ 63000	⑨ 72000

（数学Ⅰ，数学A 第2問は次ページに続く。）

〔2〕 総務省は，47都道府県別の世帯数や人口をWebページで公表しており，また，警察庁交通局運転免許課は，47都道府県別の自動車運転免許証の新規交付件数(以下，免許交付数)や自動車運転免許証の自主返納件数(以下，免許返納数)をWebページで公表している。加えて，自動車検査登録情報協会は47都道府県別の自動車保有台数をWebページで公表している。

なお，以下の図や表については，それぞれのWebページをもとに作成している。

(1) 各都道府県において，免許交付数を生産年齢人口(15歳以上65歳未満の人口)で割り，1000倍することにより，「生産年齢人口1000人あたりの免許交付数」を算出した。図1は，2019年における「生産年齢人口1000人あたりの免許交付数」のヒストグラムである。なお，ヒストグラムの各階級の区間は，左側の数値を含み，右側の数値を含まない。

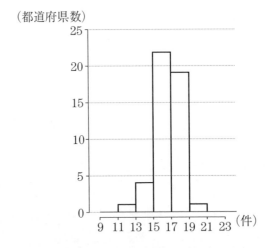

図1　2019年における生産年齢人口1000人あたりの
　　　免許交付数のヒストグラム

(数学Ⅰ，数学A第2問は次ページに続く。)

第 5 回　数学 I・A

　図 1 のヒストグラムに関して，各階級に含まれるデータの値がすべてその階級値に等しいと仮定する。このとき，平均値は小数第 1 位を四捨五入すると セソ である。

　また，図 1 のヒストグラムに対応する箱ひげ図は タ である。

タ については，最も適当なものを，次の ⓪ 〜 ⑦ のうちから一つ選べ。

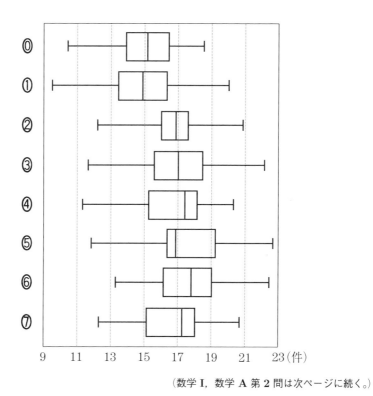

（数学 I，数学 A 第 2 問は次ページに続く。）

図2は，47都道府県の免許交付数と免許返納数の散布図であり，図3は，47都道府県の免許交付数と自動車保有台数の散布図である。なお，これらの散布図には，完全に重なっている点はない。

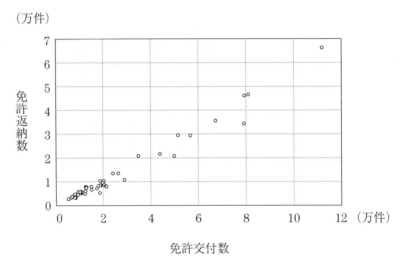

図2　免許交付数と免許返納数の散布図

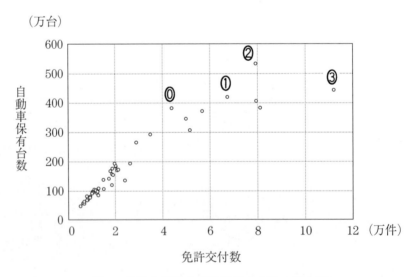

図3　免許交付数と自動車保有台数の散布図

（数学Ⅰ，数学A第2問は次ページに続く。）

第5回　数学 I・A

(i)　図 2, 図 3 から読み取れることとして, 次の ⓪〜⑥ のうち, 正しくないものは ┃ チ ┃ と ┃ ツ ┃ である。

┃ チ ┃, ┃ ツ ┃ の解答群(解答の順序は問わない。)

⓪　免許返納数の範囲は, 免許交付数の範囲より小さい。

①　免許交付数と免許返納数の間には正の相関がある。

②　免許交付数と免許返納数の間の相関は, 免許交付数と自動車保有台数の間の相関より強いとはいえない。

③　免許交付数が 4 万件以下の都道府県のうち, 免許返納数が 2 万件以上の県がある。

④　免許交付数が 4 万件以上の都道府県はすべて, 自動車保有台数が 300 万台以上である。

⑤　自動車保有台数が最大の都道府県は, 免許返納数も最大である。

⑥　免許交付数が 8 万件以上かつ自動車保有台数が 400 万台以上の都道府県がある。

(ii)　図 3 の ⓪〜③ の四つの都道府県のうち, 免許交付数に対する自動車保有台数の割合が最も大きい都道府県は ┃ テ ┃ である。

(数学 I, 数学 A 第 2 問は次ページに続く。)

(2)　各都道府県における免許返納数を 10000 で割った値 S，および，各都道
府県における 65 歳以上の人口を 10000 で割った値 T を算出した。

　表 1 は，S と T について，平均値，標準偏差および相関係数を計算し，
それぞれ上から 4 桁目を四捨五入したものである。ただし，S と T の相関
係数は，S の偏差と T の偏差の積の平均値を S の標準偏差と T の標準偏
差の積で割った値である。

表 1　平均値，標準偏差および相関係数

S の 平均値	T の 平均値	S の 標準偏差	T の 標準偏差	S と T の 相関係数
1.28	76.4	1.36	68.8	0.99

　表 1 を参考にすると，S（横軸）と T（縦軸）の散布図は ┃ ト ┃ である。

(数学 I，数学 A 第 2 問は次ページに続く。)

ト については，最も適当なものを，次の ⓪ ～ ③ のうちから一つ選べ。なお，これらの散布図には，完全に重なっている点はない。

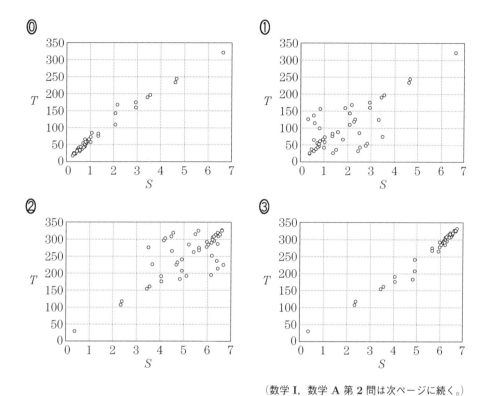

（数学 I，数学 A 第 2 問は次ページに続く。）

(3) 図 4 は，47 都道府県の世帯数と自動車保有台数の散布図である。ただし，原点を通り，傾きが $\frac{1}{2}$，1，$\frac{3}{2}$，2，$\frac{5}{2}$ である直線を補助的に描いている。また，この散布図には，完全に重なっている点はない。

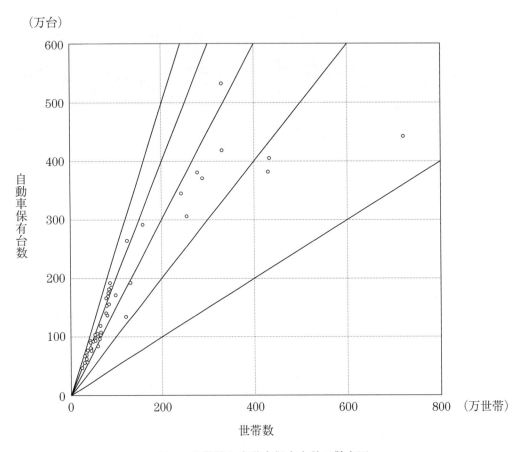

図 4 世帯数と自動車保有台数の散布図

（数学 I，数学 A 第 2 問は次ページに続く。）

第5回　数学Ⅰ・A

　1世帯あたりの自動車保有台数のヒストグラムは ナ である。なお，ヒストグラムの各階級の区間は，左側の数値を含み，右側の数値を含まない。

　ナ については，最も適当なものを，次の⓪〜③のうちから一つ選べ。

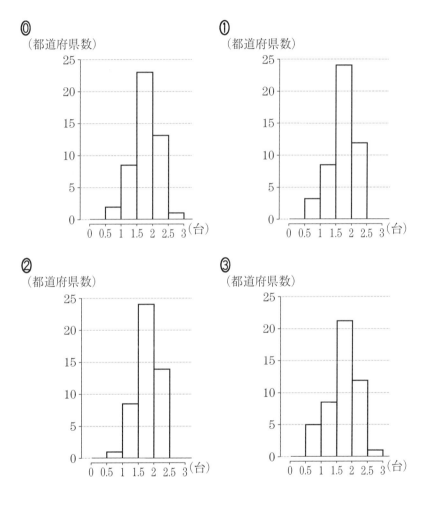

第3問 （配点 20）

△ABC において，AB = 3，BC = 5，AC = 4 とする。

∠BAC の二等分線と辺 BC との交点を D とすると，BD = $\dfrac{\boxed{アイ}}{\boxed{ウ}}$ である。

△ABC の面積を，△ABD の面積と △ACD の面積の和と考えることにより

$$AD = \dfrac{\boxed{エオ}\sqrt{\boxed{カ}}}{\boxed{キ}}$$

が得られる。

また，直線 AD と △ABC の外接円との交点で点 A とは異なる点を E とすると

$$DE = \dfrac{\boxed{クケ}\sqrt{\boxed{コ}}}{\boxed{サシ}}, \quad BE = CE = \dfrac{\boxed{ス}\sqrt{\boxed{セ}}}{\boxed{ソ}}$$

である。

（数学 I，数学 A 第 3 問は 20 ページに続く。）

第５回　数学 I・A

（下 書 き 用 紙）

数学 I，数学 A の試験問題は次に続く。

(1) 点Eから直線 AB, BC, AC にそれぞれ垂線を引き, AB, BC, AC との交点をそれぞれ H, I, J とする。このとき, 次の**事実**が成り立つ。

事実

　3点 H, I, J は一直線上にある。

　　この**事実**が成り立つことは, 次のように説明できる。

　　　$\angle EHB = \angle EIB = 90°$ であるから, 4点 E, I, B, H は同一円周上にあり

$$\angle BIH = \angle \boxed{\text{タ}} \qquad\qquad\qquad \cdots\cdots①$$

である。また, 4点 E, C, J, I も同一円周上にあるから

$$\angle CIJ = \angle \boxed{\text{チ}} \qquad\qquad\qquad \cdots\cdots②$$

である。さらに, 四角形 ABEC は △ABC の外接円に内接するから

$$\angle EBH = \angle \boxed{\text{ツ}}$$

である。これと $\angle BHE = \angle CJE = 90°$ かつ $BE = CE$ より

$$\triangle BEH \equiv \triangle CEJ$$

となり

$$\angle BEH = \angle CEJ \qquad\qquad\qquad\qquad \cdots\cdots③$$

が成り立つ。①, ②, ③より

$$\angle BIH = \angle \boxed{\text{テ}}$$

が成り立つ。したがって, $\angle HIJ = 180°$ となり, 3点 H, I, J は一直線上にある。

（数学 I, 数学 A 第 3 問は次ページに続く。）

— 20 —

第 5 回　数学 I・A

タ の解答群

⓪　BEH　　　①　BEI　　　②　EBI　　　③　EIH

チ の解答群

⓪　CEJ　　　①　ECI　　　②　ECJ　　　③　EJI

ツ の解答群

⓪　ABI　　　①　BAC　　　②　BCE　　　③　ECJ

テ の解答群

⓪　BAE　　　①　BCE　　　②　CBA

③　CIJ　　　④　ECI　　　⑤　EJI

(2)　二つの線分 HI，IJ の長さは

$$\text{HI} = \boxed{ト}\sqrt{\boxed{ナ}}, \quad \text{IJ} = \dfrac{\boxed{ニ}\sqrt{\boxed{ヌ}}}{\boxed{ネ}}$$

である。

— 21 —

第4問 （配点 20）

(1) 袋の中に赤球2個，白球2個，青球2個，合計6個の球が入っている。この袋から球を取り出す次の**試行 F₁，S₁**をこの順で行う。

> **試行 F₁**：袋の中をよくかき混ぜてから球を2個取り出し，球の色を確認する。
>
> **試行 S₁**：試行 F₁ で取り出した球はもとには戻さず，袋の中をよくかき混ぜてから球を2個取り出し，球の色を確認する。

試行 F₁ において同じ色の球が取り出されるという事象を A_1，試行 S₁ において同じ色の球が取り出されるという事象を B_1 とし，事象 X の余事象を $\overline{X}$ と表す。

試行 F₁ において青球が2個取り出される確率は $\dfrac{\boxed{\text{ア}}}{\boxed{\text{イウ}}}$ であり，

$P(A_1) = \dfrac{\boxed{\text{エ}}}{\boxed{\text{オ}}}$ である。

また，**試行 F₁** において同じ色の球が取り出されたとき，**試行 S₁** において同じ色の球が取り出される条件付き確率は $P_{A_1}(B_1) = \dfrac{\boxed{\text{カ}}}{\boxed{\text{キ}}}$ であり，**試行 F₁** において異なる色の球が取り出されたとき，**試行 S₁** において同じ色の球が取り出される条件付き確率は $P_{\overline{A_1}}(B_1) = \dfrac{\boxed{\text{ク}}}{\boxed{\text{ケ}}}$ である。したがって

$$P(B_1) = \dfrac{\boxed{\text{コ}}}{\boxed{\text{サ}}}$$

である。

（数学 I，数学 A 第4問は次ページに続く。）

第 5 回　数学 I・A

(2)　二つの箱 C, D がある。箱 C には，赤球 1 個，白球 1 個，青球 2 個，合計 4 個の球が入っており，箱 D には，赤球 1 個，白球 1 個，合計 2 個の球が入っている。この二つの箱から球を取り出す次の**試行 F$_2$, S$_2$** をこの順で行う。

> **試行 F$_2$**：箱 C の中をよくかき混ぜてから球を 2 個取り出し，球の色を確認せずに箱 D に入れる。箱 D の中をよくかき混ぜてから球を 2 個取り出し，球の色を確認する。

> **試行 S$_2$**：試行 F$_2$ で取り出した球はもとには戻さず，箱 C から残りの 2 個の球を取り出し，球の色を確認せずに箱 D に入れる。箱 D の中をよくかき混ぜてから球を 2 個取り出し，球の色を確認する。

試行 F$_2$ において箱 D から同じ色の球が取り出されるという事象を A_2，試行 S$_2$ において箱 D から同じ色の球が取り出されるという事象を B_2 とし，事象 X の余事象を $\overline{X}$ と表す。

試行 F$_2$ において箱 D から青球が 2 個取り出される確率は $\dfrac{\boxed{シ}}{\boxed{スセ}}$ であり，

試行 F$_2$ において箱 D から赤球が 2 個取り出される確率は $\dfrac{\boxed{ソ}}{\boxed{タチ}}$ である。

よって，$P(A_2) = \dfrac{\boxed{ツ}}{\boxed{テト}}$ である。

また，(1) の A_1, B_1 について，$P_{A_2}(B_2) = P_{A_1}(B_1)$，$P_{\overline{A_2}}(B_2) = P_{\overline{A_1}}(B_1)$ であることに注意すると

$$P(B_2) = \dfrac{\boxed{ナニ}}{\boxed{ヌネノ}}$$

であることがわかる。

（数学 I，数学 A 第 4 問は次ページに続く。）

(3)　(1)の**試行** F_1，S_1 において，ともに同じ色の球を取り出したときに 4 点，どちらか一方のみ同じ色の球を取り出したときに 2 点とし，このときの点数の期待値を E_1 とする。(2)の**試行** F_2，S_2 において，ともに同じ色の球を取り出したときに 4 点，どちらか一方のみ同じ色の球を取り出したときに 2 点とし，このときの点数の期待値を E_2 とする。E_1 と E_2 の大小関係は $\boxed{ハ}$ である。

$\boxed{ハ}$ の解答群

⓪　$E_1 < E_2$ 　　　①　$E_1 = E_2$ 　　　②　$E_1 > E_2$

試作問題

2022 年度大学入試センター公表
令和 7 年度（2025 年度）大学入学共通テスト

試作問題

（100 点　70 分）

● 標 準 所 要 時 間 ●

| 第 1 問 | 21 分 | 第 3 問 | 14 分 |
| 第 2 問 | 21 分 | 第 4 問 | 14 分 |

数学Ⅰ，数学Ａ

（全 問 必 答）

第 1 問 （配点 30）

〔1〕 c を正の整数とする。x の 2 次方程式

$$2x^2 + (4c - 3)x + 2c^2 - c - 11 = 0 \quad \cdots\cdots\cdots\cdots\cdots\cdots\cdots ①$$

について考える。

(1) $c = 1$ のとき，①の左辺を因数分解すると

$$\left(\boxed{\text{ア}}\, x + \boxed{\text{イ}}\right)\left(x - \boxed{\text{ウ}}\right)$$

であるから，①の解は

$$x = -\frac{\boxed{\text{イ}}}{\boxed{\text{ア}}}, \quad \boxed{\text{ウ}}$$

である。

(2) $c = 2$ のとき，①の解は

$$x = \frac{-\boxed{\text{エ}} \pm \sqrt{\boxed{\text{オカ}}}}{\boxed{\text{キ}}}$$

であり，大きい方の解を α とすると

$$\frac{5}{\alpha} = \frac{\boxed{\text{ク}} + \sqrt{\boxed{\text{ケコ}}}}{\boxed{\text{サ}}}$$

である。また，$m < \dfrac{5}{\alpha} < m + 1$ を満たす整数 m は $\boxed{\text{シ}}$ である。

（数学Ⅰ，数学Ａ第 1 問は次ページに続く。）

— 2 —

試作問題　数学 I・A

⑶　太郎さんと花子さんは，①の解について考察している。

太郎：①の解は c の値によって，ともに有理数である場合もあれば，ともに無理数である場合もあるね。c がどのような値のときに，解は有理数になるのかな。

花子：2 次方程式の解の公式の根号の中に着目すればいいんじゃないかな。

①の解が異なる二つの有理数であるような正の整数 c の個数は　ス　個である。

（数学 I，数学 A 第 1 問は次ページに続く。）

— 3 —

〔2〕右の図のように，△ABCの外側に辺AB, BC, CAをそれぞれ1辺とする正方形ADEB, BFGC, CHIAをかき，2点EとF，GとH，IとDをそれぞれ線分で結んだ図形を考える。以下において

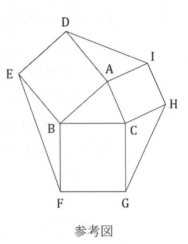

参考図

$BC = a$, $CA = b$, $AB = c$
$\angle CAB = A$, $\angle ABC = B$, $\angle BCA = C$

とする。

(1) $b = 6$, $c = 5$, $\cos A = \dfrac{3}{5}$ のとき, $\sin A = \dfrac{\boxed{セ}}{\boxed{ソ}}$ であり，

△ABCの面積は $\boxed{タチ}$, △AIDの面積は $\boxed{ツテ}$ である。

（数学Ⅰ，数学A第1問は次ページに続く。）

試作問題　数学Ⅰ・A

⑵　正方形 BFGC, CHIA, ADEB の面積をそれぞれ S_1, S_2, S_3 とする。このとき、$S_1 - S_2 - S_3$ は

- $0° < A < 90°$ のとき、　ト　。

- $A = 90°$ のとき、　ナ　。

- $90° < A < 180°$ のとき、　ニ　。

　ト　～　ニ　の解答群（同じものを繰り返し選んでもよい。）

⓪　0 である

①　正の値である

②　負の値である

③　正の値も負の値もとる

⑶　△AID, △BEF, △CGH の面積をそれぞれ T_1, T_2, T_3 とする。このとき、　ヌ　である。

　ヌ　の解答群

⓪　$a < b < c$ ならば、$T_1 > T_2 > T_3$

①　$a < b < c$ ならば、$T_1 < T_2 < T_3$

②　A が鈍角ならば、$T_1 < T_2$ かつ $T_1 < T_3$

③　a, b, c の値に関係なく、$T_1 = T_2 = T_3$

（数学Ⅰ，数学A第１問は次ページに続く。）

— 5 —

⑷ △ABC, △AID, △BEF, △CGH のうち，外接円の半径が最も小さいものを
求める。

0° < A < 90°のとき，ID ネ BC であり

（△AID の外接円の半径） ノ （△ABC の外接円の半径）

であるから，外接円の半径が最も小さい三角形は

- 0° < A < B < C < 90°のとき， ハ である。
- 0° < A < B < 90° < C のとき， ヒ である。

ネ ， ノ の解答群（同じものを繰り返し選んでもよい。）

⓪ <   ① =   ② >

ハ ， ヒ の解答群（同じものを繰り返し選んでもよい。）

⓪ △ABC ① △AID ② △BEF ③ △CGH

— 6 —

試作問題　数学 I・A

（下書き用紙）

数学 I，数学Aの試験問題は次に続く。

第2問 (配点 30)

〔1〕陸上競技の短距離 100m 走では，100 mを走るのにかかる時間（以下，タイムと呼ぶ）は，1歩あたりの進む距離（以下，ストライドと呼ぶ）と1秒あたりの歩数（以下，ピッチと呼ぶ）に関係がある。ストライドとピッチはそれぞれ以下の式で与えられる。

$$\text{ストライド (m/歩)} = \frac{100 \text{ (m)}}{100\text{mを走るのにかかった歩数（歩）}}$$

$$\text{ピッチ (歩/秒)} = \frac{100\text{mを走るのにかかった歩数（歩）}}{\text{タイム（秒）}}$$

ただし，100mを走るのにかかった歩数は，最後の1歩がゴールラインをまたぐこともあるので，小数で表される。以下，単位は必要のない限り省略する。

例えば，タイムが 10.81 で，そのときの歩数が 48.5 であったとき，ストライドは $\frac{100}{48.5}$ より約 2.06，ピッチは $\frac{48.5}{10.81}$ より約 4.49 である。

なお，小数の形で解答する場合は，**解答上の注意**にあるように，指定された桁数の一つ下の桁を四捨五入して答えよ。また，必要に応じて，指定された桁まで ⓪ にマークせよ。

（数学Ⅰ，数学A第2問は次ページに続く。）

試作問題　数学 I・A

⑴　ストライドを x, ピッチを z とおく。ピッチは1秒あたりの歩数, ストライドは1歩あたりの進む距離なので, 1秒あたりの進む距離すなわち平均速度は, x と z を用いて $\boxed{\text{ア}}$（m/秒）と表される。

　これより, タイムと, ストライド, ピッチとの関係は

$$\text{タイム} = \frac{100}{\boxed{\text{ア}}} \qquad\qquad \cdots\cdots\cdots\cdots\cdots\cdots\cdots ①$$

と表されるので, $\boxed{\text{ア}}$ が最大になるときにタイムが最もよくなる。ただし, タイムがよくなるとは, タイムの値が小さくなることである。

$\boxed{\text{ア}}$ の解答群

⓪ $x+z$	① $z-x$	② xz
③ $\dfrac{x+z}{2}$	④ $\dfrac{z-x}{2}$	⑤ $\dfrac{xz}{2}$

（数学 I, 数学A第2問は次ページに続く。）

— 9 —

(2) 男子短距離 100m走の選手である太郎さんは，①に着目して，タイムが最もよくなるストライドとピッチを考えることにした。

次の表は，太郎さんが練習で 100mを 3 回走ったときのストライドとピッチのデータである。

	1 回目	2 回目	3 回目
ストライド	2.05	2.10	2.15
ピッチ	4.70	4.60	4.50

また，ストライドとピッチにはそれぞれ限界がある。太郎さんの場合，ストライドの最大値は 2.40，ピッチの最大値は 4.80 である。

太郎さんは，上の表から，ストライドが 0.05 大きくなるとピッチが 0.1 小さくなるという関係があると考えて，ピッチがストライドの 1 次関数として表されると仮定した。このとき，ピッチ z はストライド x を用いて

$$z = \boxed{イウ} x + \frac{\boxed{エオ}}{5} \qquad \cdots\cdots\cdots\cdots\cdots\cdots\cdots ②$$

と表される。

②が太郎さんのストライドの最大値 2.40 とピッチの最大値 4.80 まで成り立つと仮定すると，x の値の範囲は次のようになる。

$$\boxed{カ} . \boxed{キク} \leqq x \leqq 2.40$$

（数学Ⅰ，数学A第 2 問は次ページに続く。）

— 10 —

$y = \boxed{\text{ア}}$ とおく。②を $y = \boxed{\text{ア}}$ に代入することにより，y を x の関数として表すことができる。太郎さんのタイムが最もよくなるストライドとピッチを求めるためには，$\boxed{\text{カ}}\,.\,\boxed{\text{キク}} \leqq x \leqq 2.40$ の範囲で y の値を最大にする x の値を見つければよい。このとき，y の値が最大になるのは $x = \boxed{\text{ケ}}\,.\,\boxed{\text{コサ}}$ のときである。

よって，太郎さんのタイムが最もよくなるのは，ストライドが $\boxed{\text{ケ}}\,.\,\boxed{\text{コサ}}$ のときであり，このとき，ピッチは $\boxed{\text{シ}}\,.\,\boxed{\text{スセ}}$ である。また，このときの太郎さんのタイムは，①により $\boxed{\text{ソ}}$ である。

$\boxed{\text{ソ}}$ については，最も適当なものを，次の⓪〜⑤のうちから一つ選べ。

⓪ 9.68	① 9.97	② 10.09
③ 10.33	④ 10.42	⑤ 10.55

（数学 I ，数学 A 第 2 問は次ページに続く。）

― 11 ―

〔2〕太郎さんと花子さんは，社会のグローバル化に伴う都市間の国際競争において，都市周辺にある国際空港の利便性が重視されていることを知った。そこで，日本を含む世界の主な 40 の国際空港それぞれから最も近い主要ターミナル駅へ鉄道等で移動するときの「移動距離」，「所要時間」，「費用」を調べた。なお，「所要時間」と「費用」は各国とも午前 10 時台で調査し，「費用」は調査時点の為替レートで日本円に換算した。

（数学Ⅰ，数学A第2問は次ページに続く。）

試作問題　数学 I・A

以下では，データが与えられた際，次の値を外れ値とする。

「(第 1 四分位数)－1.5×(四分位範囲)」以下のすべての値

「(第 3 四分位数)＋1.5×(四分位範囲)」以上のすべての値

(1)　次のデータは，40 の国際空港からの「移動距離」（単位は km）を並べたものである。

56	48	47	42	40	38	38	36	28	25
25	24	23	22	22	21	21	20	20	20
20	20	19	18	16	16	15	15	14	13
13	12	11	11	10	10	10	8	7	6

このデータにおいて，四分位範囲は　タチ　であり，外れ値の個数は　ツ　である。

（数学 I，数学 A 第 2 問は次ページに続く。）

－ 13 －

⑵ 図1は「移動距離」と「所要時間」の散布図，図2は「所要時間」と「費用」の散布図，図3は「費用」と「移動距離」の散布図である。ただし，白丸は日本の空港，黒丸は日本以外の空港を表している。また，「移動距離」，「所要時間」，「費用」の平均値はそれぞれ22，38，950であり，散布図に実線で示している。

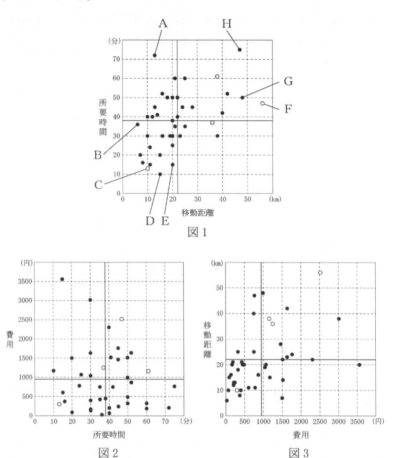

(i) 40の国際空港について，「所要時間」を「移動距離」で割った「1 kmあたりの所要時間」を考えよう。外れ値を＊で示した「1 kmあたりの所要時間」の箱ひげ図は テ であり，外れ値は図1のA～Hのうちの ト と ナ である。

（数学Ⅰ，数学A第2問は次ページに続く。）

― 14 ―

テ については，最も適当なものを，次の⓪〜④のうちから一つ選べ。

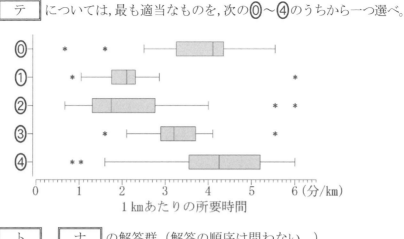

ト ， ナ の解答群（解答の順序は問わない。）

⓪ A ① B ② C ③ D ④ E ⑤ F ⑥ G ⑦ H

(ii) ある国で，次のような新空港が建設される計画があるとする。

移動距離（km）	所要時間（分）	費用（円）
22	38	950

次の（Ⅰ），（Ⅱ），（Ⅲ）は，40の国際空港にこの新空港を加えたデータに関する記述である。

（Ⅰ） 新空港は，日本の四つのいずれの空港よりも，「費用」は高いが「所要時間」は短い。

（Ⅱ） 「移動距離」の標準偏差は，新空港を加える前後で変化しない。

（Ⅲ） 図1，図2，図3のそれぞれの二つの変量について，変量間の相関係数は，新空港を加える前後で変化しない。

（Ⅰ），（Ⅱ），（Ⅲ）の正誤の組合せとして正しいものは ニ である。

ニ の解答群

	⓪	①	②	③	④	⑤	⑥	⑦
（Ⅰ）	正	正	正	正	誤	誤	誤	誤
（Ⅱ）	正	正	誤	誤	正	正	誤	誤
（Ⅲ）	正	誤	正	誤	正	誤	正	誤

（数学Ⅰ，数学A第2問は次ページに続く。）

(3)　太郎さんは，調べた空港のうちの一つであるＰ空港で，利便性に関する
アンケート調査が実施されていることを知った。

> 太郎：Ｐ空港を利用した 30 人に，Ｐ空港は便利だと思うかどうかをた
> 　　　ずねたとき，どのくらいの人が「便利だと思う」と回答したら，
> 　　　Ｐ空港の利用者全体のうち便利だと思う人の方が多いとしてよい
> 　　　のかな。
> 花子：例えば，20 人だったらどうかな。

　　二人は，30 人のうち 20 人が「便利だと思う」と回答した場合に，「Ｐ空
港は便利だと思う人の方が多い」といえるかどうかを，次の**方針**で考えるこ
とにした。

方針

・"Ｐ空港の利用者全体のうちで「便利だと思う」と回答する割合と，
「便利だと思う」と回答しない割合が等しい"という仮説をたてる。

・この仮説のもとで，30 人抽出したうちの 20 人以上が「便利だと思う」
と回答する確率が5%未満であれば，その仮説は誤っていると判断し，
5%以上であれば，その仮説は誤っているとは判断しない。

（数学Ⅰ，数学Ａ第２問は次ページに続く。）

次の**実験結果**は，30枚の硬貨を投げる実験を1000回行ったとき，表が出た枚数ごとの回数の割合を示したものである。

実験結果

表の枚数	0	1	2	3	4	5	6	7	8	9
割合	0.0%	0.0%	0.0%	0.0%	0.0%	0.0%	0.0%	0.0%	0.1%	0.8%
表の枚数	10	11	12	13	14	15	16	17	18	19
割合	3.2%	5.8%	8.0%	11.2%	13.8%	14.4%	14.1%	9.8%	8.8%	4.2%
表の枚数	20	21	22	23	24	25	26	27	28	29	30
割合	3.2%	1.4%	1.0%	0.0%	0.1%	0.0%	0.1%	0.0%	0.0%	0.0%	0.0%

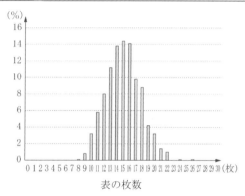

実験結果を用いると，30枚の硬貨のうち20枚以上が表となった割合は　ヌ　.　ネ　%である。これを，30人のうち20人以上が「便利だと思う」と回答する確率とみなし，**方針**に従うと，「便利だと思う」と回答する割合と，「便利だと思う」と回答しない割合が等しいという仮説は　ノ　，P空港は便利だと思う人の方が　ハ　。

　ノ　，　ハ　については，最も適当なものを，次のそれぞれの解答群から一つずつ選べ。

　ノ　の解答群

⓪ 誤っていると判断され	① 誤っているとは判断されず

　ハ　の解答群

⓪ 多いといえる	① 多いとはいえない

第3問 (配点 20)

△ABCにおいて，AB = 3，BC = 4，AC = 5とする。

∠BACの二等分線と辺BCとの交点をDとすると

$$BD = \frac{\boxed{ア}}{\boxed{イ}}, \quad AD = \frac{\boxed{ウ}\sqrt{\boxed{エ}}}{\boxed{オ}}$$

である。

また，∠BAC の二等分線と△ABC の外接円 O との交点で点 A とは異なる点を E とする。△AECに着目すると

$$AE = \boxed{カ}\sqrt{\boxed{キ}}$$

である。

△ABC の 2 辺 AB と AC の両方に接し，外接円 O に内接する円の中心を P とする。円 P の半径を r とする。さらに，円 P と外接円 O との接点を F とし，直線 PF と外接円 O との交点で点 F とは異なる点を G とする。このとき

$$AP = \sqrt{\boxed{ク}}\, r, \quad PG = \boxed{ケ} - r$$

と表せる。したがって，方べきの定理により $r = \dfrac{\boxed{コ}}{\boxed{サ}}$ である。

（数学Ⅰ，数学A第3問は次ページに続く。）

— 18 —

試作問題　数学 I・A

$\triangle$ABC の内心を Q とする。内接円 Q の半径は $\boxed{\text{シ}}$ で, AQ $= \sqrt{\boxed{\text{ス}}}$ である。

また，円 P と辺 AB との接点を H とすると，AH $= \dfrac{\boxed{\text{セ}}}{\boxed{\text{ソ}}}$ である。

以上から，点 H に関する次の (a)，(b) の正誤の組合せとして正しいものは $\boxed{\text{タ}}$ である。

(a)　点 H は 3 点 B，D，Q を通る円の周上にある。

(b)　点 H は 3 点 B，E，Q を通る円の周上にある。

$\boxed{\text{タ}}$ の解答群

	⓪	①	②	③
(a)	正	正	誤	誤
(b)	正	誤	正	誤

— 19 —

第4問 (配点 20)

中にくじが入っている二つの箱AとBがある。二つの箱の外見は同じであるが，箱Aでは，当たりくじを引く確率が $\dfrac{1}{2}$ であり，箱Bでは，当たりくじを引く確率が $\dfrac{1}{3}$ である。

(1) 各箱で，くじを1本引いてはもとに戻す試行を3回繰り返す。このとき

箱Aにおいて，3回中ちょうど1回当たる確率は $\dfrac{\boxed{\text{ア}}}{\boxed{\text{イ}}}$ … ①

箱Bにおいて，3回中ちょうど1回当たる確率は $\dfrac{\boxed{\text{ウ}}}{\boxed{\text{エ}}}$ … ②

である。箱Aにおいて，3回引いたときに当たりくじを引く回数の期待値は $\dfrac{\boxed{\text{オ}}}{\boxed{\text{カ}}}$ であり，箱Bにおいて，3回引いたときに当たりくじを引く回数の期待値は $\boxed{\text{キ}}$ である。

（数学Ⅰ，数学A第4問は次ページに続く。）

試作問題　数学Ⅰ・Ａ

⑵　太郎さんと花子さんは，それぞれくじを引くことにした。ただし，二人は，箱Ａ，箱Ｂでの当たりくじを引く確率は知っているが，二つの箱のどちらがＡで，どちらがＢであるかはわからないものとする。

　まず，太郎さんが二つの箱のうちの一方をでたらめに選ぶ。そして，その選んだ箱において，くじを１本引いてはもとに戻す試行を３回繰り返したところ，３回中ちょうど１回当たった。

　このとき，選ばれた箱がＡである事象を A，選ばれた箱がＢである事象を B，３回中ちょうど１回当たる事象を W とする。①，②に注意すると

$$P(A \cap W) = \frac{1}{2} \times \frac{\boxed{\text{ア}}}{\boxed{\text{イ}}}, \quad P(B \cap W) = \frac{1}{2} \times \frac{\boxed{\text{ウ}}}{\boxed{\text{エ}}}$$

である。$P(W) = P(A \cap W) + P(B \cap W)$ であるから，３回中ちょうど１回当たったとき，選んだ箱がＡである条件付き確率 $P_W(A)$ は $\dfrac{\boxed{\text{クケ}}}{\boxed{\text{コサ}}}$ となる。また，条件付き確率 $P_W(B)$ は $1 - P_W(A)$ で求められる。

（数学Ⅰ，数学Ａ第４問は次ページに続く。）

— 21 —

次に，花子さんが箱を選ぶ。その選んだ箱において，くじを1本引いてはもとに戻す試行を3回繰り返す。花子さんは，当たりくじをより多く引きたいので，太郎さんのくじの結果をもとに，次の(X)，(Y)のどちらの場合がよいかを考えている。

(X)　太郎さんが選んだ箱と同じ箱を選ぶ。

(Y)　太郎さんが選んだ箱と異なる箱を選ぶ。

花子さんがくじを引くときに起こりうる事象の場合の数は，選んだ箱がA，Bのいずれかの2通りと，3回のうち当たりくじを引く回数が0，1，2，3回のいずれかの4通りの組合せで全部で8通りある。

花子：当たりくじを引く回数の期待値が大きい方の箱を選ぶといいかな。

太郎：当たりくじを引く回数の期待値を求めるには，この8通りについて，それぞれの起こる確率と当たりくじを引く回数との積を考えればいいね。

花子さんは当たりくじを引く回数の期待値が大きい方の箱を選ぶことにした。

(X)の場合について考える。箱Aにおいて3回引いてちょうど1回当たる事象をA_1，箱Bにおいて3回引いてちょうど1回当たる事象をB_1と表す。

太郎さんが選んだ箱がAである確率$P_W(A)$を用いると，花子さんが選んだ箱がAで，かつ，花子さんが3回引いてちょうど1回当たる事象の起こる確率は$P_W(A) \times P(A_1)$と表せる。このことと同様に考えると，花子さんが選んだ箱がBで，かつ，花子さんが3回引いてちょうど1回当たる事象の起こる確率は　シ　と表せる。

花子：残りの6通りも同じように計算すれば，この場合の当たりくじを引く回数の期待値を計算できるね。

太郎：期待値を計算する式は，選んだ箱がAである事象に対する式とBである事象に対する式に分けて整理できそうだよ。

(数学Ⅰ，数学A第4問は次ページに続く。)

試作問題　数学 I・A

　残りの 6 通りについても同じように考えると，（X）の場合の当たりくじを引く回数の期待値を計算する式は

$$\boxed{\text{ス}} \times \dfrac{\boxed{\text{オ}}}{\boxed{\text{カ}}} + \boxed{\text{セ}} \times \boxed{\text{キ}}$$

となる。

　（Y）の場合についても同様に考えて計算すると，（Y）の場合の当たりくじを引く回数の期待値は $\dfrac{\boxed{\text{ソタ}}}{\boxed{\text{チツ}}}$ である。よって，当たりくじを引く回数の期待値が大きい方の箱を選ぶという方針に基づくと，花子さんは，太郎さんが選んだ箱と $\boxed{\text{テ}}$ 。

$\boxed{\text{シ}}$ の解答群

⓪　$P_W(A) \times P(A_1)$	①　$P_W(A) \times P(B_1)$
②　$P_W(B) \times P(A_1)$	③　$P_W(B) \times P(B_1)$

$\boxed{\text{ス}}$ ，$\boxed{\text{セ}}$ の解答群（同じものを繰り返し選んでもよい。）

⓪　$\dfrac{1}{2}$	①　$\dfrac{1}{4}$	②　$P_W(A)$	③　$P_W(B)$
④　$\dfrac{1}{2}P_W(A)$		⑤　$\dfrac{1}{2}P_W(B)$	
⑥　$P_W(A) - P_W(B)$		⑦　$P_W(B) - P_W(A)$	
⑧　$\dfrac{P_W(A) - P_W(B)}{2}$		⑨　$\dfrac{P_W(B) - P_W(A)}{2}$	

$\boxed{\text{テ}}$ の解答群

⓪　同じ箱を選ぶ方がよい	①　異なる箱を選ぶ方がよい

2024 年度

大学入学共通テスト
本試験

（100 点　70 分）

'24 本試問題

```
━━━━●標 準 所 要 時 間●━━━━
第 1 問      21 分 │ 第 4 問      14 分
第 2 問      21 分 │ 第 5 問      14 分
第 3 問      14 分 │
```

（注）　第 1 問，第 2 問は必答，第 3 問〜第 5 問のうち 2 問選択解答

(注) この科目には，選択問題があります。

数学Ⅰ・数学A

第1問 （必答問題）（配点 30）

〔1〕 不等式

$$n < 2\sqrt{13} < n+1 \qquad \cdots\cdots\cdots\cdots\cdots\cdots ①$$

を満たす整数 n は $\boxed{\text{ア}}$ である。実数 $a,\ b$ を

$$a = 2\sqrt{13} - \boxed{\text{ア}} \qquad \cdots\cdots\cdots\cdots\cdots\cdots ②$$

$$b = \frac{1}{a} \qquad \cdots\cdots\cdots\cdots\cdots\cdots ③$$

で定める。このとき

$$b = \frac{\boxed{\text{イ}} + 2\sqrt{13}}{\boxed{\text{ウ}}} \qquad \cdots\cdots\cdots\cdots\cdots\cdots ④$$

である。また

$$a^2 - 9b^2 = \boxed{\text{エオカ}} \sqrt{13}$$

である。

（数学Ⅰ・数学A第1問は次ページに続く。）

— 2 —

①から

$$\frac{\boxed{\text{ア}}}{2} < \sqrt{13} < \frac{\boxed{\text{ア}}+1}{2} \quad \cdots\cdots\cdots\cdots\cdots ⑤$$

が成り立つ。

太郎さんと花子さんは，$\sqrt{13}$ について話している。

太郎：⑤から $\sqrt{13}$ のおよその値がわかるけど，小数点以下はよくわからないね。

花子：小数点以下をもう少し詳しく調べることができないかな。

---

①と④から

$$\frac{m}{\boxed{\text{ウ}}} < b < \frac{m+1}{\boxed{\text{ウ}}}$$

を満たす整数 m は $\boxed{\text{キク}}$ となる。よって，③から

$$\frac{\boxed{\text{ウ}}}{m+1} < a < \frac{\boxed{\text{ウ}}}{m} \quad \cdots\cdots\cdots\cdots\cdots ⑥$$

が成り立つ。

$\sqrt{13}$ の整数部分は $\boxed{\text{ケ}}$ であり，②と⑥を使えば $\sqrt{13}$ の小数第 1 位の数字は $\boxed{\text{コ}}$，小数第 2 位の数字は $\boxed{\text{サ}}$ であることがわかる。

(数学Ⅰ・数学A第1問は次ページに続く。)

〔2〕 以下の問題を解答するにあたっては，必要に応じて 9 ページの三角比の表を用いてもよい。

水平な地面(以下，地面)に垂直に立っている電柱の高さを，その影の長さと太陽高度を利用して求めよう。

(数学Ⅰ・数学A第1問は次ページに続く。)

図1のように，電柱の影の先端は坂の斜面（以下，坂）にあるとする。また，坂には傾斜を表す道路標識が設置されていて，そこには7％と表示されているとする。

電柱の太さと影の幅は無視して考えるものとする。また，地面と坂は平面であるとし，地面と坂が交わってできる直線をℓとする。

電柱の先端を点Aとし，根もとを点Bとする。電柱の影について，地面にある部分を線分BCとし，坂にある部分を線分CDとする。線分BC，CDがそれぞれℓと垂直であるとき，電柱の影は坂に向かってまっすぐにのびているということにする。

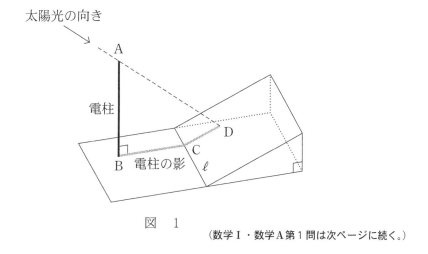

図　1

（数学I・数学A第1問は次ページに続く。）

電柱の影が坂に向かってまっすぐにのびているとする。このとき，4点A，B，C，Dを通る平面はℓと垂直である。その平面において，図2のように，直線ADと直線BCの交点をPとすると，太陽高度とは∠APBの大きさのことである。

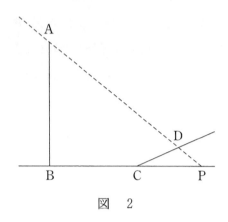

図　2

道路標識の7％という表示は，この坂をのぼったとき，100mの水平距離に対して7mの割合で高くなることを示している。nを1以上9以下の整数とするとき，坂の傾斜角∠DCPの大きさについて

$$n° < ∠DCP < n° + 1°$$

を満たすnの値は シ である。

以下では，∠DCPの大きさは，ちょうど シ °であるとする。

（数学Ⅰ・数学A第1問は次ページに続く。）

2024 本試　数学 I・A

　ある日，電柱の影が坂に向かってまっすぐにのびていたとき，影の長さを調べたところ BC = 7 m，CD = 4 m であり，太陽高度は ∠APB = 45° であった。点 D から直線 AB に垂直な直線を引き，直線 AB との交点を E とするとき

$$\mathrm{BE} = \boxed{\ \text{ス}\ } \times \boxed{\ \text{セ}\ }\ \mathrm{m}$$

であり

$$\mathrm{DE} = \left(\boxed{\ \text{ソ}\ } + \boxed{\ \text{タ}\ } \times \boxed{\ \text{チ}\ } \right) \mathrm{m}$$

である。よって，電柱の高さは，小数第 2 位で四捨五入すると $\boxed{\ \text{ツ}\ }$ m であることがわかる。

$\boxed{\ \text{セ}\ }$，$\boxed{\ \text{チ}\ }$ の解答群(同じものを繰り返し選んでもよい。)

- ⓪ $\sin \angle \mathrm{DCP}$
- ① $\dfrac{1}{\sin \angle \mathrm{DCP}}$
- ② $\cos \angle \mathrm{DCP}$
- ③ $\dfrac{1}{\cos \angle \mathrm{DCP}}$
- ④ $\tan \angle \mathrm{DCP}$
- ⑤ $\dfrac{1}{\tan \angle \mathrm{DCP}}$

$\boxed{\ \text{ツ}\ }$ の解答群

- ⓪ 10.4
- ① 10.7
- ② 11.0
- ③ 11.3
- ④ 11.6
- ⑤ 11.9

(数学 I・数学 A 第 1 問は次ページに続く。)

別の日，電柱の影が坂に向かってまっすぐにのびていたときの太陽高度は $\angle APB = 42°$ であった。電柱の高さがわかったので，前回調べた日からの影の長さの変化を知ることができる。電柱の影について，坂にある部分の長さは

$$CD = \frac{AB - \boxed{テ} \times \boxed{ト}}{\boxed{ナ} + \boxed{ニ} \times \boxed{ト}} \, m$$

である。AB $= \boxed{ツ}$ m として，これを計算することにより，この日の電柱の影について，坂にある部分の長さは，前回調べた 4 m より約 1.2 m だけ長いことがわかる。

$\boxed{ト}$ ～ $\boxed{ニ}$ の解答群(同じものを繰り返し選んでもよい。)

⓪ sin ∠DCP	① cos ∠DCP	② tan ∠DCP
③ sin 42°	④ cos 42°	⑤ tan 42°

(数学Ⅰ・数学A第1問は次ページに続く。)

2024 本試　数学 I・A

三角比の表

角	正弦（sin）	余弦（cos）	正接（tan）	角	正弦（sin）	余弦（cos）	正接（tan）
0°	0.0000	1.0000	0.0000	45°	0.7071	0.7071	1.0000
1°	0.0175	0.9998	0.0175	46°	0.7193	0.6947	1.0355
2°	0.0349	0.9994	0.0349	47°	0.7314	0.6820	1.0724
3°	0.0523	0.9986	0.0524	48°	0.7431	0.6691	1.1106
4°	0.0698	0.9976	0.0699	49°	0.7547	0.6561	1.1504
5°	0.0872	0.9962	0.0875	50°	0.7660	0.6428	1.1918
6°	0.1045	0.9945	0.1051	51°	0.7771	0.6293	1.2349
7°	0.1219	0.9925	0.1228	52°	0.7880	0.6157	1.2799
8°	0.1392	0.9903	0.1405	53°	0.7986	0.6018	1.3270
9°	0.1564	0.9877	0.1584	54°	0.8090	0.5878	1.3764
10°	0.1736	0.9848	0.1763	55°	0.8192	0.5736	1.4281
11°	0.1908	0.9816	0.1944	56°	0.8290	0.5592	1.4826
12°	0.2079	0.9781	0.2126	57°	0.8387	0.5446	1.5399
13°	0.2250	0.9744	0.2309	58°	0.8480	0.5299	1.6003
14°	0.2419	0.9703	0.2493	59°	0.8572	0.5150	1.6643
15°	0.2588	0.9659	0.2679	60°	0.8660	0.5000	1.7321
16°	0.2756	0.9613	0.2867	61°	0.8746	0.4848	1.8040
17°	0.2924	0.9563	0.3057	62°	0.8829	0.4695	1.8807
18°	0.3090	0.9511	0.3249	63°	0.8910	0.4540	1.9626
19°	0.3256	0.9455	0.3443	64°	0.8988	0.4384	2.0503
20°	0.3420	0.9397	0.3640	65°	0.9063	0.4226	2.1445
21°	0.3584	0.9336	0.3839	66°	0.9135	0.4067	2.2460
22°	0.3746	0.9272	0.4040	67°	0.9205	0.3907	2.3559
23°	0.3907	0.9205	0.4245	68°	0.9272	0.3746	2.4751
24°	0.4067	0.9135	0.4452	69°	0.9336	0.3584	2.6051
25°	0.4226	0.9063	0.4663	70°	0.9397	0.3420	2.7475
26°	0.4384	0.8988	0.4877	71°	0.9455	0.3256	2.9042
27°	0.4540	0.8910	0.5095	72°	0.9511	0.3090	3.0777
28°	0.4695	0.8829	0.5317	73°	0.9563	0.2924	3.2709
29°	0.4848	0.8746	0.5543	74°	0.9613	0.2756	3.4874
30°	0.5000	0.8660	0.5774	75°	0.9659	0.2588	3.7321
31°	0.5150	0.8572	0.6009	76°	0.9703	0.2419	4.0108
32°	0.5299	0.8480	0.6249	77°	0.9744	0.2250	4.3315
33°	0.5446	0.8387	0.6494	78°	0.9781	0.2079	4.7046
34°	0.5592	0.8290	0.6745	79°	0.9816	0.1908	5.1446
35°	0.5736	0.8192	0.7002	80°	0.9848	0.1736	5.6713
36°	0.5878	0.8090	0.7265	81°	0.9877	0.1564	6.3138
37°	0.6018	0.7986	0.7536	82°	0.9903	0.1392	7.1154
38°	0.6157	0.7880	0.7813	83°	0.9925	0.1219	8.1443
39°	0.6293	0.7771	0.8098	84°	0.9945	0.1045	9.5144
40°	0.6428	0.7660	0.8391	85°	0.9962	0.0872	11.4301
41°	0.6561	0.7547	0.8693	86°	0.9976	0.0698	14.3007
42°	0.6691	0.7431	0.9004	87°	0.9986	0.0523	19.0811
43°	0.6820	0.7314	0.9325	88°	0.9994	0.0349	28.6363
44°	0.6947	0.7193	0.9657	89°	0.9998	0.0175	57.2900
45°	0.7071	0.7071	1.0000	90°	1.0000	0.0000	―

— 9 —

第 2 問 （必答問題）（配点 30）

〔1〕 座標平面上に 4 点 O(0, 0), A(6, 0), B(4, 6), C(0, 6) を頂点とする台形 OABC がある。また，この座標平面上で，点 P，Q は次の**規則**に従って移動する。

規則

- P は，O から出発して毎秒 1 の一定の速さで x 軸上を正の向きに A まで移動し，A に到達した時点で移動を終了する。
- Q は，C から出発して y 軸上を負の向きに O まで移動し，O に到達した後は y 軸上を正の向きに C まで移動する。そして，C に到達した時点で移動を終了する。ただし，Q は毎秒 2 の一定の速さで移動する。
- P，Q は同時刻に移動を開始する。

この**規則**に従って P，Q が移動するとき，P，Q はそれぞれ A，C に同時刻に到達し，移動を終了する。

以下において，P，Q が移動を開始する時刻を**開始時刻**，移動を終了する時刻を**終了時刻**とする。

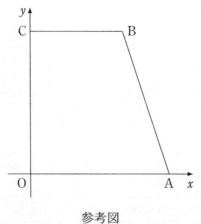

参考図

（数学Ⅰ・数学A第2問は次ページに続く。）

2024 本試　数学 I・A

⑴　**開始時刻**から 1 秒後の △PBQ の面積は　ア　である。

⑵　**開始時刻**から 3 秒間の △PBQ の面積について，面積の最小値は　イ　であり，最大値は　ウエ　である。

⑶　**開始時刻**から**終了時刻**までの △PBQ の面積について，面積の最小値は　オ　であり，最大値は　カキ　である。

⑷　**開始時刻**から**終了時刻**までの △PBQ の面積について，面積が 10 以下となる時間は$\left(\boxed{ク} - \sqrt{\boxed{ケ}} + \sqrt{\boxed{コ}}\right)$秒間である。

（数学 I・数学 A 第 2 問は次ページに続く。）

— 11 —

〔2〕 高校の陸上部で長距離競技の選手として活躍する太郎さんは，長距離競技の公認記録が掲載されている Web ページを見つけた。この Web ページでは，各選手における公認記録のうち最も速いものが掲載されている。その Web ページに掲載されている，ある選手のある長距離競技での公認記録を，その選手のその競技でのベストタイムということにする。

　なお，以下の図や表については，ベースボール・マガジン社「陸上競技ランキング」の Web ページをもとに作成している。

⑴ 太郎さんは，男子マラソンの日本人選手の 2022 年末時点でのベストタイムを調べた。その中で，2018 年より前にベストタイムを出した選手と 2018 年以降にベストタイムを出した選手に分け，それぞれにおいて速い方から 50 人の選手のベストタイムをデータ A，データ B とした。

　ここでは，マラソンのベストタイムは，実際のベストタイムから 2 時間を引いた時間を秒単位で表したものとする。例えば 2 時間 5 分 30 秒であれば，$60 \times 5 + 30 = 330$（秒）となる。

（数学 I・数学 A 第 2 問は次ページに続く。）

(i) 図1と図2はそれぞれ，階級の幅を30秒としたAとBのヒストグラムである。なお，ヒストグラムの各階級の区間は，左側の数値を含み，右側の数値を含まない。

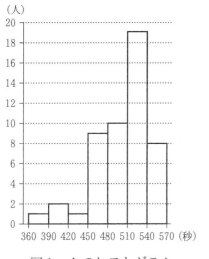

図1　Aのヒストグラム

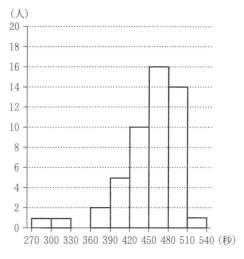

図2　Bのヒストグラム

図1からAの最頻値は階級 サ の階級値である。また，図2からBの中央値が含まれる階級は シ である。

サ ， シ の解答群(同じものを繰り返し選んでもよい。)

⓪	270以上 300未満	①	300以上 330未満
②	330以上 360未満	③	360以上 390未満
④	390以上 420未満	⑤	420以上 450未満
⑥	450以上 480未満	⑦	480以上 510未満
⑧	510以上 540未満	⑨	540以上 570未満

(数学Ⅰ・数学A第2問は次ページに続く。)

(ii) 図3は，A，Bそれぞれの箱ひげ図を並べたものである。ただし，中央値を示す線は省いている。

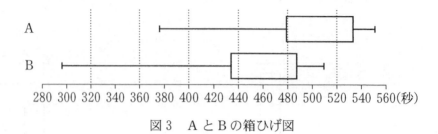

図3　AとBの箱ひげ図

図3より次のことが読み取れる。ただし，A，Bそれぞれにおける，速い方から13番目の選手は，一人ずつとする。

- Bの速い方から13番目の選手のベストタイムは，Aの速い方から13番目の選手のベストタイムより，およそ ス 秒速い。

- Aの四分位範囲からBの四分位範囲を引いた差の絶対値は セ である。

ス については，最も適当なものを，次の⓪～⑤のうちから一つ選べ。

⓪ 5　① 15　② 25　③ 35　④ 45　⑤ 55

セ の解答群

⓪ 0 以上 20 未満
① 20 以上 40 未満
② 40 以上 60 未満
③ 60 以上 80 未満
④ 80 以上 100 未満

（数学Ⅰ・数学A第2問は16ページに続く。）

2024 本試　数学 I・A

（下 書 き 用 紙）

数学 I・数学 A の試験問題は次に続く。

(iii) 太郎さんは，Aのある選手とBのある選手のベストタイムの比較において，その二人の選手のベストタイムが速いか遅いかとは別の観点でも考えるために，次の**式**を満たす z の値を用いて判断することにした。

式

（あるデータのある選手のベストタイム）＝

（そのデータの平均値）＋ z ×（そのデータの標準偏差）

二人の選手それぞれのベストタイムに対する z の値を比較し，その値の小さい選手の方が優れていると判断する。

（数学Ⅰ・数学A第2問は次ページに続く。）

表1は，A，Bそれぞれにおける，速い方から1番目の選手(以下，1位の選手)のベストタイムと，データの平均値と標準偏差をまとめたものである。

表1　1位の選手のベストタイム，平均値，標準偏差

データ	1位の選手のベストタイム	平均値	標準偏差
A	376	504	40
B	296	454	45

式と表1を用いると，Bの1位の選手のベストタイムに対する z の値は

$$z = -\boxed{\text{ソ}}.\boxed{\text{タチ}}$$

である。このことから，Bの1位の選手のベストタイムは，平均値より標準偏差のおよそ $\boxed{\text{ソ}}$. $\boxed{\text{タチ}}$ 倍だけ小さいことがわかる。

A，Bそれぞれにおける，1位の選手についての記述として，次の⓪～③のうち，正しいものは $\boxed{\text{ツ}}$ である。

$\boxed{\text{ツ}}$ の解答群

⓪　ベストタイムで比較するとAの1位の選手の方が速く，z の値で比較するとAの1位の選手の方が優れている。

①　ベストタイムで比較するとBの1位の選手の方が速く，z の値で比較するとBの1位の選手の方が優れている。

②　ベストタイムで比較するとAの1位の選手の方が速く，z の値で比較するとBの1位の選手の方が優れている。

③　ベストタイムで比較するとBの1位の選手の方が速く，z の値で比較するとAの1位の選手の方が優れている。

（数学 I ・数学A第2問は次ページに続く。）

(2) 太郎さんは，マラソン，10000 m，5000 m のベストタイムに関連がないかを調べることにした。そのために，2022 年末時点でのこれら 3 種目のベストタイムをすべて確認できた日本人男子選手のうち，マラソンのベストタイムが速い方から 50 人を選んだ。

図 4 と図 5 はそれぞれ，選んだ 50 人についてのマラソンと 10000 m のベストタイム，5000 m と 10000 m のベストタイムの散布図である。ただし，5000 m と 10000 m のベストタイムは秒単位で表し，マラソンのベストタイムは(1)の場合と同様，実際のベストタイムから 2 時間を引いた時間を秒単位で表したものとする。なお，これらの散布図には，完全に重なっている点はない。

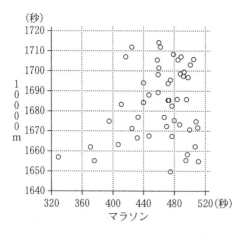
図 4　マラソンと 10000 m の散布図

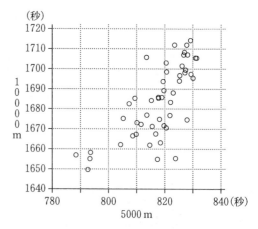
図 5　5000 m と 10000 m の散布図

（数学Ⅰ・数学A第 2 問は次ページに続く。）

2024 本試　数学 I・A

次の (a), (b)は，図 4 と図 5 に関する記述である。

(a)　マラソンのベストタイムの速い方から 3 番目までの選手の 10000 m の
　　ベストタイムは， 3 選手とも 1670 秒未満である。

(b)　マラソンと 10000 m の間の相関は，5000 m と 10000 m の間の相関より
　　強い。

　　(a), (b)の正誤の組合せとして正しいものは　テ　である。

　テ　の解答群

	⓪	①	②	③
(a)	正	正	誤	誤
(b)	正	誤	正	誤

— 19 —

第3問〜第5問は，いずれか2問を選択し，解答しなさい。

第3問　（選択問題）（配点　20）

箱の中にカードが2枚以上入っており，それぞれのカードにはアルファベットが1文字だけ書かれている。この箱の中からカードを1枚取り出し，書かれているアルファベットを確認してからもとに戻すという試行を繰り返し行う。

(1) 箱の中に $\boxed{A}$，$\boxed{B}$ のカードが1枚ずつ全部で2枚入っている場合を考える。

以下では，2以上の自然数 n に対し，n 回の試行でA，Bがそろっているとは，n 回の試行で $\boxed{A}$，$\boxed{B}$ のそれぞれが少なくとも1回は取り出されることを意味する。

(i) 2回の試行でA，Bがそろっている確率は $\dfrac{\boxed{ア}}{\boxed{イ}}$ である。

(ii) 3回の試行でA，Bがそろっている確率を求める。

例えば，3回の試行のうち $\boxed{A}$ を1回，$\boxed{B}$ を2回取り出す取り出し方は3通りあり，それらをすべて挙げると次のようになる。

1回目	2回目	3回目
$\boxed{A}$	$\boxed{B}$	$\boxed{B}$
$\boxed{B}$	$\boxed{A}$	$\boxed{B}$
$\boxed{B}$	$\boxed{B}$	$\boxed{A}$

このように考えることにより，3回の試行でA，Bがそろっている取り出し方は $\boxed{ウ}$ 通りあることがわかる。よって，3回の試行でA，Bがそろっている確率は $\dfrac{\boxed{ウ}}{2^3}$ である。

(iii) 4回の試行でA，Bがそろっている取り出し方は $\boxed{エオ}$ 通りある。よって，4回の試行でA，Bがそろっている確率は $\dfrac{\boxed{カ}}{\boxed{キ}}$ である。

（数学Ⅰ・数学A第3問は次ページに続く。）

2024 本試　数学 I・A

⑵　箱の中に A , B , C のカードが1枚ずつ全部で3枚入っている場合を考える。

　　以下では，3以上の自然数 n に対し，n 回目の試行で初めて A，B，C がそろうとは，n 回の試行で A , B , C のそれぞれが少なくとも1回は取り出され，かつ A , B , C のうちいずれか1枚が n 回目の試行で初めて取り出されることを意味する。

(i)　3回目の試行で初めて A，B，C がそろう取り出し方は ク 通りある。

　　よって，3回目の試行で初めて A，B，C がそろう確率は $\dfrac{ク}{3^3}$ である。

(ii)　4回目の試行で初めて A，B，C がそろう確率を求める。

　　4回目の試行で初めて A，B，C がそろう取り出し方は，⑴の(ii)を振り返ることにより，$3 \times$ ウ 通りあることがわかる。よって，4回目の試行で初めて A，B，C がそろう確率は $\dfrac{ケ}{コ}$ である。

(iii)　5回目の試行で初めて A，B，C がそろう取り出し方は サシ 通りある。

　　よって，5回目の試行で初めて A，B，C がそろう確率は $\dfrac{サシ}{3^5}$ である。

(数学 I・数学A第3問は次ページに続く。)

— 21 —

(3) 箱の中に $\boxed{A}$, $\boxed{B}$, $\boxed{C}$, $\boxed{D}$ のカードが1枚ずつ全部で4枚入っている場合を考える。

以下では，6回目の試行で初めてA，B，C，Dがそろうとは，6回の試行で $\boxed{A}$, $\boxed{B}$, $\boxed{C}$, $\boxed{D}$ のそれぞれが少なくとも1回は取り出され，かつ $\boxed{A}$, $\boxed{B}$, $\boxed{C}$, $\boxed{D}$ のうちいずれか1枚が6回目の試行で初めて取り出されることを意味する。

また，3以上5以下の自然数 n に対し，6回の試行のうち n 回目の試行で初めてA，B，Cだけがそろうとは，6回の試行のうち1回目から n 回目の試行で，$\boxed{A}$, $\boxed{B}$, $\boxed{C}$ のそれぞれが少なくとも1回は取り出され，$\boxed{D}$ は1回も取り出されず，かつ $\boxed{A}$, $\boxed{B}$, $\boxed{C}$ のうちいずれか1枚が n 回目の試行で初めて取り出されることを意味する。6回の試行のうち n 回目の試行で初めてB，C，Dだけがそろうなども同様に定める。

(数学 I・数学 A 第3問は次ページに続く。)

太郎さんと花子さんは，6回目の試行で初めてA，B，C，Dがそろう確率について考えている。

太郎：例えば，5回目までに $\boxed{A}$，$\boxed{B}$，$\boxed{C}$ のそれぞれが少なくとも1回は取り出され，かつ6回目に初めて $\boxed{D}$ が取り出される場合を考えたら計算できそうだね。

花子：それなら，初めてA，B，Cだけがそろうのが，3回目のとき，4回目のとき，5回目のときで分けて考えてみてはどうかな。

6回の試行のうち3回目の試行で初めてA，B，Cだけがそろう取り出し方が $\boxed{\text{ク}}$ 通りであることに注意すると，「6回の試行のうち3回目の試行で初めてA，B，Cだけがそろい，かつ6回目の試行で初めて $\boxed{D}$ が取り出される」取り出し方は $\boxed{\text{スセ}}$ 通りあることがわかる。

同じように考えると，「6回の試行のうち4回目の試行で初めてA，B，Cだけがそろい，かつ6回目の試行で初めて $\boxed{D}$ が取り出される」取り出し方は $\boxed{\text{ソタ}}$ 通りあることもわかる。

以上のように考えることにより，6回目の試行で初めてA，B，C，Dがそろう確率は $\dfrac{\boxed{\text{チツ}}}{\boxed{\text{テトナ}}}$ であることがわかる。

— 23 —

第3問～第5問は，いずれか2問を選択し，解答しなさい。

第4問　（選択問題）（配点　20）

T3, T4, T6 を次のようなタイマーとする。

T3：3進数を3桁表示するタイマー
T4：4進数を3桁表示するタイマー
T6：6進数を3桁表示するタイマー

なお，n進数とはn進法で表された数のことである。

これらのタイマーは，すべて次の**表示方法**に従うものとする。

--- 表示方法 ---
(a) スタートした時点でタイマーは000と表示されている。
(b) タイマーは，スタートした後，表示される数が1秒ごとに1ずつ増えていき，3桁で表示できる最大の数が表示された1秒後に，表示が000に戻る。
(c) タイマーは表示が000に戻った後も，(b)と同様に，表示される数が1秒ごとに1ずつ増えていき，3桁で表示できる最大の数が表示された1秒後に，表示が000に戻るという動作を繰り返す。

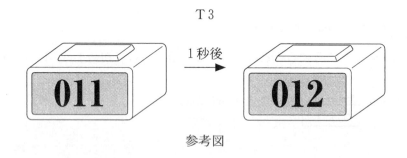

参考図

例えば，T3 はスタートしてから3進数で $12_{(3)}$ 秒後に 012 と表示される。その後，222 と表示された1秒後に表示が 000 に戻り，その $12_{(3)}$ 秒後に再び 012 と表示される。

（数学Ⅰ・数学A第4問は次ページに続く。）

2024 本試　数学 I・A

(1) T 6 は，スタートしてから 10 進数で 40 秒後に $\boxed{\text{アイウ}}$ と表示される。

T 4 は，スタートしてから 2 進数で $10011_{(2)}$ 秒後に $\boxed{\text{エオカ}}$ と表示される。

(2) T 4 をスタートさせた後，初めて表示が 000 に戻るのは，スタートしてから 10 進数で $\boxed{\text{キク}}$ 秒後であり，その後も $\boxed{\text{キク}}$ 秒ごとに表示が 000 に戻る。

同様の考察を T 6 に対しても行うことにより，T 4 と T 6 を同時にスタートさせた後，初めて両方の表示が同時に 000 に戻るのは，スタートしてから 10 進数で $\boxed{\text{ケコサシ}}$ 秒後であることがわかる。

(数学 I・数学 A 第 4 問は次ページに続く。)

(3)　0 以上の整数 ℓ に対して，T4 をスタートさせた ℓ 秒後に T4 が 012 と表示されることと

$$\ell \ \text{を} \ \boxed{\text{スセ}} \ \text{で割った余りが} \ \boxed{\text{ソ}} \ \text{であること}$$

は同値である。ただし，$\boxed{\text{スセ}}$ と $\boxed{\text{ソ}}$ は 10 進法で表されているものとする。

　T3 についても同様の考察を行うことにより，次のことがわかる。

　T3 と T4 を同時にスタートさせてから，初めて両方が同時に 012 と表示されるまでの時間を m 秒とするとき，m は 10 進法で $\boxed{\text{タチツ}}$ と表される。

（数学 I・数学 A 第 4 問は次ページに続く。）

また，T4とT6の表示に関する記述として，次の⓪～③のうち，正しいもの
は テ である。

テ の解答群

⓪ T4とT6を同時にスタートさせてから，m 秒後より前に初めて両方が
同時に 012 と表示される。

① T4とT6を同時にスタートさせてから，ちょうど m 秒後に初めて両方
が同時に 012 と表示される。

② T4とT6を同時にスタートさせてから，m 秒後より後に初めて両方が
同時に 012 と表示される。

③ T4とT6を同時にスタートさせてから，両方が同時に 012 と表示され
ることはない。

第３問～第５問は，いずれか２問を選択し，解答しなさい。

第５問　（選択問題）（配点　20）

図１のように，平面上に５点 A，B，C，D，E があり，線分 AC，CE，EB，BD，DA によって，星形の図形ができるときを考える。線分 AC と BE の交点を P，AC と BD の交点を Q，BD と CE の交点を R，AD と CE の交点を S，AD と BE の交点を T とする。

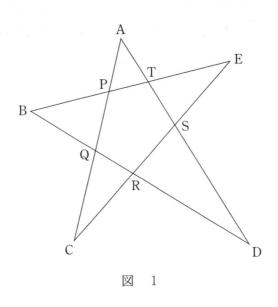

図　１

ここでは

$$\text{AP}:\text{PQ}:\text{QC} = 2:3:3, \quad \text{AT}:\text{TS}:\text{SD} = 1:1:3$$

を満たす星形の図形を考える。

以下の問題において比を解答する場合は，最も簡単な整数の比で答えよ。

（数学Ⅰ・数学Ａ第５問は次ページに続く。）

2024 本試　数学 I・A

(1)　△AQD と直線 CE に着目すると

$$\frac{QR}{RD} \cdot \frac{DS}{SA} \cdot \frac{\boxed{ア}}{CQ} = 1$$

が成り立つので

$$QR : RD = \boxed{イ} : \boxed{ウ}$$

となる。また，△AQD と直線 BE に着目すると

$$QB : BD = \boxed{エ} : \boxed{オ}$$

となる。したがって

$$BQ : QR : RD = \boxed{エ} : \boxed{イ} : \boxed{ウ}$$

となることがわかる。

$\boxed{ア}$ の解答群

| ⓪　AC | ①　AP | ②　AQ | ③　CP | ④　PQ |

（数学 I・数学 A 第 5 問は次ページに続く。）

— 29 —

(2) 5点 P, Q, R, S, T が同一円周上にあるとし, AC = 8 であるとする。

(i) 5点 A, P, Q, S, T に着目すると, AT : AS = 1 : 2 より

AT = $\sqrt{\boxed{}}$ となる。さらに, 5点 D, Q, R, S, T に着目すると DR = $4\sqrt{3}$ となることがわかる。

(ii) 3点 A, B, C を通る円と点 D との位置関係を, 次の**構想**に基づいて調べよう。

> ── 構想 ─────────────────────
>
> 線分 AC と BD の交点 Q に着目し, AQ・CQ と BQ・DQ の大小を比べる。

まず, AQ・CQ = 5・3 = 15 かつ BQ・DQ = $\boxed{}$ であるから

$$AQ \cdot CQ \boxed{} BQ \cdot DQ \qquad \cdots\cdots\cdots\cdots\cdots\cdots ①$$

が成り立つ。また, 3点 A, B, C を通る円と直線 BD との交点のうち, B と異なる点を X とすると

$$AQ \cdot CQ \boxed{} BQ \cdot XQ \qquad \cdots\cdots\cdots\cdots\cdots\cdots ②$$

が成り立つ。① と ② の左辺は同じなので, ① と ② の右辺を比べることにより, XQ $\boxed{}$ DQ が得られる。したがって, 点 D は 3点 A, B, C を通る円の $\boxed{}$ にある。

$\boxed{\text{ケ}}$ ~ $\boxed{\text{サ}}$ の解答群(同じものを繰り返し選んでもよい。)

⓪ <	① =	② >

$\boxed{\text{シ}}$ の解答群

⓪ 内 部	① 周 上	② 外 部

(数学 I ・数学 A 第 5 問は次ページに続く。)

2024 本試　数学 I・A

(iii)　3 点 C, D, E を通る円と 2 点 A, B との位置関係について調べよう。

　　この星形の図形において，さらに CR = RS = SE = 3 となることがわかる。したがって，点 A は 3 点 C, D, E を通る円の　ス　にあり，点 B は 3 点 C, D, E を通る円の　セ　にある。

　　ス　,　セ　の解答群(同じものを繰り返し選んでもよい。)

⓪　内　部	①　周　上	②　外　部

2023 年度

大学入学共通テスト
本試験

（100 点　70 分）

'23 本試問題

● 標 準 所 要 時 間 ●

第1問	21 分	第4問	14 分
第2問	21 分	第5問	14 分
第3問	14 分		

（注）　第1問，第2問は必答，第3問〜第5問のうち2問選択解答

（注）この科目には，選択問題があります。

数学 I ・数学 A

第 1 問　（必答問題）（配点　30）

〔1〕　実数 x についての不等式

$$|x + 6| \leqq 2$$

の解は

$$\boxed{\text{アイ}} \leqq x \leqq \boxed{\text{ウエ}}$$

である。

　よって，実数 a, b, c, d が

$$|(1 - \sqrt{3})(a - b)(c - d) + 6| \leqq 2$$

を満たしているとき，$1 - \sqrt{3}$ は負であることに注意すると，$(a - b)(c - d)$ のとり得る値の範囲は

$$\boxed{\text{オ}} + \boxed{\text{カ}}\sqrt{3} \leqq (a - b)(c - d) \leqq \boxed{\text{キ}} + \boxed{\text{ク}}\sqrt{3}$$

であることがわかる。

（数学 I ・数学 A 第 1 問は次ページに続く。）

— 2 —

特に

$$(a - b)(c - d) = \boxed{\text{キ}} + \boxed{\text{ク}} \sqrt{3} \quad \cdots\cdots\cdots\cdots\cdots ①$$

であるとき，さらに

$$(a - c)(b - d) = - 3 + \sqrt{3} \quad \cdots\cdots\cdots\cdots\cdots\cdots ②$$

が成り立つならば

$$(a - d)(c - b) = \boxed{\text{ケ}} + \boxed{\text{コ}} \sqrt{3} \quad \cdots\cdots\cdots\cdots\cdots ③$$

であることが，等式①，②，③の左辺を展開して比較することによりわかる。

（数学 I・数学 A 第 1 問は次ページに続く。）

〔2〕

(1) 点Oを中心とし，半径が5である円Oがある。この円周上に2点A，Bを AB = 6 となるようにとる。また，円Oの円周上に，2点A，Bとは異なる点Cをとる。

(i) sin ∠ACB = $\boxed{\text{サ}}$ である。また，点Cを ∠ACB が鈍角となるようにとるとき，cos ∠ACB = $\boxed{\text{シ}}$ である。

(ii) 点Cを △ABC の面積が最大となるようにとる。点Cから直線ABに垂直な直線を引き，直線ABとの交点をDとするとき，

tan ∠OAD = $\boxed{\text{ス}}$ である。また，△ABC の面積は $\boxed{\text{セソ}}$ である。

$\boxed{\text{サ}}$ ～ $\boxed{\text{ス}}$ の解答群(同じものを繰り返し選んでもよい。)

⓪ $\dfrac{3}{5}$	① $\dfrac{3}{4}$	② $\dfrac{4}{5}$	③ 1	④ $\dfrac{4}{3}$
⑤ $-\dfrac{3}{5}$	⑥ $-\dfrac{3}{4}$	⑦ $-\dfrac{4}{5}$	⑧ -1	⑨ $-\dfrac{4}{3}$

(数学Ⅰ・数学A第1問は6ページに続く。)

— 4 —

2023 本試 数学 I・A

（下 書 き 用 紙）

数学 I・数学 A の試験問題は次に続く。

(2) 半径が 5 である球 S がある。この球面上に 3 点 P，Q，R をとったとき，これらの 3 点を通る平面 α 上で PQ ＝ 8，QR ＝ 5，RP ＝ 9 であったとする。

　球 S の球面上に点 T を三角錐 TPQR の体積が最大となるようにとるとき，その体積を求めよう。

　まず，$\cos \angle \mathrm{QPR} = \dfrac{\boxed{\text{タ}}}{\boxed{\text{チ}}}$ であることから，△PQR の面積は

$\boxed{\text{ツ}}\sqrt{\boxed{\text{テト}}}$ である。

　次に，点 T から平面 α に垂直な直線を引き，平面 α との交点を H とする。このとき，PH，QH，RH の長さについて，$\boxed{\phantom{\text{ナ}}\text{ナ}\phantom{\text{ナ}}}$ が成り立つ。

　以上より，三角錐 TPQR の体積は $\boxed{\text{ニヌ}}\left(\sqrt{\boxed{\text{ネノ}}} + \sqrt{\boxed{\text{ハ}}}\right)$ である。

$\boxed{\text{ナ}}$ の解答群

⓪　PH ＜ QH ＜ RH　　　　①　PH ＜ RH ＜ QH

②　QH ＜ PH ＜ RH　　　　③　QH ＜ RH ＜ PH

④　RH ＜ PH ＜ QH　　　　⑤　RH ＜ QH ＜ PH

⑥　PH ＝ QH ＝ RH

2023 本試 数学 I・A

（下 書 き 用 紙）

数学 I・数学 A の試験問題は次に続く。

第2問 (必答問題)(配点 30)

〔1〕 太郎さんは，総務省が公表している2020年の家計調査の結果を用いて，地域による食文化の違いについて考えている。家計調査における調査地点は，都道府県庁所在市および政令指定都市(都道府県庁所在市を除く)であり，合計52市である。家計調査の結果の中でも，スーパーマーケットなどで販売されている調理食品の「二人以上の世帯の1世帯当たり年間支出金額(以下，支出金額，単位は円)」を分析することにした。以下においては，52市の調理食品の支出金額をデータとして用いる。

太郎さんは調理食品として，最初にうなぎのかば焼き(以下，かば焼き)に着目し，図1のように52市におけるかば焼きの支出金額のヒストグラムを作成した。ただし，ヒストグラムの各階級の区間は，左側の数値を含み，右側の数値を含まない。

なお，以下の図や表については，総務省のWebページをもとに作成している。

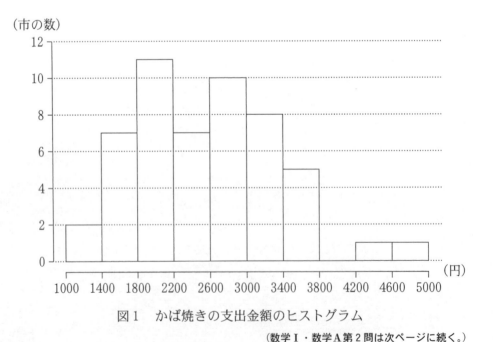

図1 かば焼きの支出金額のヒストグラム

(数学Ⅰ・数学A第2問は次ページに続く。)

(1) 図1から次のことが読み取れる。

・第1四分位数が含まれる階級は ア である。

・第3四分位数が含まれる階級は イ である。

・四分位範囲は ウ 。

ア ， イ の解答群(同じものを繰り返し選んでもよい。)

⓪	1000 以上 1400 未満	①	1400 以上 1800 未満
②	1800 以上 2200 未満	③	2200 以上 2600 未満
④	2600 以上 3000 未満	⑤	3000 以上 3400 未満
⑥	3400 以上 3800 未満	⑦	3800 以上 4200 未満
⑧	4200 以上 4600 未満	⑨	4600 以上 5000 未満

ウ の解答群

⓪ 800 より小さい

① 800 より大きく 1600 より小さい

② 1600 より大きく 2400 より小さい

③ 2400 より大きく 3200 より小さい

④ 3200 より大きく 4000 より小さい

⑤ 4000 より大きい

(数学Ⅰ・数学A第2問は次ページに続く。)

(2) 太郎さんは，東西での地域による食文化の違いを調べるために，52市を東側の地域 E (19市) と西側の地域 W (33市) の二つに分けて考えることにした。

(i) 地域 E と地域 W について，かば焼きの支出金額の箱ひげ図を，図2，図3のようにそれぞれ作成した。

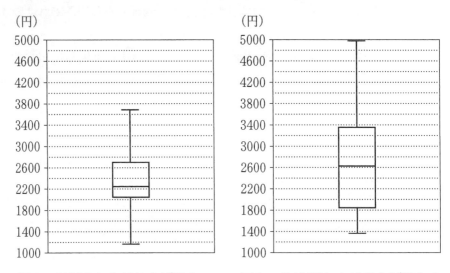

図2　地域 E におけるかば焼きの支出金額の箱ひげ図

図3　地域 W におけるかば焼きの支出金額の箱ひげ図

かば焼きの支出金額について，図2と図3から読み取れることとして，次の⓪～③のうち，正しいものは エ である。

エ の解答群

⓪ 地域 E において，小さい方から 5 番目は 2000 以下である。
① 地域 E と地域 W の範囲は等しい。
② 中央値は，地域 E より地域 W の方が大きい。
③ 2600 未満の市の割合は，地域 E より地域 W の方が大きい。

(数学 I・数学 A 第 2 問は次ページに続く。)

2023 本試　数学 I・A

(ii)　太郎さんは，地域 E と地域 W のデータの散らばりの度合いを数値でとらえようと思い，それぞれの分散を考えることにした。地域 E におけるかば焼きの支出金額の分散は，地域 E のそれぞれの市におけるかば焼きの支出金額の偏差の　オ　である。

オ　の解答群

⓪　2 乗を合計した値

①　絶対値を合計した値

②　2 乗を合計して地域 E の市の数で割った値

③　絶対値を合計して地域 E の市の数で割った値

④　2 乗を合計して地域 E の市の数で割った値の平方根のうち
　　正のもの

⑤　絶対値を合計して地域 E の市の数で割った値の平方根のうち
　　正のもの

（数学 I・数学 A 第 2 問は次ページに続く。）

(3) 太郎さんは，(2)で考えた地域Eにおける，やきとりの支出金額についても調べることにした。

ここでは地域Eにおいて，やきとりの支出金額が増加すれば，かば焼きの支出金額も増加する傾向があるのではないかと考え，まず図4のように，地域Eにおける，やきとりとかば焼きの支出金額の散布図を作成した。そして，相関係数を計算するために，表1のように平均値，分散，標準偏差および共分散を算出した。ただし，共分散は地域Eのそれぞれの市における，やきとりの支出金額の偏差とかば焼きの支出金額の偏差との積の平均値である。

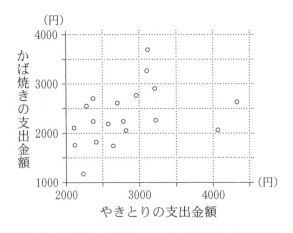

図4　地域Eにおける，やきとりとかば焼きの支出金額の散布図

表1　地域Eにおける，やきとりとかば焼きの支出金額の平均値，分散，標準偏差および共分散

	平均値	分散	標準偏差	共分散
やきとりの支出金額	2810	348100	590	124000
かば焼きの支出金額	2350	324900	570	

（数学Ⅰ・数学A第2問は次ページに続く。）

2023 本試　数学Ⅰ・A

　　表1を用いると，地域Eにおける，やきとりの支出金額とかば焼きの支出金額の相関係数は　カ　である。

　　カ　については，最も適当なものを，次の⓪〜⑨のうちから一つ選べ。

⓪ − 0.62	① − 0.50	② − 0.37	③ − 0.19
④ − 0.02	⑤ 0.02	⑥ 0.19	⑦ 0.37
⑧ 0.50	⑨ 0.62		

（数学Ⅰ・数学A第2問は次ページに続く。）

— 13 —

〔2〕 太郎さんと花子さんは，バスケットボールのプロ選手の中には，リングと同じ高さでシュートを打てる人がいることを知り，シュートを打つ高さによってボールの軌道がどう変わるかについて考えている。

二人は，図1のように座標軸が定められた平面上に，プロ選手と花子さんがシュートを打つ様子を真横から見た図をかき，ボールがリングに入った場合について，後の**仮定**を設定して考えることにした。長さの単位はメートルであるが，以下では省略する。

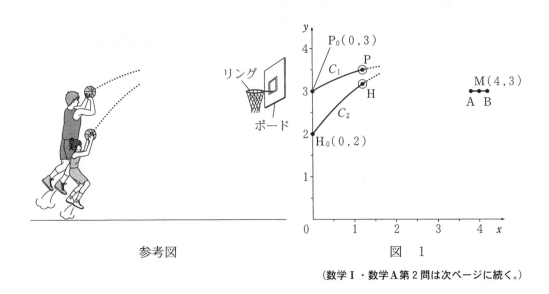

参考図　　　　　　　　　　図　1

（数学Ⅰ・数学A第2問は次ページに続く。）

仮定

- 平面上では，ボールを直径 0.2 の円とする。

- リングを真横から見たときの左端を点 $A(3.8, 3)$，右端を点 $B(4.2, 3)$ とし，リングの太さは無視する。

- ボールがリングや他のものに当たらずに上からリングを通り，かつ，ボールの中心が AB の中点 $M(4, 3)$ を通る場合を考える。ただし，ボールがリングに当たるとは，ボールの中心と A または B との距離が 0.1 以下になることとする。

- プロ選手がシュートを打つ場合のボールの中心を点 P とし，P は，はじめに点 $P_0(0, 3)$ にあるものとする。また，P_0，M を通る，上に凸の放物線を C_1 とし，P は C_1 上を動くものとする。

- 花子さんがシュートを打つ場合のボールの中心を点 H とし，H は，はじめに点 $H_0(0, 2)$ にあるものとする。また，H_0，M を通る，上に凸の放物線を C_2 とし，H は C_2 上を動くものとする。

- 放物線 C_1 や C_2 に対して，頂点の y 座標を「シュートの高さ」とし，頂点の x 座標を「ボールが最も高くなるときの地上の位置」とする。

(1) 放物線 C_1 の方程式における x^2 の係数を a とする。放物線 C_1 の方程式は

$$y = ax^2 - \boxed{キ}\,ax + \boxed{ク}$$

と表すことができる。また，プロ選手の「シュートの高さ」は

$$-\boxed{ケ}\,a + \boxed{コ}$$

である。

(数学 I ・数学 A 第 2 問は次ページに続く。)

放物線 C_2 の方程式における x^2 の係数を p とする。放物線 C_2 の方程式は

$$y = p \left\{ x - \left(2 - \frac{1}{8p} \right) \right\}^2 - \frac{(16p - 1)^2}{64p} + 2$$

と表すことができる。

プロ選手と花子さんの「ボールが最も高くなるときの地上の位置」の比較の記述として，次の⓪～③のうち，正しいものは　サ　である。

　サ　の解答群

⓪　プロ選手と花子さんの「ボールが最も高くなるときの地上の位置」は，つねに一致する。

①　プロ選手の「ボールが最も高くなるときの地上の位置」の方が，つねに M の x 座標に近い。

②　花子さんの「ボールが最も高くなるときの地上の位置」の方が，つねに M の x 座標に近い。

③　プロ選手の「ボールが最も高くなるときの地上の位置」の方が M の x 座標に近いときもあれば，花子さんの「ボールが最も高くなるときの地上の位置」の方が M の x 座標に近いときもある。

(数学Ⅰ・数学A第2問は18ページに続く。)

— 16 —

2023 本試　数学 I・A

（下 書 き 用 紙）

数学 I・数学 A の試験問題は次に続く。

(2) 二人は，ボールがリングすれすれを通る場合のプロ選手と花子さんの「シュートの高さ」について次のように話している。

太郎：例えば，プロ選手のボールがリングに当たらないようにするには，Pがリングの左端Aのどのくらい上を通れば良いのかな。

花子：Aの真上の点でPが通る点Dを，線分DMがAを中心とする半径0.1の円と接するようにとって考えてみたらどうかな。

太郎：なるほど。Pの軌道は上に凸の放物線で山なりだから，その場合，図2のように，PはDを通った後で線分DMより上側を通るのでボールはリングに当たらないね。花子さんの場合も，HがこのDを通れば，ボールはリングに当たらないね。

花子：放物線C_1とC_2がDを通る場合でプロ選手と私の「シュートの高さ」を比べてみようよ。

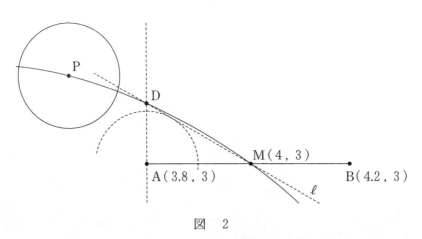

図　2

(数学Ⅰ・数学A第2問は次ページに続く。)

図 2 のように，M を通る直線 ℓ が，A を中心とする半径 0.1 の円に直線 AB の上側で接しているとする。また，A を通り直線 AB に垂直な直線を引き，ℓ との交点を D とする。このとき，$\mathrm{AD} = \dfrac{\sqrt{3}}{15}$ である。

よって，放物線 C_1 が D を通るとき，C_1 の方程式は

$$y = -\frac{\boxed{シ}\sqrt{\boxed{ス}}}{\boxed{セソ}}\left(x^2 - \boxed{キ}\,x\right) + \boxed{ク}$$

となる。

また，放物線 C_2 が D を通るとき，⑴で与えられた C_2 の方程式を用いると，花子さんの「シュートの高さ」は約 3.4 と求められる。

以上のことから，放物線 C_1 と C_2 が D を通るとき，プロ選手と花子さんの「シュートの高さ」を比べると，$\boxed{タ}$ の「シュートの高さ」の方が大きく，その差はボール $\boxed{チ}$ である。なお，$\sqrt{3} = 1.7320508\cdots$ である。

$\boxed{タ}$ の解答群

⓪　プロ選手	①　花子さん

$\boxed{チ}$ については，最も適当なものを，次の⓪〜③のうちから一つ選べ。

⓪　約 1 個分	①　約 2 個分	②　約 3 個分	③　約 4 個分

第3問～第5問は，いずれか2問を選択し，解答しなさい。

第3問 (選択問題)(配点 20)

番号によって区別された複数の球が，何本かのひもでつながれている。ただし，各ひもはその両端で二つの球をつなぐものとする。次の**条件**を満たす球の塗り分け方(以下，球の塗り方)を考える。

― **条件** ―
- それぞれの球を，用意した5色(赤，青，黄，緑，紫)のうちのいずれか1色で塗る。
- 1本のひもでつながれた二つの球は異なる色になるようにする。
- 同じ色を何回使ってもよく，また使わない色があってもよい。

例えば図Aでは，三つの球が2本のひもでつながれている。この三つの球を塗るとき，球1の塗り方が5通りあり，球1を塗った後，球2の塗り方は4通りあり，さらに球3の塗り方は4通りある。したがって，球の塗り方の総数は80である。

図 A

(1) 図Bにおいて，球の塗り方は $\boxed{アイウ}$ 通りある。

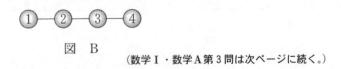

図 B

(数学Ⅰ・数学A第3問は次ページに続く。)

(2) 図Cにおいて，球の塗り方は エオ 通りある。

図　C

(3) 図Dにおける球の塗り方のうち，赤をちょうど2回使う塗り方は カキ 通りある。

図　D

(4) 図Eにおける球の塗り方のうち，赤をちょうど3回使い，かつ青をちょうど2回使う塗り方は クケ 通りある。

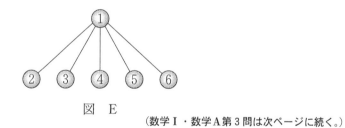

図　E

(数学Ⅰ・数学A第3問は次ページに続く。)

(5) 図Dにおいて，球の塗り方の総数を求める。

図　D（再掲）

そのために，次の構想を立てる。

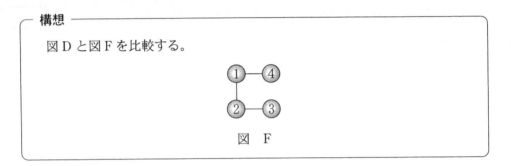

図Fでは球3と球4が同色になる球の塗り方が可能であるため，図Dよりも図Fの球の塗り方の総数の方が大きい。

図Fにおける球の塗り方は，図Bにおける球の塗り方と同じであるため，全部で アイウ 通りある。そのうち球3と球4が同色になる球の塗り方の総数と一致する図として，後の⓪〜④のうち，正しいものは コ である。したがって，図Dにおける球の塗り方は サシス 通りある。

コ の解答群

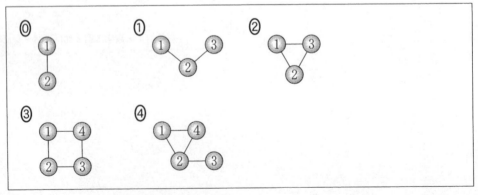

（数学Ⅰ・数学A第3問は次ページに続く。）

(6) 図Gにおいて，球の塗り方は セソタチ 通りある。

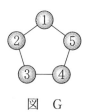

図　G

第3問〜第5問は，いずれか2問を選択し，解答しなさい。

第4問 （選択問題）（配点　20）

　　色のついた長方形を並べて正方形や長方形を作ることを考える。色のついた長方形は，向きを変えずにすき間なく並べることとし，色のついた長方形は十分あるものとする。

(1)　横の長さが 462 で縦の長さが 110 である赤い長方形を，図1のように並べて正方形や長方形を作ることを考える。

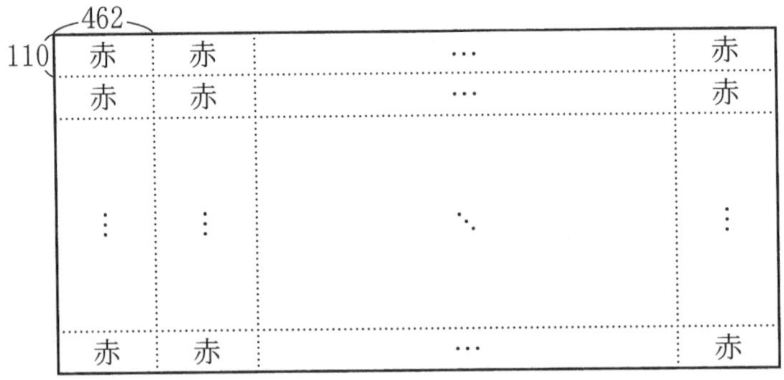

図　　1

（数学Ⅰ・数学A第4問は次ページに続く。）

— 24 —

462 と 110 の両方を割り切る素数のうち最大のものは $\boxed{\text{アイ}}$ である。

赤い長方形を並べて作ることができる正方形のうち，辺の長さが最小であるものは，一辺の長さが $\boxed{\text{ウエオカ}}$ のものである。

また，赤い長方形を並べて正方形ではない長方形を作るとき，横の長さと縦の長さの差の絶対値が最小になるのは，462 の約数と 110 の約数を考えると，差の絶対値が $\boxed{\text{キク}}$ になるときであることがわかる。

縦の長さが横の長さより $\boxed{\text{キク}}$ 長い長方形のうち，横の長さが最小であるものは，横の長さが $\boxed{\text{ケコサシ}}$ のものである。

（数学Ⅰ・数学A第4問は次ページに続く。）

(2) 花子さんと太郎さんは，(1)で用いた赤い長方形を1枚以上並べて長方形を作り，その右側に横の長さが363で縦の長さが154である青い長方形を1枚以上並べて，図2のような正方形や長方形を作ることを考えている。

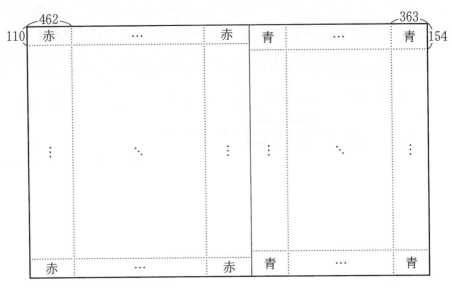

図　2

このとき，赤い長方形を並べてできる長方形の縦の長さと，青い長方形を並べてできる長方形の縦の長さは等しい。よって，図2のような長方形のうち，縦の長さが最小のものは，縦の長さが スセソ のものであり，図2のような長方形は縦の長さが スセソ の倍数である。

(数学Ⅰ・数学A第4問は次ページに続く。)

二人は，次のように話している。

花子：赤い長方形と青い長方形を図2のように並べて正方形を作ってみよう
　　　よ。

太郎：赤い長方形の横の長さが462で青い長方形の横の長さが363だから，
　　　図2のような正方形の横の長さは462と363を組み合わせて作ること
　　　ができる長さでないといけないね。

花子：正方形だから，横の長さは　スセソ　の倍数でもないといけないね。

　462と363の最大公約数は　タチ　であり，　タチ　の倍数のうちで

　スセソ　の倍数でもある最小の正の整数は　ツテトナ　である。

　これらのことと，使う長方形の枚数が赤い長方形も青い長方形も1枚以上であ
ることから，図2のような正方形のうち，辺の長さが最小であるものは，一辺の
長さが　ニヌネノ　のものであることがわかる。

第3問～第5問は、いずれか2問を選択し、解答しなさい。

第5問 （選択問題）（配点 20）

(1) 円 O に対して，次の**手順 1** で作図を行う。

手順 1

(Step 1) 円 O と異なる2点で交わり，中心 O を通らない直線 ℓ を引く。円 O と直線 ℓ との交点を A, B とし，線分 AB の中点 C をとる。

(Step 2) 円 O の周上に，点 D を ∠COD が鈍角となるようにとる。直線 CD を引き，円 O との交点で D とは異なる点を E とする。

(Step 3) 点 D を通り直線 OC に垂直な直線を引き，直線 OC との交点を F とし，円 O との交点で D とは異なる点を G とする。

(Step 4) 点 G における円 O の接線を引き，直線 ℓ との交点を H とする。

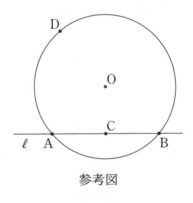

参考図

このとき，直線 ℓ と点 D の位置によらず，直線 EH は円 O の接線である。このことは，次の**構想**に基づいて，後のように説明できる。

（数学Ⅰ・数学A第5問は次ページに続く。）

2023 本試　数学 I・A

構想

　直線 EH が円 O の接線であることを証明するためには，

∠OEH = $\boxed{\text{アイ}}$ °であることを示せばよい。

　手順 1 の (Step 1) と (Step 4) により，4 点 C, G, H, $\boxed{\text{ウ}}$ は同一円周上に

あることがわかる。よって，∠CHG = $\boxed{\text{エ}}$ である。一方，点 E は円 O の周

上にあることから，$\boxed{\text{エ}}$ = $\boxed{\text{オ}}$ がわかる。よって，∠CHG = $\boxed{\text{オ}}$

であるので，4 点 C, G, H, $\boxed{\text{カ}}$ は同一円周上にある。この円が点 $\boxed{\text{ウ}}$

を通ることにより，∠OEH = $\boxed{\text{アイ}}$ °を示すことができる。

$\boxed{\text{ウ}}$ の解答群

⓪　B　　　　　①　D　　　　　②　F　　　　　③　O

$\boxed{\text{エ}}$ の解答群

⓪　∠AFC　　①　∠CDF　　②　∠CGH　　③　∠CBO　　④　∠FOG

$\boxed{\text{オ}}$ の解答群

⓪　∠AED　　①　∠ADE　　②　∠BOE　　③　∠DEG　　④　∠EOH

$\boxed{\text{カ}}$ の解答群

⓪　A　　　　　①　D　　　　　②　E　　　　　③　F

（数学 I・数学 A 第 5 問は次ページに続く。）

(2) 円 O に対して，(1)の**手順1**とは直線 ℓ の引き方を変え，次の**手順2**で作図を行う。

手順2

(Step 1) 円 O と共有点をもたない直線 ℓ を引く。中心 O から直線 ℓ に垂直な直線を引き，直線 ℓ との交点を P とする。

(Step 2) 円 O の周上に，点 Q を ∠POQ が鈍角となるようにとる。直線 PQ を引き，円 O との交点で Q とは異なる点を R とする。

(Step 3) 点 Q を通り直線 OP に垂直な直線を引き，円 O との交点で Q とは異なる点を S とする。

(Step 4) 点 S における円 O の接線を引き，直線 ℓ との交点を T とする。

このとき，$\angle \text{PTS} = \boxed{\text{キ}}$ である。

円 O の半径が $\sqrt{5}$ で，$\text{OT} = 3\sqrt{6}$ であったとすると，3 点 O，P，R を通る

円の半径は $\dfrac{\boxed{\text{ク}}\sqrt{\boxed{\text{ケ}}}}{\boxed{\text{コ}}}$ であり，$\text{RT} = \boxed{\text{サ}}$ である。

$\boxed{\text{キ}}$ の解答群

⓪ ∠PQS	① ∠PST	② ∠QPS	③ ∠QRS	④ ∠SRT

— 30 —

― MEMO ―

2025－駿台　大学入試完全対策シリーズ
大学入学共通テスト実戦問題集　数学Ⅰ・A

2024 年 7 月 11 日　2025 年版発行

編　　者	駿　台　文　庫
発 行 者	山﨑　良　子
印刷・製本	三美印刷株式会社

発　行　所　　駿台文庫株式会社
〒 101-0062 東京都千代田区神田駿河台 1－7－4
小畑ビル内
TEL. 編集 03（5259）3302
販売 03（5259）3301
《共通テスト実戦・数学Ⅰ・A 344pp.》

Ⓒ Sundaibunko 2024
許可なく本書の一部または全部を，複製，複写，
デジタル化する等の行為を禁じます。

落丁・乱丁がございましたら，送料小社負担にて
お取り替えいたします。

ISBN978-4-7961-6465-8　Printed in Japan

駿台文庫 Web サイト
https://www.sundaibunko.jp

第 1 回・数 学 ① 解 答 用 紙・第 1 面

注意事項

1. 問題番号 ④⑤ の解答欄は、この用紙の第2面にあります。
2. 選択問題は、選択した問題番号の解答欄をこえて解答してはいけません。
   ただし、指定された問題数をこえて解答してはいけません。
3. 訂正は、消しゴムできれいに消し、消しくずを残してはいけません。
4. 所定欄以外にはマークしたり、記入してはいけません。
5. 汚したり、折り曲げたりしてはいけません。

マーク例

良い例	悪い例
●	⦿ ⊗ ◖ ◗

- 1科目だけマークしなさい。
- 解答科目欄が無マーク又は複数マークの場合は、0点となることがあります。

科 目 欄

| 数学 数学Ⅰ・A | 数学 数学Ⅰ | 旧教育課程 旧数学Ⅰ・A | 旧数学Ⅰ |

受験番号を記入し、その下のマーク欄にマークしなさい。

受 験 番 号 欄 英字 千位 百位 十位 一位

氏名・フリガナ、試験場コードを記入しなさい。

フリガナ / 氏 名

試験場コード 十万位 万位 千位 百位 十位 一位

駿 台 文 庫

第 1 回・数 学 ① 解 答 用 紙・第 2 面

注意事項

1 問題番号 1 2 3 の解答欄は、この用紙の第1面にあります。
2 選択問題は、選択した問題番号の解答欄に解答しなさい。
ただし、指定された問題数をこえて解答してはいけません。

4 解答欄

記号	-	0	1	2	3	4	5	6	7	8	9
ア	⊖	⓪	①	②	③	④	⑤	⑥	⑦	⑧	⑨
イ	⊖	⓪	①	②	③	④	⑤	⑥	⑦	⑧	⑨
ウ	⊖	⓪	①	②	③	④	⑤	⑥	⑦	⑧	⑨
エ	⊖	⓪	①	②	③	④	⑤	⑥	⑦	⑧	⑨
オ	⊖	⓪	①	②	③	④	⑤	⑥	⑦	⑧	⑨
カ	⊖	⓪	①	②	③	④	⑤	⑥	⑦	⑧	⑨
キ	⊖	⓪	①	②	③	④	⑤	⑥	⑦	⑧	⑨
ク	⊖	⓪	①	②	③	④	⑤	⑥	⑦	⑧	⑨
ケ	⊖	⓪	①	②	③	④	⑤	⑥	⑦	⑧	⑨
コ	⊖	⓪	①	②	③	④	⑤	⑥	⑦	⑧	⑨
サ	⊖	⓪	①	②	③	④	⑤	⑥	⑦	⑧	⑨
シ	⊖	⓪	①	②	③	④	⑤	⑥	⑦	⑧	⑨
ス	⊖	⓪	①	②	③	④	⑤	⑥	⑦	⑧	⑨
セ	⊖	⓪	①	②	③	④	⑤	⑥	⑦	⑧	⑨
ソ	⊖	⓪	①	②	③	④	⑤	⑥	⑦	⑧	⑨
タ	⊖	⓪	①	②	③	④	⑤	⑥	⑦	⑧	⑨
チ	⊖	⓪	①	②	③	④	⑤	⑥	⑦	⑧	⑨
ツ	⊖	⓪	①	②	③	④	⑤	⑥	⑦	⑧	⑨
テ	⊖	⓪	①	②	③	④	⑤	⑥	⑦	⑧	⑨
ト	⊖	⓪	①	②	③	④	⑤	⑥	⑦	⑧	⑨
ナ	⊖	⓪	①	②	③	④	⑤	⑥	⑦	⑧	⑨
ニ	⊖	⓪	①	②	③	④	⑤	⑥	⑦	⑧	⑨
ヌ	⊖	⓪	①	②	③	④	⑤	⑥	⑦	⑧	⑨
ネ	⊖	⓪	①	②	③	④	⑤	⑥	⑦	⑧	⑨
ノ	⊖	⓪	①	②	③	④	⑤	⑥	⑦	⑧	⑨
ハ	⊖	⓪	①	②	③	④	⑤	⑥	⑦	⑧	⑨
ヒ	⊖	⓪	①	②	③	④	⑤	⑥	⑦	⑧	⑨
フ	⊖	⓪	①	②	③	④	⑤	⑥	⑦	⑧	⑨
ヘ	⊖	⓪	①	②	③	④	⑤	⑥	⑦	⑧	⑨
ホ	⊖	⓪	①	②	③	④	⑤	⑥	⑦	⑧	⑨

5 解答欄

記号	-	0	1	2	3	4	5	6	7	8	9
ア	⊖	⓪	①	②	③	④	⑤	⑥	⑦	⑧	⑨
イ	⊖	⓪	①	②	③	④	⑤	⑥	⑦	⑧	⑨
ウ	⊖	⓪	①	②	③	④	⑤	⑥	⑦	⑧	⑨
エ	⊖	⓪	①	②	③	④	⑤	⑥	⑦	⑧	⑨
オ	⊖	⓪	①	②	③	④	⑤	⑥	⑦	⑧	⑨
カ	⊖	⓪	①	②	③	④	⑤	⑥	⑦	⑧	⑨
キ	⊖	⓪	①	②	③	④	⑤	⑥	⑦	⑧	⑨
ク	⊖	⓪	①	②	③	④	⑤	⑥	⑦	⑧	⑨
ケ	⊖	⓪	①	②	③	④	⑤	⑥	⑦	⑧	⑨
コ	⊖	⓪	①	②	③	④	⑤	⑥	⑦	⑧	⑨
サ	⊖	⓪	①	②	③	④	⑤	⑥	⑦	⑧	⑨
シ	⊖	⓪	①	②	③	④	⑤	⑥	⑦	⑧	⑨
ス	⊖	⓪	①	②	③	④	⑤	⑥	⑦	⑧	⑨
セ	⊖	⓪	①	②	③	④	⑤	⑥	⑦	⑧	⑨
ソ	⊖	⓪	①	②	③	④	⑤	⑥	⑦	⑧	⑨
タ	⊖	⓪	①	②	③	④	⑤	⑥	⑦	⑧	⑨
チ	⊖	⓪	①	②	③	④	⑤	⑥	⑦	⑧	⑨
ツ	⊖	⓪	①	②	③	④	⑤	⑥	⑦	⑧	⑨
テ	⊖	⓪	①	②	③	④	⑤	⑥	⑦	⑧	⑨
ト	⊖	⓪	①	②	③	④	⑤	⑥	⑦	⑧	⑨
ナ	⊖	⓪	①	②	③	④	⑤	⑥	⑦	⑧	⑨
ニ	⊖	⓪	①	②	③	④	⑤	⑥	⑦	⑧	⑨
ヌ	⊖	⓪	①	②	③	④	⑤	⑥	⑦	⑧	⑨
ネ	⊖	⓪	①	②	③	④	⑤	⑥	⑦	⑧	⑨
ノ	⊖	⓪	①	②	③	④	⑤	⑥	⑦	⑧	⑨
ハ	⊖	⓪	①	②	③	④	⑤	⑥	⑦	⑧	⑨
ヒ	⊖	⓪	①	②	③	④	⑤	⑥	⑦	⑧	⑨
フ	⊖	⓪	①	②	③	④	⑤	⑥	⑦	⑧	⑨
ヘ	⊖	⓪	①	②	③	④	⑤	⑥	⑦	⑧	⑨
ホ	⊖	⓪	①	②	③	④	⑤	⑥	⑦	⑧	⑨

第 2 回 ・ 数 学 ① 解 答 用 紙 ・ 第 2 面

注意事項
1 問題番号 [1][2][3] の解答欄は，この用紙の第 1 面にあります。
2 選択問題は，選択した問題番号の解答欄に解答しなさい。
  ただし，指定された問題数をこえて解答してはいけません。

4

解	答 欄
ア	- 0 1 2 3 4 5 6 7 8 9
イ	- 0 1 2 3 4 5 6 7 8 9
ウ	- 0 1 2 3 4 5 6 7 8 9
エ	- 0 1 2 3 4 5 6 7 8 9
オ	- 0 1 2 3 4 5 6 7 8 9
カ	- 0 1 2 3 4 5 6 7 8 9
キ	- 0 1 2 3 4 5 6 7 8 9
ク	- 0 1 2 3 4 5 6 7 8 9
ケ	- 0 1 2 3 4 5 6 7 8 9
コ	- 0 1 2 3 4 5 6 7 8 9
サ	- 0 1 2 3 4 5 6 7 8 9
シ	- 0 1 2 3 4 5 6 7 8 9
ス	- 0 1 2 3 4 5 6 7 8 9
セ	- 0 1 2 3 4 5 6 7 8 9
ソ	- 0 1 2 3 4 5 6 7 8 9
タ	- 0 1 2 3 4 5 6 7 8 9
チ	- 0 1 2 3 4 5 6 7 8 9
ツ	- 0 1 2 3 4 5 6 7 8 9
テ	- 0 1 2 3 4 5 6 7 8 9
ト	- 0 1 2 3 4 5 6 7 8 9
ナ	- 0 1 2 3 4 5 6 7 8 9
ニ	- 0 1 2 3 4 5 6 7 8 9
ヌ	- 0 1 2 3 4 5 6 7 8 9
ネ	- 0 1 2 3 4 5 6 7 8 9
ノ	- 0 1 2 3 4 5 6 7 8 9
ハ	- 0 1 2 3 4 5 6 7 8 9
ヒ	- 0 1 2 3 4 5 6 7 8 9
フ	- 0 1 2 3 4 5 6 7 8 9
ヘ	- 0 1 2 3 4 5 6 7 8 9
ホ	- 0 1 2 3 4 5 6 7 8 9

5

解	答 欄
ア	- 0 1 2 3 4 5 6 7 8 9
イ	- 0 1 2 3 4 5 6 7 8 9
ウ	- 0 1 2 3 4 5 6 7 8 9
エ	- 0 1 2 3 4 5 6 7 8 9
オ	- 0 1 2 3 4 5 6 7 8 9
カ	- 0 1 2 3 4 5 6 7 8 9
キ	- 0 1 2 3 4 5 6 7 8 9
ク	- 0 1 2 3 4 5 6 7 8 9
ケ	- 0 1 2 3 4 5 6 7 8 9
コ	- 0 1 2 3 4 5 6 7 8 9
サ	- 0 1 2 3 4 5 6 7 8 9
シ	- 0 1 2 3 4 5 6 7 8 9
ス	- 0 1 2 3 4 5 6 7 8 9
セ	- 0 1 2 3 4 5 6 7 8 9
ソ	- 0 1 2 3 4 5 6 7 8 9
タ	- 0 1 2 3 4 5 6 7 8 9
チ	- 0 1 2 3 4 5 6 7 8 9
ツ	- 0 1 2 3 4 5 6 7 8 9
テ	- 0 1 2 3 4 5 6 7 8 9
ト	- 0 1 2 3 4 5 6 7 8 9
ナ	- 0 1 2 3 4 5 6 7 8 9
ニ	- 0 1 2 3 4 5 6 7 8 9
ヌ	- 0 1 2 3 4 5 6 7 8 9
ネ	- 0 1 2 3 4 5 6 7 8 9
ノ	- 0 1 2 3 4 5 6 7 8 9
ハ	- 0 1 2 3 4 5 6 7 8 9
ヒ	- 0 1 2 3 4 5 6 7 8 9
フ	- 0 1 2 3 4 5 6 7 8 9
ヘ	- 0 1 2 3 4 5 6 7 8 9
ホ	- 0 1 2 3 4 5 6 7 8 9

第 3 回・数 学 ① 解 答 用 紙・第 1 面

注意事項

1 問題番号 4 5 の解答欄は、この用紙の第2面にあります。
2 選択問題は、選択した問題番号の解答欄にこたえて解答しなさい。
　　ただし、指定された問題数をこえて解答してはいけません。
3 訂正は、消しゴムできれいに消し、消しくずを残してはいけません。
4 所定欄以外にはマークしたり、記入してはいけません。
5 汚したり、折りまげたりしてはいけません。

・1科目だけマークしなさい。
・解答科目欄が無マーク又は複数マークの場合は、0点となることがあります。

解 答 科 目 欄

数学	数学	旧教育課程
数学I,A	I	旧数学I,A	旧数学I
○	○	○	○

マーク例

良い例	悪い例
●	⊙ ⊗ ◐ ○

受験番号を記入し、その下のマーク欄にマークしなさい。

受 験 番 号 欄

英字	千位	百位	十位	一位
Ⓐ	Ⓞ	Ⓞ	Ⓞ	－
Ⓑ	①	①	①	①
Ⓒ	②	②	②	②
Ⓗ	③	③	③	③
Ⓚ	④	④	④	④
Ⓜ	⑤	⑤	⑤	⑤
Ⓡ	⑥	⑥	⑥	⑥
Ⓤ	⑦	⑦	⑦	⑦
Ⓧ	⑧	⑧	⑧	⑧
Ⓨ	⑨	⑨	⑨	⑨
Ⓩ	－	－	－	－

氏名・フリガナ、試験場コードを記入しなさい。

フリガナ	
氏　名	
試験場コード	十万位 万位 千位 百位 十位 一位

駿 合 文 庫

第 3 回 ・ 数 学 ① 解 答 用 紙 ・ 第 2 面

注意事項
1 問題番号 ①②③ の解答欄は、この用紙の第1面にあります。
2 選択問題は、選択した問題番号の解答欄に解答しなさい。
　ただし、指定された問題数をこえて解答してはいけません。

4

解答欄	-	0	1	2	3	4	5	6	7	8	9
ア	①	⓪	①	②	③	④	⑤	⑥	⑦	⑧	⑨
イ	①	⓪	①	②	③	④	⑤	⑥	⑦	⑧	⑨
ウ	①	⓪	①	②	③	④	⑤	⑥	⑦	⑧	⑨
エ	①	⓪	①	②	③	④	⑤	⑥	⑦	⑧	⑨
オ	①	⓪	①	②	③	④	⑤	⑥	⑦	⑧	⑨
カ	①	⓪	①	②	③	④	⑤	⑥	⑦	⑧	⑨
キ	①	⓪	①	②	③	④	⑤	⑥	⑦	⑧	⑨
ク	①	⓪	①	②	③	④	⑤	⑥	⑦	⑧	⑨
ケ	①	⓪	①	②	③	④	⑤	⑥	⑦	⑧	⑨
コ	①	⓪	①	②	③	④	⑤	⑥	⑦	⑧	⑨
サ	①	⓪	①	②	③	④	⑤	⑥	⑦	⑧	⑨
シ	①	⓪	①	②	③	④	⑤	⑥	⑦	⑧	⑨
ス	①	⓪	①	②	③	④	⑤	⑥	⑦	⑧	⑨
セ	①	⓪	①	②	③	④	⑤	⑥	⑦	⑧	⑨
ソ	①	⓪	①	②	③	④	⑤	⑥	⑦	⑧	⑨
タ	①	⓪	①	②	③	④	⑤	⑥	⑦	⑧	⑨
チ	①	⓪	①	②	③	④	⑤	⑥	⑦	⑧	⑨
ツ	①	⓪	①	②	③	④	⑤	⑥	⑦	⑧	⑨
テ	①	⓪	①	②	③	④	⑤	⑥	⑦	⑧	⑨
ト	①	⓪	①	②	③	④	⑤	⑥	⑦	⑧	⑨
ナ	①	⓪	①	②	③	④	⑤	⑥	⑦	⑧	⑨
ニ	①	⓪	①	②	③	④	⑤	⑥	⑦	⑧	⑨
ヌ	①	⓪	①	②	③	④	⑤	⑥	⑦	⑧	⑨
ネ	①	⓪	①	②	③	④	⑤	⑥	⑦	⑧	⑨
ノ	①	⓪	①	②	③	④	⑤	⑥	⑦	⑧	⑨
ハ	①	⓪	①	②	③	④	⑤	⑥	⑦	⑧	⑨
ヒ	①	⓪	①	②	③	④	⑤	⑥	⑦	⑧	⑨
フ	①	⓪	①	②	③	④	⑤	⑥	⑦	⑧	⑨
ヘ	①	⓪	①	②	③	④	⑤	⑥	⑦	⑧	⑨
ホ	①	⓪	①	②	③	④	⑤	⑥	⑦	⑧	⑨

5

解答欄	-	0	1	2	3	4	5	6	7	8	9
ア	①	⓪	①	②	③	④	⑤	⑥	⑦	⑧	⑨
イ	①	⓪	①	②	③	④	⑤	⑥	⑦	⑧	⑨
ウ	①	⓪	①	②	③	④	⑤	⑥	⑦	⑧	⑨
エ	①	⓪	①	②	③	④	⑤	⑥	⑦	⑧	⑨
オ	①	⓪	①	②	③	④	⑤	⑥	⑦	⑧	⑨
カ	①	⓪	①	②	③	④	⑤	⑥	⑦	⑧	⑨
キ	①	⓪	①	②	③	④	⑤	⑥	⑦	⑧	⑨
ク	①	⓪	①	②	③	④	⑤	⑥	⑦	⑧	⑨
ケ	①	⓪	①	②	③	④	⑤	⑥	⑦	⑧	⑨
コ	①	⓪	①	②	③	④	⑤	⑥	⑦	⑧	⑨
サ	①	⓪	①	②	③	④	⑤	⑥	⑦	⑧	⑨
シ	①	⓪	①	②	③	④	⑤	⑥	⑦	⑧	⑨
ス	①	⓪	①	②	③	④	⑤	⑥	⑦	⑧	⑨
セ	①	⓪	①	②	③	④	⑤	⑥	⑦	⑧	⑨
ソ	①	⓪	①	②	③	④	⑤	⑥	⑦	⑧	⑨
タ	①	⓪	①	②	③	④	⑤	⑥	⑦	⑧	⑨
チ	①	⓪	①	②	③	④	⑤	⑥	⑦	⑧	⑨
ツ	①	⓪	①	②	③	④	⑤	⑥	⑦	⑧	⑨
テ	①	⓪	①	②	③	④	⑤	⑥	⑦	⑧	⑨
ト	①	⓪	①	②	③	④	⑤	⑥	⑦	⑧	⑨
ナ	①	⓪	①	②	③	④	⑤	⑥	⑦	⑧	⑨
ニ	①	⓪	①	②	③	④	⑤	⑥	⑦	⑧	⑨
ヌ	①	⓪	①	②	③	④	⑤	⑥	⑦	⑧	⑨
ネ	①	⓪	①	②	③	④	⑤	⑥	⑦	⑧	⑨
ノ	①	⓪	①	②	③	④	⑤	⑥	⑦	⑧	⑨
ハ	①	⓪	①	②	③	④	⑤	⑥	⑦	⑧	⑨
ヒ	①	⓪	①	②	③	④	⑤	⑥	⑦	⑧	⑨
フ	①	⓪	①	②	③	④	⑤	⑥	⑦	⑧	⑨
ヘ	①	⓪	①	②	③	④	⑤	⑥	⑦	⑧	⑨
ホ	①	⓪	①	②	③	④	⑤	⑥	⑦	⑧	⑨

第 4 回・数学①解答用紙・第 1 面

注意事項
1 問題番号 ④ ⑤ の解答欄は、この用紙の第 2 面にあります。
2 選択問題は、選択した問題番号の解答欄に解答しなさい。
　ただし、指定された問題数をこえて解答してはいけません。
3 訂正は、消しゴムできれいに消し、消しくずを残してはいけません。
4 所定欄以外にはマークしたり、記入したりしてはいけません。
5 汚したり、折りまげたりしてはいけません。

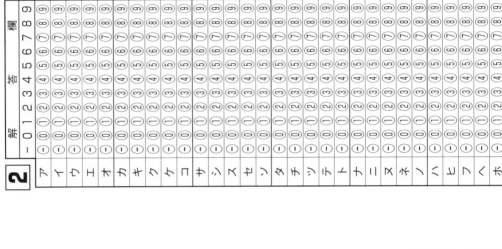

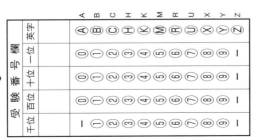

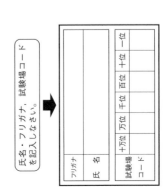

駿 台 文 庫

第 4 回・数 学 ① 解 答 用 紙・第 2 面

注意事項
1 問題番号 1 2 3 の解答欄は、この用紙の第1面にあります。
2 選択問題は、選択した問題番号の解答欄に解答しなさい。
ただし、指定された問題数をこえて解答してはいけません。

4

解	答 欄
ア	- 0 1 2 3 4 5 6 7 8 9
イ	- 0 1 2 3 4 5 6 7 8 9
ウ	- 0 1 2 3 4 5 6 7 8 9
エ	- 0 1 2 3 4 5 6 7 8 9
オ	- 0 1 2 3 4 5 6 7 8 9
カ	- 0 1 2 3 4 5 6 7 8 9
キ	- 0 1 2 3 4 5 6 7 8 9
ク	- 0 1 2 3 4 5 6 7 8 9
ケ	- 0 1 2 3 4 5 6 7 8 9
コ	- 0 1 2 3 4 5 6 7 8 9
サ	- 0 1 2 3 4 5 6 7 8 9
シ	- 0 1 2 3 4 5 6 7 8 9
ス	- 0 1 2 3 4 5 6 7 8 9
セ	- 0 1 2 3 4 5 6 7 8 9
ソ	- 0 1 2 3 4 5 6 7 8 9
タ	- 0 1 2 3 4 5 6 7 8 9
チ	- 0 1 2 3 4 5 6 7 8 9
ツ	- 0 1 2 3 4 5 6 7 8 9
テ	- 0 1 2 3 4 5 6 7 8 9
ト	- 0 1 2 3 4 5 6 7 8 9
ナ	- 0 1 2 3 4 5 6 7 8 9
ニ	- 0 1 2 3 4 5 6 7 8 9
ヌ	- 0 1 2 3 4 5 6 7 8 9
ネ	- 0 1 2 3 4 5 6 7 8 9
ノ	- 0 1 2 3 4 5 6 7 8 9
ハ	- 0 1 2 3 4 5 6 7 8 9
ヒ	- 0 1 2 3 4 5 6 7 8 9
フ	- 0 1 2 3 4 5 6 7 8 9
ヘ	- 0 1 2 3 4 5 6 7 8 9
ホ	- 0 1 2 3 4 5 6 7 8 9

5

解	答 欄
ア	- 0 1 2 3 4 5 6 7 8 9
イ	- 0 1 2 3 4 5 6 7 8 9
ウ	- 0 1 2 3 4 5 6 7 8 9
エ	- 0 1 2 3 4 5 6 7 8 9
オ	- 0 1 2 3 4 5 6 7 8 9
カ	- 0 1 2 3 4 5 6 7 8 9
キ	- 0 1 2 3 4 5 6 7 8 9
ク	- 0 1 2 3 4 5 6 7 8 9
ケ	- 0 1 2 3 4 5 6 7 8 9
コ	- 0 1 2 3 4 5 6 7 8 9
サ	- 0 1 2 3 4 5 6 7 8 9
シ	- 0 1 2 3 4 5 6 7 8 9
ス	- 0 1 2 3 4 5 6 7 8 9
セ	- 0 1 2 3 4 5 6 7 8 9
ソ	- 0 1 2 3 4 5 6 7 8 9
タ	- 0 1 2 3 4 5 6 7 8 9
チ	- 0 1 2 3 4 5 6 7 8 9
ツ	- 0 1 2 3 4 5 6 7 8 9
テ	- 0 1 2 3 4 5 6 7 8 9
ト	- 0 1 2 3 4 5 6 7 8 9
ナ	- 0 1 2 3 4 5 6 7 8 9
ニ	- 0 1 2 3 4 5 6 7 8 9
ヌ	- 0 1 2 3 4 5 6 7 8 9
ネ	- 0 1 2 3 4 5 6 7 8 9
ノ	- 0 1 2 3 4 5 6 7 8 9
ハ	- 0 1 2 3 4 5 6 7 8 9
ヒ	- 0 1 2 3 4 5 6 7 8 9
フ	- 0 1 2 3 4 5 6 7 8 9
ヘ	- 0 1 2 3 4 5 6 7 8 9
ホ	- 0 1 2 3 4 5 6 7 8 9

第 5 回 ・ 数 学 ① 解 答 用 紙 ・ 第 1 面

注意事項

1 問題番号 4 5 の解答欄は、この用紙の第2面にあります。
2 選択問題は、選択した問題番号の解答欄に解答しなさい。
　ただし、指定された問題数をこえて解答してはいけません。
3 訂正は、消しゴムできれいに消し、消しくずを残してはいけません。
4 所定欄以外にはマークしたり、記入してはいけません。
5 汚したり、折りまげたりしてはいけません。

解答科目欄

数学Ⅰ・A	数学Ⅰ	旧数学Ⅰ・A	旧数学Ⅰ	旧教育課程
○	○	○	○	○

- 1科目だけマークしなさい。
- 解答科目欄が無マーク又は複数マークの場合は、0点となることがあります。

マーク例

良い例	悪い例
●	⊗ ◑ ○ ·

受験番号を記入し、その下のマーク欄にマークしなさい。

受験番号欄

千位	百位	十位	一位	英字
-	⓪	⓪	⓪	Ⓐ
①	①	①	①	Ⓑ
②	②	②	②	Ⓒ
③	③	③	③	Ⓗ
④	④	④	④	Ⓚ
⑤	⑤	⑤	⑤	Ⓜ
⑥	⑥	⑥	⑥	Ⓡ
⑦	⑦	⑦	⑦	Ⓤ
⑧	⑧	⑧	⑧	Ⓧ
⑨	⑨	⑨	⑨	Ⓨ
-	-	-	-	Ⓩ

氏名・フリガナ、試験場コードを記入しなさい。

フリガナ	
氏　名	
試験場コード	十万位 万位 千位 百位 十位 一位

駿 合 文 庫

第 5 回・数 学 ① 解 答 用 紙・第 2 面

注意事項

1 問題番号 1 2 3 の解答欄は、この用紙の第1面にあります。
2 選択問題は、選択した問題番号の解答欄に解答しなさい。
ただし、指定された問題数をこえて解答してはいけません。

4

解答欄	−	0	1	2	3	4	5	6	7	8	9
ア	①	⓪	①	②	③	④	⑤	⑥	⑦	⑧	⑨
イ	①	⓪	①	②	③	④	⑤	⑥	⑦	⑧	⑨
ウ	①	⓪	①	②	③	④	⑤	⑥	⑦	⑧	⑨
エ	①	⓪	①	②	③	④	⑤	⑥	⑦	⑧	⑨
オ	①	⓪	①	②	③	④	⑤	⑥	⑦	⑧	⑨
カ	①	⓪	①	②	③	④	⑤	⑥	⑦	⑧	⑨
キ	①	⓪	①	②	③	④	⑤	⑥	⑦	⑧	⑨
ク	①	⓪	①	②	③	④	⑤	⑥	⑦	⑧	⑨
ケ	①	⓪	①	②	③	④	⑤	⑥	⑦	⑧	⑨
コ	①	⓪	①	②	③	④	⑤	⑥	⑦	⑧	⑨
サ	①	⓪	①	②	③	④	⑤	⑥	⑦	⑧	⑨
シ	①	⓪	①	②	③	④	⑤	⑥	⑦	⑧	⑨
ス	①	⓪	①	②	③	④	⑤	⑥	⑦	⑧	⑨
セ	①	⓪	①	②	③	④	⑤	⑥	⑦	⑧	⑨
ソ	①	⓪	①	②	③	④	⑤	⑥	⑦	⑧	⑨
タ	①	⓪	①	②	③	④	⑤	⑥	⑦	⑧	⑨
チ	①	⓪	①	②	③	④	⑤	⑥	⑦	⑧	⑨
ツ	①	⓪	①	②	③	④	⑤	⑥	⑦	⑧	⑨
テ	①	⓪	①	②	③	④	⑤	⑥	⑦	⑧	⑨
ト	①	⓪	①	②	③	④	⑤	⑥	⑦	⑧	⑨
ナ	①	⓪	①	②	③	④	⑤	⑥	⑦	⑧	⑨
ニ	①	⓪	①	②	③	④	⑤	⑥	⑦	⑧	⑨
ヌ	①	⓪	①	②	③	④	⑤	⑥	⑦	⑧	⑨
ネ	①	⓪	①	②	③	④	⑤	⑥	⑦	⑧	⑨
ノ	①	⓪	①	②	③	④	⑤	⑥	⑦	⑧	⑨
ハ	①	⓪	①	②	③	④	⑤	⑥	⑦	⑧	⑨
ヒ	①	⓪	①	②	③	④	⑤	⑥	⑦	⑧	⑨
フ	①	⓪	①	②	③	④	⑤	⑥	⑦	⑧	⑨
ヘ	①	⓪	①	②	③	④	⑤	⑥	⑦	⑧	⑨
ホ	①	⓪	①	②	③	④	⑤	⑥	⑦	⑧	⑨

5

解答欄	−	0	1	2	3	4	5	6	7	8	9
ア	①	⓪	①	②	③	④	⑤	⑥	⑦	⑧	⑨
イ	①	⓪	①	②	③	④	⑤	⑥	⑦	⑧	⑨
ウ	①	⓪	①	②	③	④	⑤	⑥	⑦	⑧	⑨
エ	①	⓪	①	②	③	④	⑤	⑥	⑦	⑧	⑨
オ	①	⓪	①	②	③	④	⑤	⑥	⑦	⑧	⑨
カ	①	⓪	①	②	③	④	⑤	⑥	⑦	⑧	⑨
キ	①	⓪	①	②	③	④	⑤	⑥	⑦	⑧	⑨
ク	①	⓪	①	②	③	④	⑤	⑥	⑦	⑧	⑨
ケ	①	⓪	①	②	③	④	⑤	⑥	⑦	⑧	⑨
コ	①	⓪	①	②	③	④	⑤	⑥	⑦	⑧	⑨
サ	①	⓪	①	②	③	④	⑤	⑥	⑦	⑧	⑨
シ	①	⓪	①	②	③	④	⑤	⑥	⑦	⑧	⑨
ス	①	⓪	①	②	③	④	⑤	⑥	⑦	⑧	⑨
セ	①	⓪	①	②	③	④	⑤	⑥	⑦	⑧	⑨
ソ	①	⓪	①	②	③	④	⑤	⑥	⑦	⑧	⑨
タ	①	⓪	①	②	③	④	⑤	⑥	⑦	⑧	⑨
チ	①	⓪	①	②	③	④	⑤	⑥	⑦	⑧	⑨
ツ	①	⓪	①	②	③	④	⑤	⑥	⑦	⑧	⑨
テ	①	⓪	①	②	③	④	⑤	⑥	⑦	⑧	⑨
ト	①	⓪	①	②	③	④	⑤	⑥	⑦	⑧	⑨
ナ	①	⓪	①	②	③	④	⑤	⑥	⑦	⑧	⑨
ニ	①	⓪	①	②	③	④	⑤	⑥	⑦	⑧	⑨
ヌ	①	⓪	①	②	③	④	⑤	⑥	⑦	⑧	⑨
ネ	①	⓪	①	②	③	④	⑤	⑥	⑦	⑧	⑨
ノ	①	⓪	①	②	③	④	⑤	⑥	⑦	⑧	⑨
ハ	①	⓪	①	②	③	④	⑤	⑥	⑦	⑧	⑨
ヒ	①	⓪	①	②	③	④	⑤	⑥	⑦	⑧	⑨
フ	①	⓪	①	②	③	④	⑤	⑥	⑦	⑧	⑨
ヘ	①	⓪	①	②	③	④	⑤	⑥	⑦	⑧	⑨
ホ	①	⓪	①	②	③	④	⑤	⑥	⑦	⑧	⑨

試作問題・数学①解答用紙・第1面

注意事項
1 問題番号 ④ ⑤ の解答欄は、この用紙の第2面にあります。
2 選択問題は、選択した問題番号の解答欄に解答しなさい。
　ただし、指定された問題数をこえて解答してはいけません。
3 訂正は、消しゴムできれいに消し、消しくずを残してはいけません。
4 所定欄以外にはマークしたり、記入したりしてはいけません。
5 汚したり、折り曲げたりしてはいけません。

解答科目欄
- 数学 I・A
- 数学 I
- 旧教育課程：旧数学 I・A、旧数学 I

- 1科目だけマークしなさい。
- 解答科目欄が無マーク又は複数マークの場合は、0点となることがあります。

マーク例　良い例　悪い例

受験番号を記入し、その下のマーク欄にマークしなさい。

受験番号欄
千位　百位　十位　一位　英字

氏名・フリガナ、試験場コードを記入しなさい。

フリガナ　氏名

試験場コード　十万位　万位　千位　百位　十位　一位

駿台文庫

試作問題・数学①解答用紙・第2面

注意事項
1 問題番号 1 2 3 の解答欄は、この用紙の第1面にあります。
2 選択問題は、選択した問題番号の解答欄に解答しなさい。
ただし、指定された問題数をこえて解答してはいけません。

4

解	答 欄
ア	− 0 1 2 3 4 5 6 7 8 9
イ	− 0 1 2 3 4 5 6 7 8 9
ウ	− 0 1 2 3 4 5 6 7 8 9
エ	− 0 1 2 3 4 5 6 7 8 9
オ	− 0 1 2 3 4 5 6 7 8 9
カ	− 0 1 2 3 4 5 6 7 8 9
キ	− 0 1 2 3 4 5 6 7 8 9
ク	− 0 1 2 3 4 5 6 7 8 9
ケ	− 0 1 2 3 4 5 6 7 8 9
コ	− 0 1 2 3 4 5 6 7 8 9
サ	− 0 1 2 3 4 5 6 7 8 9
シ	− 0 1 2 3 4 5 6 7 8 9
ス	− 0 1 2 3 4 5 6 7 8 9
セ	− 0 1 2 3 4 5 6 7 8 9
ソ	− 0 1 2 3 4 5 6 7 8 9
タ	− 0 1 2 3 4 5 6 7 8 9
チ	− 0 1 2 3 4 5 6 7 8 9
ツ	− 0 1 2 3 4 5 6 7 8 9
テ	− 0 1 2 3 4 5 6 7 8 9
ト	− 0 1 2 3 4 5 6 7 8 9
ナ	− 0 1 2 3 4 5 6 7 8 9
ニ	− 0 1 2 3 4 5 6 7 8 9
ヌ	− 0 1 2 3 4 5 6 7 8 9
ネ	− 0 1 2 3 4 5 6 7 8 9
ノ	− 0 1 2 3 4 5 6 7 8 9
ハ	− 0 1 2 3 4 5 6 7 8 9
ヒ	− 0 1 2 3 4 5 6 7 8 9
フ	− 0 1 2 3 4 5 6 7 8 9
ヘ	− 0 1 2 3 4 5 6 7 8 9
ホ	− 0 1 2 3 4 5 6 7 8 9

5

解	答 欄
ア	− 0 1 2 3 4 5 6 7 8 9
イ	− 0 1 2 3 4 5 6 7 8 9
ウ	− 0 1 2 3 4 5 6 7 8 9
エ	− 0 1 2 3 4 5 6 7 8 9
オ	− 0 1 2 3 4 5 6 7 8 9
カ	− 0 1 2 3 4 5 6 7 8 9
キ	− 0 1 2 3 4 5 6 7 8 9
ク	− 0 1 2 3 4 5 6 7 8 9
ケ	− 0 1 2 3 4 5 6 7 8 9
コ	− 0 1 2 3 4 5 6 7 8 9
サ	− 0 1 2 3 4 5 6 7 8 9
シ	− 0 1 2 3 4 5 6 7 8 9
ス	− 0 1 2 3 4 5 6 7 8 9
セ	− 0 1 2 3 4 5 6 7 8 9
ソ	− 0 1 2 3 4 5 6 7 8 9
タ	− 0 1 2 3 4 5 6 7 8 9
チ	− 0 1 2 3 4 5 6 7 8 9
ツ	− 0 1 2 3 4 5 6 7 8 9
テ	− 0 1 2 3 4 5 6 7 8 9
ト	− 0 1 2 3 4 5 6 7 8 9
ナ	− 0 1 2 3 4 5 6 7 8 9
ニ	− 0 1 2 3 4 5 6 7 8 9
ヌ	− 0 1 2 3 4 5 6 7 8 9
ネ	− 0 1 2 3 4 5 6 7 8 9
ノ	− 0 1 2 3 4 5 6 7 8 9
ハ	− 0 1 2 3 4 5 6 7 8 9
ヒ	− 0 1 2 3 4 5 6 7 8 9
フ	− 0 1 2 3 4 5 6 7 8 9
ヘ	− 0 1 2 3 4 5 6 7 8 9
ホ	− 0 1 2 3 4 5 6 7 8 9

2024 本試・数学①解答用紙・第1面

駿 合 文 庫

2024 本試・数学①解答用紙・第2面

注意事項
1 問題番号1・2・3の解答欄は、この用紙の第1面にあります。
2 選択問題は、選択した問題番号の解答欄に解答しなさい。
ただし、指定された問題数をこえて解答してはいけません。

4

解答記号	解答欄
ア	− ± 0 1 2 3 4 5 6 7 8 9
イ	− ± 0 1 2 3 4 5 6 7 8 9
ウ	− ± 0 1 2 3 4 5 6 7 8 9
エ	− ± 0 1 2 3 4 5 6 7 8 9
オ	− ± 0 1 2 3 4 5 6 7 8 9
カ	− ± 0 1 2 3 4 5 6 7 8 9
キ	− ± 0 1 2 3 4 5 6 7 8 9
ク	− ± 0 1 2 3 4 5 6 7 8 9
ケ	− ± 0 1 2 3 4 5 6 7 8 9
コ	− ± 0 1 2 3 4 5 6 7 8 9
サ	− ± 0 1 2 3 4 5 6 7 8 9
シ	− ± 0 1 2 3 4 5 6 7 8 9
ス	− ± 0 1 2 3 4 5 6 7 8 9
セ	− ± 0 1 2 3 4 5 6 7 8 9
ソ	− ± 0 1 2 3 4 5 6 7 8 9
タ	− ± 0 1 2 3 4 5 6 7 8 9
チ	− ± 0 1 2 3 4 5 6 7 8 9
ツ	− ± 0 1 2 3 4 5 6 7 8 9
テ	− ± 0 1 2 3 4 5 6 7 8 9
ト	− ± 0 1 2 3 4 5 6 7 8 9
ナ	− ± 0 1 2 3 4 5 6 7 8 9
ニ	− ± 0 1 2 3 4 5 6 7 8 9
ヌ	− ± 0 1 2 3 4 5 6 7 8 9
ネ	− ± 0 1 2 3 4 5 6 7 8 9
ノ	− ± 0 1 2 3 4 5 6 7 8 9
ハ	− ± 0 1 2 3 4 5 6 7 8 9
ヒ	− ± 0 1 2 3 4 5 6 7 8 9
フ	− ± 0 1 2 3 4 5 6 7 8 9
ヘ	− ± 0 1 2 3 4 5 6 7 8 9
ホ	− ± 0 1 2 3 4 5 6 7 8 9

5

解答記号	解答欄
ア	− ± 0 1 2 3 4 5 6 7 8 9
イ	− ± 0 1 2 3 4 5 6 7 8 9
ウ	− ± 0 1 2 3 4 5 6 7 8 9
エ	− ± 0 1 2 3 4 5 6 7 8 9
オ	− ± 0 1 2 3 4 5 6 7 8 9
カ	− ± 0 1 2 3 4 5 6 7 8 9
キ	− ± 0 1 2 3 4 5 6 7 8 9
ク	− ± 0 1 2 3 4 5 6 7 8 9
ケ	− ± 0 1 2 3 4 5 6 7 8 9
コ	− ± 0 1 2 3 4 5 6 7 8 9
サ	− ± 0 1 2 3 4 5 6 7 8 9
シ	− ± 0 1 2 3 4 5 6 7 8 9
ス	− ± 0 1 2 3 4 5 6 7 8 9
セ	− ± 0 1 2 3 4 5 6 7 8 9
ソ	− ± 0 1 2 3 4 5 6 7 8 9
タ	− ± 0 1 2 3 4 5 6 7 8 9
チ	− ± 0 1 2 3 4 5 6 7 8 9
ツ	− ± 0 1 2 3 4 5 6 7 8 9
テ	− ± 0 1 2 3 4 5 6 7 8 9
ト	− ± 0 1 2 3 4 5 6 7 8 9
ナ	− ± 0 1 2 3 4 5 6 7 8 9
ニ	− ± 0 1 2 3 4 5 6 7 8 9
ヌ	− ± 0 1 2 3 4 5 6 7 8 9
ネ	− ± 0 1 2 3 4 5 6 7 8 9
ノ	− ± 0 1 2 3 4 5 6 7 8 9
ハ	− ± 0 1 2 3 4 5 6 7 8 9
ヒ	− ± 0 1 2 3 4 5 6 7 8 9
フ	− ± 0 1 2 3 4 5 6 7 8 9
ヘ	− ± 0 1 2 3 4 5 6 7 8 9
ホ	− ± 0 1 2 3 4 5 6 7 8 9

2023 本試・数学①解答用紙・第1面

注意事項

1 問題番号 4 5 の解答欄は、この用紙の第2面にあります。
2 選択した問題番号をこえて解答してはいけません。
　ただし、指定された問題数をこえて解答してはいけません。
3 訂正は、消しゴムできれいに消し、消しくずを残してはいけません。
4 所定欄以外にはマークしたり、記入してはいけません。
5 汚したり、折りまげたりしてはいけません。

解答科目欄

数学		数学	
数学 Ⅰ, A	○	Ⅰ	○

旧教育課程

旧数学 Ⅰ, A	○	旧数学 Ⅰ	○

・1科目だけマークしなさい。
・解答科目欄が無マーク又は複数マークの場合は、0点となることがあります。

マーク例

良い例	悪い例
●	⦿ ⊗ ◓

受験番号を記入し、その下のマーク欄にマークしなさい。

受験番号欄

千位	百位	十位	一位	英字
−	⓪	⓪	⓪	Ⓐ A
①	①	①	①	Ⓑ B
②	②	②	②	Ⓒ C
③	③	③	③	Ⓗ H
④	④	④	④	Ⓚ K
⑤	⑤	⑤	⑤	Ⓜ M
⑥	⑥	⑥	⑥	Ⓡ R
⑦	⑦	⑦	⑦	Ⓤ U
⑧	⑧	⑧	⑧	Ⓧ X
⑨	⑨	⑨	⑨	Ⓨ Y
				Ⓩ Z
−			−	−

氏名・フリガナ、試験場コードを記入しなさい。

フリガナ	
氏 名	

試験場コード	十万位	万位	千位	百位	十位	一位

駿 合 文 庫

2023 本試・数学①解答用紙・第1面

注意事項
1 問題番号①②③の解答欄は、この用紙の第1面にあります。
2 選択問題は、選択した問題番号の解答欄に解答しなさい。
　ただし、指定された問題数をこえて解答してはいけません。

4

解	答 欄
ア	－ ± 0 1 2 3 4 5 6 7 8 9
イ	－ ± 0 1 2 3 4 5 6 7 8 9
ウ	－ ± 0 1 2 3 4 5 6 7 8 9
エ	－ ± 0 1 2 3 4 5 6 7 8 9
オ	－ ± 0 1 2 3 4 5 6 7 8 9
カ	－ ± 0 1 2 3 4 5 6 7 8 9
キ	－ ± 0 1 2 3 4 5 6 7 8 9
ク	－ ± 0 1 2 3 4 5 6 7 8 9
ケ	－ ± 0 1 2 3 4 5 6 7 8 9
コ	－ ± 0 1 2 3 4 5 6 7 8 9
サ	－ ± 0 1 2 3 4 5 6 7 8 9
シ	－ ± 0 1 2 3 4 5 6 7 8 9
ス	－ ± 0 1 2 3 4 5 6 7 8 9
セ	－ ± 0 1 2 3 4 5 6 7 8 9
ソ	－ ± 0 1 2 3 4 5 6 7 8 9
タ	－ ± 0 1 2 3 4 5 6 7 8 9
チ	－ ± 0 1 2 3 4 5 6 7 8 9
ツ	－ ± 0 1 2 3 4 5 6 7 8 9
テ	－ ± 0 1 2 3 4 5 6 7 8 9
ト	－ ± 0 1 2 3 4 5 6 7 8 9
ナ	－ ± 0 1 2 3 4 5 6 7 8 9
ニ	－ ± 0 1 2 3 4 5 6 7 8 9
ヌ	－ ± 0 1 2 3 4 5 6 7 8 9
ネ	－ ± 0 1 2 3 4 5 6 7 8 9
ノ	－ ± 0 1 2 3 4 5 6 7 8 9
ハ	－ ± 0 1 2 3 4 5 6 7 8 9
ヒ	－ ± 0 1 2 3 4 5 6 7 8 9
フ	－ ± 0 1 2 3 4 5 6 7 8 9
ヘ	－ ± 0 1 2 3 4 5 6 7 8 9
ホ	－ ± 0 1 2 3 4 5 6 7 8 9

5

解	答 欄
ア	－ ± 0 1 2 3 4 5 6 7 8 9
イ	－ ± 0 1 2 3 4 5 6 7 8 9
ウ	－ ± 0 1 2 3 4 5 6 7 8 9
エ	－ ± 0 1 2 3 4 5 6 7 8 9
オ	－ ± 0 1 2 3 4 5 6 7 8 9
カ	－ ± 0 1 2 3 4 5 6 7 8 9
キ	－ ± 0 1 2 3 4 5 6 7 8 9
ク	－ ± 0 1 2 3 4 5 6 7 8 9
ケ	－ ± 0 1 2 3 4 5 6 7 8 9
コ	－ ± 0 1 2 3 4 5 6 7 8 9
サ	－ ± 0 1 2 3 4 5 6 7 8 9
シ	－ ± 0 1 2 3 4 5 6 7 8 9
ス	－ ± 0 1 2 3 4 5 6 7 8 9
セ	－ ± 0 1 2 3 4 5 6 7 8 9
ソ	－ ± 0 1 2 3 4 5 6 7 8 9
タ	－ ± 0 1 2 3 4 5 6 7 8 9
チ	－ ± 0 1 2 3 4 5 6 7 8 9
ツ	－ ± 0 1 2 3 4 5 6 7 8 9
テ	－ ± 0 1 2 3 4 5 6 7 8 9
ト	－ ± 0 1 2 3 4 5 6 7 8 9
ナ	－ ± 0 1 2 3 4 5 6 7 8 9
ニ	－ ± 0 1 2 3 4 5 6 7 8 9
ヌ	－ ± 0 1 2 3 4 5 6 7 8 9
ネ	－ ± 0 1 2 3 4 5 6 7 8 9
ノ	－ ± 0 1 2 3 4 5 6 7 8 9
ハ	－ ± 0 1 2 3 4 5 6 7 8 9
ヒ	－ ± 0 1 2 3 4 5 6 7 8 9
フ	－ ± 0 1 2 3 4 5 6 7 8 9
ヘ	－ ± 0 1 2 3 4 5 6 7 8 9
ホ	－ ± 0 1 2 3 4 5 6 7 8 9

駿台

2025
大学入学 共通テスト
実戦問題集

数学 I・A

【解答・解説編】

駿台文庫編

直前チェック総整理

各問いの解説ごとに，解答の際利用する項目の番号が記されている。

数 学 Ⅰ

I. 数と式

1 実数

・実数 $\begin{cases} \text{有理数} \begin{cases} \text{整数} \begin{cases} \text{正の整数（自然数）} \\ 0 \\ \text{負の整数} \end{cases} \\ \text{小数} \begin{cases} \text{有限小数} \\ \text{循環する無限小数} \end{cases} \end{cases} \\ \text{無理数（循環しない無限小数）} \end{cases}$

有理数は $\dfrac{n}{m}$ （m, n は整数，$m \neq 0$）で表せるが，無理数は表せない。

・四則演算

有理数の和，差，積，商は有理数である。

実数の和，差，積，商は実数である。

（いずれも，0で割ることは除く）

無理数の和，差，積，商は無理数とは限らない。

・p, q を有理数，α を無理数とするとき

$p + q\alpha = 0 \iff p = q = 0$

・循環小数

$x = 0.\dot{1}\dot{5}$ とすると

$$\begin{array}{r} 100x = 15.1515\cdots \\ -)\quad x = 0.1515\cdots \\ \hline 99x = 15 \\ x = \dfrac{15}{99} = \dfrac{5}{33} \end{array}$$

・既約分数を小数で表したときに有限小数になるものは，分母の素因数が 2 と 5 だけのものに限られる。

・絶対値

$|a| \geqq 0 \qquad |a| = \begin{cases} a & (a \geqq 0) \\ -a & (a < 0) \end{cases}$

$|x| = a \ (a > 0)$ の解 $\cdots$ $x = \pm a$

2 平方根

・性質

$\sqrt{a^2} = |a|$

$a > 0, \ b > 0, \ c > 0$ のとき

$$\sqrt{a}\sqrt{b} = \sqrt{ab}, \quad \frac{\sqrt{a}}{\sqrt{b}} = \sqrt{\frac{a}{b}}, \quad \sqrt{c^2 a} = c\sqrt{a}$$

・分母の有理化

$$\frac{b}{\sqrt{a}} = \frac{b\sqrt{a}}{a}$$

$$\frac{1}{\sqrt{a} + \sqrt{b}} = \frac{\sqrt{a} - \sqrt{b}}{a - b}, \quad \frac{1}{\sqrt{a} - \sqrt{b}} = \frac{\sqrt{a} + \sqrt{b}}{a - b}$$

・2重根号

$a > 0, \ b > 0$ のとき $\sqrt{a + b + 2\sqrt{ab}} = \sqrt{a} + \sqrt{b}$

$a > b > 0$ のとき $\sqrt{a + b - 2\sqrt{ab}} = \sqrt{a} - \sqrt{b}$

3 整式の計算

・指数法則 （m, n を正の整数とする）

$$a^m a^n = a^{m+n}, \quad (a^m)^n = a^{mn}, \quad (ab)^n = a^n b^n$$

・計算の法則

交換法則 $A + B = B + A, \quad AB = BA$

結合法則 $(A + B) + C = A + (B + C),$
$\qquad\qquad (AB)C = A(BC)$

分配法則 $A(B + C) = AB + AC,$
$\qquad\qquad (A + B)C = AC + BC$

4 乗法の公式

・展開・因数分解

以下の各式において

左辺から右辺への変形が「展開」

右辺から左辺への変形が「因数分解」

$(a \pm b)^2 = a^2 \pm 2ab + b^2$

$(a + b)(a - b) = a^2 - b^2$

$(x + a)(x + b) = x^2 + (a + b)x + ab$

$(ax + b)(cx + d) = acx^2 + (ad + bc)x + bd$

$(a + b + c)^2 = a^2 + b^2 + c^2 + 2ab + 2bc + 2ca$

$(a \pm b)^3 = a^3 \pm 3a^2 b + 3ab^2 \pm b^3$

$(a \pm b)(a^2 \mp ab + b^2) = a^3 \pm b^3$

（以上複号同順）

―数 IA 1―

5 1次不等式

・不等式の性質

$a < b$ ならば $a+c < b+c,\ a-c < b-c$

$a < b,\ c > 0$ ならば $ac < bc,\ \dfrac{a}{c} < \dfrac{b}{c}$

$a < b,\ c < 0$ ならば $ac > bc,\ \dfrac{a}{c} > \dfrac{b}{c}$

・1次不等式の解

$ax + b > 0 \cdots a > 0$ ならば $x > -\dfrac{b}{a}$

$\ a < 0$ ならば $x < -\dfrac{b}{a}$

$|x| < a\ (a > 0) \cdots -a < x < a$

$|x| > a\ (a > 0) \cdots x < -a,\ a < x$

II. 集合と命題

1 集合

・部分集合

「$x \in A \Longrightarrow x \in B$」のとき $A \subset B$

「$A \subset B$ かつ $A \supset B$」のとき $A = B$

・補集合

$A \subset B \Longleftrightarrow \overline{A} \supset \overline{B}$

$A \cap \overline{A} = \varnothing$（空集合），$A \cup \overline{A} =$（全体集合），$\overline{(\overline{A})} = A$

$\overline{A \cup B} = \overline{A} \cap \overline{B},\ \overline{A \cap B} = \overline{A} \cup \overline{B}$

（ド・モルガンの法則）

2 必要条件・十分条件

・条件 p, q についての命題 $p \Longrightarrow q$ が真のとき

　　q は p であるための必要条件である。

　　p は q であるための十分条件である。

・条件 p, q についての命題 $p \Longleftrightarrow q$ が真のとき

　　q は p であるための必要十分条件である。

　　p は q であるための必要十分条件である。

　　p と q は互いに同値である。

・条件 p, q を満たすものの集合をそれぞれ P, Q とすると，命題 $p \Longrightarrow q$ が真であることと $P \subset Q$ が成り立つことは同じである。

・条件 p, q についての命題 $p \Longrightarrow q$ が偽のとき，p を満たすが q を満たさないものが存在する。この例を反例という。

3 逆・裏・対偶

・否定

$\overline{p\ \text{かつ}\ q} \Longleftrightarrow \overline{p}\ \text{または}\ \overline{q}$

$\overline{p\ \text{または}\ q} \Longleftrightarrow \overline{p}\ \text{かつ}\ \overline{q}$

・逆・裏・対偶

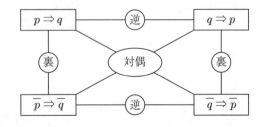

真の命題の逆・裏は，かならずしも真ではない。

真(偽)の命題の対偶は，つねに真(偽)である。

ある命題が真であることを証明するには，その対偶が真であることを証明してもよい。

4 背理法

・背理法
命題が成り立たないと仮定すると矛盾が生じることから，もとの命題の成立を示す証明法。

III. 2次関数

1 グラフの移動

・点の平行移動
点 (a,b) を x 軸方向に p, y 軸方向に q だけ平行移動した点の座標 $\cdots$ $(a+p, b+q)$

・グラフの平行移動
$y = f(x)$ のグラフを x 軸方向に p, y 軸方向に q だけ平行移動したグラフの方程式 $\cdots$
$$y - q = f(x - p) \quad (y = f(x-p) + q)$$

・点の対称移動
点 (a, b) を
x 軸に関して対称移動した点の座標 $\cdots$ $(a, -b)$
y 軸に関して対称移動した点の座標 $\cdots$ $(-a, b)$
原点に関して対称移動した点の座標 $\cdots$ $(-a, -b)$

・グラフの対称移動
$y = f(x)$ のグラフを
x 軸に関して対称移動したグラフの方程式 $\cdots$
$$y = -f(x)$$
y 軸に関して対称移動したグラフの方程式 $\cdots$
$$y = f(-x)$$
原点に関して対称移動したグラフの方程式 $\cdots$
$$y = -f(-x)$$

2 2次関数のグラフ

・$y = a(x-p)^2 + q \ (a \neq 0)$ のグラフ
頂点 (p, q), 対称軸 $x = p$ の放物線

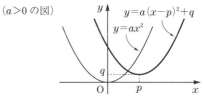

・$y = ax^2 + bx + c \ (a \neq 0)$ のグラフ
頂点 $\left(-\dfrac{b}{2a}, -\dfrac{b^2 - 4ac}{4a}\right)$, 対称軸 $x = -\dfrac{b}{2a}$
の放物線

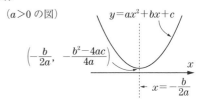

3 最大・最小

・$y = a(x-p)^2 + q$ （x：実数全体）

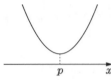

$a>0$ のとき　$x=p$ で最小値 q（最大値はない）

$a<0$ のとき　$x=p$ で最大値 q（最小値はない）

・$y = a(x-p)^2 + q$ （$\alpha \leqq x \leqq \beta$）

(i) $\alpha \leqq p \leqq \beta$ のとき

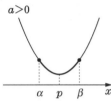

$a>0$：$x=p$ で最小，$x=\alpha$ または β で最大（p から遠い方で最大）

$a<0$：$x=p$ で最大，$x=\alpha$ または β で最小（p から遠い方で最小）

(ii) $\beta \leqq p$ のとき

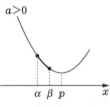

$a>0$：$x=\alpha$ で最大，$x=\beta$ で最小

$a<0$：$x=\beta$ で最大，$x=\alpha$ で最小

(iii) $p \leqq \alpha$ のとき

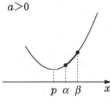 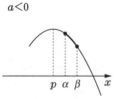

$a>0$：$x=\beta$ で最大，$x=\alpha$ で最小

$a<0$：$x=\alpha$ で最大，$x=\beta$ で最小

4 2次方程式

・$ax^2 + bx + c = 0$ $(a \neq 0)$ の解
判別式を $D = b^2 - 4ac$ とする。

$D > 0$ のとき　$x = \dfrac{-b \pm \sqrt{b^2 - 4ac}}{2a}$

$D = 0$ のとき　$x = -\dfrac{b}{2a}$ （重解）

$D < 0$ のとき　実数の解はない

5 2次不等式

・$\alpha < \beta$ のとき

$(x-\alpha)(x-\beta) > 0$ の解 …… $x < \alpha,\ \beta < x$

$(x-\alpha)(x-\beta) \geqq 0$ の解 …… $x \leqq \alpha,\ \beta \leqq x$

$(x-\alpha)(x-\beta) < 0$ の解 …… $\alpha < x < \beta$

$(x-\alpha)(x-\beta) \leqq 0$ の解 …… $\alpha \leqq x \leqq \beta$

・2次不等式の解 （以下，$a > 0, D = b^2 - 4ac$ とする）

$ax^2 + bx + c > 0$ …… ①

$ax^2 + bx + c \geqq 0$ …… ②

$ax^2 + bx + c < 0$ …… ③

$ax^2 + bx + c \leqq 0$ …… ④

$D > 0$ のとき

$ax^2 + bx + c = 0$ の解を α, β $(\alpha < \beta)$ とすると

①の解 …… $x < \alpha,\ \beta < x$

②の解 …… $x \leqq \alpha,\ \beta \leqq x$

③の解 …… $\alpha < x < \beta$

④の解 …… $\alpha \leqq x \leqq \beta$

$D = 0$ のとき

$ax^2 + bx + c = 0$ の解を α （重解）とすると

①の解 …… $x \neq \alpha$ の実数

②の解 …… 全実数

③の解 …… ない

④の解 …… $x = \alpha$

$D < 0$ のとき

①，②の解 …… 全実数

③，④の解 …… ない

6 放物線と x 軸

・2次関数 $y = ax^2 + bx + c$ $(a \neq 0)$ のグラフと x 軸は，$D = b^2 - 4ac$ とすると，$D > 0$ のとき，2点で交わる。このとき，$y = ax^2 + bx + c$ が x 軸から切り取る線分の長さは $\dfrac{\sqrt{b^2 - 4ac}}{|a|}$

$D = 0$ のとき，1点で接する。

$D < 0$ のとき，共有点をもたない。

—数 IA 4—

IV. 図形と計量

1 三角比の基本性質

・三角比

$$\sin\theta = \frac{a}{c},\ \cos\theta = \frac{b}{c},$$
$$\tan\theta = \frac{a}{b}$$
$$(0° < \theta < 90°)$$
$$\sin\theta = \frac{y}{r},\ \cos\theta = \frac{x}{r},$$
$$\tan\theta = \frac{y}{x} = \frac{t}{r}\ (x \neq 0)$$
$$(0° \leqq \theta \leqq 180°)$$

$\theta = 90°$ のとき，$\tan\theta$ の値はない．

・三角比の値

θ	$0°$	$30°$	$45°$	$60°$	$90°$	$120°$	$135°$	$150°$	$180°$
$\sin\theta$	0	$\frac{1}{2}$	$\frac{1}{\sqrt{2}}$	$\frac{\sqrt{3}}{2}$	1	$\frac{\sqrt{3}}{2}$	$\frac{1}{\sqrt{2}}$	$\frac{1}{2}$	0
$\cos\theta$	1	$\frac{\sqrt{3}}{2}$	$\frac{1}{\sqrt{2}}$	$\frac{1}{2}$	0	$-\frac{1}{2}$	$-\frac{1}{\sqrt{2}}$	$-\frac{\sqrt{3}}{2}$	-1
$\tan\theta$	0	$\frac{1}{\sqrt{3}}$	1	$\sqrt{3}$	×	$-\sqrt{3}$	-1	$-\frac{1}{\sqrt{3}}$	0

・補角・余角の三角比

$$\sin(90° - \theta) = \cos\theta,\ \cos(90° - \theta) = \sin\theta,$$
$$\tan(90° - \theta) = \frac{1}{\tan\theta}$$
$$\sin(180° - \theta) = \sin\theta,\ \cos(180° - \theta) = -\cos\theta,$$
$$\tan(180° - \theta) = -\tan\theta$$

・角の大小と三角比の大小

$0° \leqq \alpha < \beta \leqq 90°$ のとき $\sin\alpha < \sin\beta$
$90° \leqq \alpha < \beta \leqq 180°$ のとき $\sin\alpha > \sin\beta$
$0° \leqq \alpha < \beta \leqq 180°$ のとき $\cos\alpha > \cos\beta$

・三角比の相互関係

$$\tan\theta = \frac{\sin\theta}{\cos\theta}$$
$$\sin^2\theta + \cos^2\theta = 1,\ 1 + \tan^2\theta = \frac{1}{\cos^2\theta}$$

・直線の傾き

図で，$m = \tan\theta$

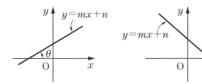

2 正弦定理・余弦定理

$\triangle ABC$ で $BC = a$, $CA = b$, $AB = c$ とし，$\triangle ABC$ の外接円の半径を R とする．

・正弦定理

$$\frac{a}{\sin A} = \frac{b}{\sin B} = \frac{c}{\sin C} = 2R$$

・余弦定理

$$a^2 = b^2 + c^2 - 2bc\cos A,\ \cos A = \frac{b^2 + c^2 - a^2}{2bc}$$
$$b^2 = c^2 + a^2 - 2ca\cos B,\ \cos B = \frac{c^2 + a^2 - b^2}{2ca}$$
$$c^2 = a^2 + b^2 - 2ab\cos C,\ \cos C = \frac{a^2 + b^2 - c^2}{2ab}$$

・$\angle A < 90° \iff a^2 < b^2 + c^2$
$\angle A = 90° \iff a^2 = b^2 + c^2$ （三平方の定理）
$\angle A > 90° \iff a^2 > b^2 + c^2$

3 三角形の面積

$\triangle ABC$ で $BC = a$, $CA = b$, $AB = c$ とし，$\triangle ABC$ の内接円の半径を r, 面積を S とする．

$$S = \frac{1}{2}ab\sin C = \frac{1}{2}bc\sin A = \frac{1}{2}ca\sin B$$
$$S = \frac{1}{2}(a + b + c)r = sr$$
$$S = \sqrt{s(s-a)(s-b)(s-c)}\quad (\text{ヘロンの公式})$$
$$\left(s = \frac{1}{2}(a + b + c)\right)$$

V. データの分析

1 データの整理

・度数分布表
　データの値をいくつかの区間（階級）に分け，それぞれの区間に入るデータの個数（度数）を表にしたもの。区間の幅を階級の幅，階級の真ん中の値を階級値という。

・ヒストグラム
　度数分布を柱状のグラフで表したもの。

2 代表値

・平均値
　n 個のデータ $x_1, x_2, \cdots, x_n$ について
$$\frac{1}{n}(x_1 + x_2 + \cdots + x_n)$$

・中央値（メジアン）
　データを大きさの順に並べたとき，中央にくる値。データが偶数個のときは中央の 2 数の平均値

・最頻値（モード）
　データの中で最も個数の多い値

3 散らばり

・範囲（レンジ）
$$（データの最大値）-（データの最小値）$$

・四分位数
　データを大きさの順に並べて 4 等分するとき，小さい方から順に
　　第 1 四分位数，第 2 四分位数，第 3 四分位数
　（四分位範囲）＝（第 3 四分位数）-（第 1 四分位数）
　（四分位偏差）＝ $\dfrac{（四分位範囲）}{2}$

・箱ひげ図

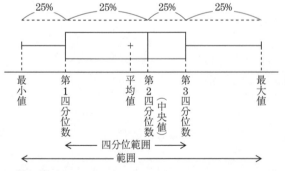

・外れ値
　データの中で，他の値から極端にかけ離れた値。例えば次のような値を外れ値という。
　　$\{$（第 1 四分位数）$-1.5\times$（四分位範囲）$\}$ 以下の値
　　$\{$（第 3 四分位数）$+1.5\times$（四分位範囲）$\}$ 以上の値

・分散・標準偏差
　n 個のデータ $x_1, x_2, \cdots, x_n$ の平均値を $\overline{x}$ とする。
　（偏差）$= x_i - \overline{x}$　$(i = 1, 2, \cdots, n)$

$$（分散）= \frac{1}{n}\{(x_1-\overline{x})^2+(x_2-\overline{x})^2+\cdots+(x_n-\overline{x})^2\}$$
$$= \frac{1}{n}({x_1}^2+{x_2}^2+\cdots+{x_n}^2)-(\overline{x})^2$$

$$（標準偏差）= \sqrt{（分散）}$$

4 相関

・散布図
　2 つのデータの関係を座標平面に表したもの。

・相関係数
　2 つのデータの組
$$(x_1, y_1), (x_2, y_2), \cdots, (x_n, y_n)$$
について
　$x_1, x_2, \cdots, x_n$ の平均値を $\overline{x}$, 標準偏差を s_x
　$y_1, y_2, \cdots, y_n$ の平均値を $\overline{y}$, 標準偏差を s_y
とする。
共分散
$$s_{xy} = \frac{1}{n}\{(x_1-\overline{x})(y_1-\overline{y})+(x_2-\overline{x})(y_2-\overline{y})+\cdots$$
$$+(x_n-\overline{x})(y_n-\overline{y})\}$$
$$((x_i-\overline{x})(y_i-\overline{y}) \text{ の平均値})$$

相関係数
$$r = \frac{s_{xy}}{s_x s_y} \quad (-1 \leqq r \leqq 1)$$

　r が 1 に近いとき　　正の相関関係が強い
　r が -1 に近いとき　負の相関関係が強い
　r が 0 に近いとき　　相関関係は弱い
　　相関係数は外れ値の影響を受けやすい。

5 変量の変換

・$z_i = x_i + a, w_i = by_i$　$(i = 1, 2, \cdots, n)$
とすると
　平均値　　$\overline{z} = \overline{x} + a, \overline{w} = b\overline{y}$
　分　散　　${s_z}^2 = {s_x}^2, {s_w}^2 = b^2 {s_y}^2$
　標準偏差　$s_z = s_x, s_w = |b|s_y$
　共分散　　$s_{zw} = b s_{xy}$

　相関係数　$r_{zw} = \begin{cases} r_{xy} & (b > 0) \\ -r_{xy} & (b < 0) \end{cases}$

6 仮説検定

ある主張に対して，仮説を立て，得られたデータからこの主張が正しいかどうかを判断する手法。

数 学 A

VI. 図形の性質

1 三角形の基本性質

・辺の長さ
$$a < b+c$$
$$b < c+a$$
$$c < a+b$$
すなわち
$$|b-c| < a < b+c$$

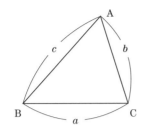

・三角形の合同条件
 3 組の辺がそれぞれ等しい。
 2 組の辺とその間の角がそれぞれ等しい。
 1 組の辺とその両端の角がそれぞれ等しい。

・三角形の相似条件
 3 組の辺の比がすべて等しい。
 2 組の辺の比とその間の角がそれぞれ等しい。
 2 組の角がそれぞれ等しい。

・辺と角の大小
$$a > b \iff \angle A > \angle B$$

・平行線と比例
$$\frac{AP}{AB} = \frac{AQ}{AC} \iff PQ /\!/ BC$$
$$\frac{AP}{PB} = \frac{AQ}{QC} \iff PQ /\!/ BC$$

・三平方の定理
$$\angle A = 90° \iff a^2 = b^2 + c^2$$

・中線定理
 BC の中点を M とすると
$$AB^2 + AC^2 = 2(AM^2 + BM^2)$$

・角の二等分線と比

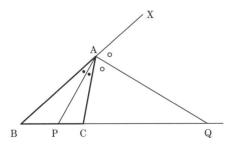

$$\angle BAP = \angle CAP \iff BP : CP = AB : AC$$
$$\angle XAQ = \angle CAQ \iff BQ : CQ = AB : AC$$

2 チェバの定理・メネラウスの定理

△ABC の辺 BC またはその延長上，辺 CA またはその延長上，辺 AB またはその延長上（いずれも頂点は除く）にそれぞれ点 D, E, F をとる。

・チェバの定理
「AD, BE, CF が 1 点で交わる」
$$\iff \frac{BD}{DC} \cdot \frac{CE}{EA} \cdot \frac{AF}{FB} = 1$$

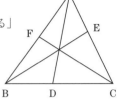

・メネラウスの定理
「D, E, F が 1 直線上にある」
$$\iff \frac{BD}{DC} \cdot \frac{CE}{EA} \cdot \frac{AF}{FB} = 1$$

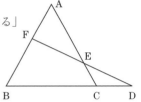

3 三角形の五心

・三角形の外心 (O)
 三角形の 3 辺の垂直二等分線の交点
 3 頂点から等距離にあり，三角形の外接円の中心

・三角形の内心 (I)
 三角形の 3 つの内角の二等分線の交点
 3 辺から等距離にあり，三角形の内接円の中心

・三角形の重心 (G)
 三角形の 3 つの中線の交点
 中線を頂点の方から 2:1 に内分

・三角形の垂心 (H)
 三角形の頂点から対辺（またはその延長）へ下ろした垂線の交点

・三角形の傍心 (I_1, I_2, I_3)
 三角形の 1 つの頂点における内角の二等分線と，他の 2 つの頂点における外角の二等分線の交点（1 つの三角形に傍心は 3 個ある）

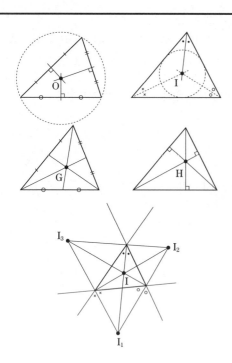

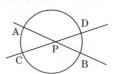 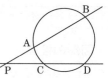

「l が T で円に接する」 $\iff$ PA·PB = PT^2

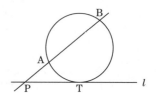

6 2つの円

中心 O, O' の円の半径をそれぞれ r, r' ($r > r'$), $OO' = d$ とする。

・2円の位置関係
 $d > r + r' \iff$「2円が離れている」
 $d = r + r' \iff$「2円が外接している」
 $r - r' < d < r + r' \iff$「2円が2点で交わっている」
 $d = r - r' \iff$「半径 r の円に半径 r' の円が内接している」
 $d < r - r' \iff$「半径 r の円の内部に半径 r' の円がある」
  ($d = 0$ のときは同心円)

・2円の共通接線
 $d > r + r'$ …… 4本
 $d = r + r'$ …… 3本
 $r - r' < d < r + r'$ …… 2本
 $d = r - r'$ …… 1本
 ($d < r - r'$ のときはない)

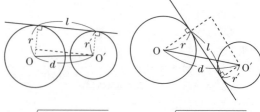

$l = \sqrt{d^2 - (r-r')^2}$ $l = \sqrt{d^2 - (r+r')^2}$

4 円の性質

・円と四角形
 「四角形 ABCD が円に内接する」
 $\iff \angle A + \angle C = 180°$

・円の接線
 $PT_1 = PT_2$
 $\angle OPT_1 = \angle OPT_2$
 $OT_1 \perp PT_1$, $OT_2 \perp PT_2$

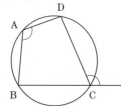

・接線と弦の作る角
 「l が T で円に接する」
 $\iff \angle BAT = \angle BTX$

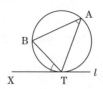

5 方べきの定理

「A, B, C, D が1つの円周上にある」
$\iff$ PA·PB = PC·PD

7 空間図形

・2直線の位置関係
 1点で交わる   平行である   ねじれの位置にある
・直線と平面の位置関係
 直線が平面上にある   1点で交わる   平行である
・2平面の位置関係
 交わる（交わりが交線）   平行である

・三垂線の定理
$$HP \perp \alpha,\ HA \perp l \Longrightarrow PA \perp l$$
$$HP \perp \alpha,\ PA \perp l \Longrightarrow HA \perp l$$
$$HP \perp HA,\ HA \perp l,\ PA \perp l \Longrightarrow HP \perp \alpha$$

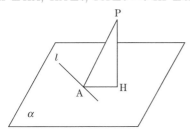

8 正多面体

正四面体

正六面体
（立方体）

正八面体

正十二面体

正二十面体

・オイラーの多面体定理
多面体の頂点，辺，面の数をそれぞれ v, e, f とすると
$$v - e + f = 2$$

VII. 場合の数と確率

1 集合の要素の個数

・要素の個数 集合 X の要素の個数を $n(X)$ と書く。
$$n(A \cup B) = n(A) + n(B) - n(A \cap B)$$
$$(A \cap B = \varnothing \text{ のとき } n(A \cup B) = n(A) + n(B))$$
$$\begin{aligned}n(A \cup B \cup C) = &n(A) + n(B) + n(C) \\ &- n(A \cap B) - n(B \cap C) \\ &- n(C \cap A) + n(A \cap B \cap C)\end{aligned}$$

2 場合の数

・樹形図 すべての場合を，もれなく，重なりなく数え上げることが大切で，樹形図を作ると有効である。

・和の法則
同時には起こらない 2 つ以上の事柄 $A, B, \cdots\cdots$ があり，A の起こり方が a 通り，B の起こり方が b 通り，$\cdots\cdots$ ならば，$A, B, \cdots\cdots$ のいずれかが起こる場合の数は
$$a + b + \cdots\cdots \text{ 通り}$$

・積の法則
2 つ以上の事柄 $A, B, \cdots\cdots$ について，A の起こり方が a 通り，そのそれぞれについて，B の起こり方が b 通り，$\cdots\cdots$ ならば，$A, B, \cdots\cdots$ がすべて起こる場合の数は
$$ab \cdots\cdots \text{ 通り}$$

3 順列

・順列 異なる n 個のものから r 個を取り出し，一列に並べる順列
$$_n\mathrm{P}_r = n(n-1)\cdots\cdots(n-r+1)$$
$$= \frac{n!}{(n-r)!} \quad (0! = 1 \text{ と定める})$$

・円順列 異なる n 個のものを円形に並べる順列
$$(n-1)!$$

・重複順列 異なる n 個のものから，繰り返し取ることを許して r 個を取り出し，一列に並べる順列
$$n^r$$

4 組合せ

・組合せ 異なる n 個のものから r 個を取り出す組合せ
$$_n\mathrm{C}_r = \frac{_n\mathrm{P}_r}{r!} = \frac{n!}{(n-r)!\,r!}$$

・同じものを含む順列 n 個のもののうち，p 個が同じもの，q 個が他の同じもの，さらに，r 個が別の同じも

の，$\cdots$ のとき，これら n 個を一列に並べる順列

$$_n\mathrm{C}_p \cdot {}_{n-p}\mathrm{C}_q \cdot {}_{n-p-q}\mathrm{C}_r \cdots\cdots = \frac{n!}{p!\,q!\,r!\cdots}$$

$$(p+q+r+\cdots = n)$$

・$_n\mathrm{C}_r$ の性質

$$_n\mathrm{C}_0 = {}_n\mathrm{C}_n = 1$$

$$_n\mathrm{C}_r = {}_n\mathrm{C}_{n-r} \quad (0 \leqq r \leqq n)$$

$$_n\mathrm{C}_r = {}_{n-1}\mathrm{C}_{r-1} + {}_{n-1}\mathrm{C}_r$$

$$(1 \leqq r \leqq n-1,\ n \geqq 2)$$

5 確率の基本

・何が同様に確からしいか（同じ程度に期待できるか）を正しく判断する。

確率の問題では，区別のできないものも，区別のできる異なるものとして考える。

・$P(A) = \dfrac{(\text{事象 } A \text{ の起こる場合の数})}{(\text{起こり得るすべての場合の数})}$

・$0 \leqq P(A) \leqq 1,\ P(\varnothing) = 0,\ P(U) = 1$

（$\varnothing\cdots$ 空事象，$U\cdots$ 全事象）

・和事象の確率

A, B が互いに排反な事象のとき $(A \cap B = \varnothing)$

$$P(A \cup B) = P(A) + P(B)$$

A, B が互いに排反な事象でないとき $(A \cap B \neq \varnothing)$

$$P(A \cup B) = P(A) + P(B) - P(A \cap B)$$

・余事象の確率

$$P(A) + P(\overline{A}) = 1,\ P(\overline{A}) = 1 - P(A)$$

6 独立な試行

・独立な試行の確率　2つの独立な試行（一方の結果が他方の結果に影響を与えない試行）S, T があるとき，S で事象 A が起こり，T で事象 B が起こる確率は

$$P(A) \cdot P(B)$$

・反復試行の確率　1回の試行で事象 A の起こる確率が p のとき，この試行を n 回行って事象 A が r 回起こる確率は

$$_n\mathrm{C}_r p^r (1-p)^{n-r}$$

7 条件付き確率

・条件付き確率　A が起こったときに B が起こる確率を「A が起こったときの B の起こる条件付き確率」といい $P_A(B)$ で表す。

$$P_A(B) = \frac{P(A \cap B)}{P(A)}$$

・確率の乗法定理　$P(A \cap B) = P(A)P_A(B)$

8 期待値

X のとる値とその確率が次のようになっている。

X	x_1	x_2	$\cdots$	x_n	計
確率	p_1	p_2	$\cdots$	p_n	1

このとき，X の期待値 E は

$$E = x_1 p_1 + x_2 p_2 + \cdots + x_n p_n$$

$$(p_1 + p_2 + \cdots + p_n = 1)$$

第 1 回
実 戦 問 題

解答・解説

数学 I・A　　第1回　（100点満点）

（解答・配点）

問題番号（配点）	解答記号（配点）		正解	自己採点欄	問題番号（配点）	解答記号（配点）		正解	自己採点欄
第1問（30）	ア，イ	(2)	0，2		**第2問**（30）	アイ	(2)	18	
	ウ，エ，オ	(2)	1，3，3			ウ，エオ	(3)	6，15	
	カ，キ	(2)	2，3			カキ，クケ	(3)	-5，90	
	$\dfrac{ク}{ケ}$	(2)	$\dfrac{7}{2}$			コ	(2)	9	
	$\dfrac{コ+サ\sqrt{シ}}{ス}$	(2)	$\dfrac{3+2\sqrt{2}}{2}$			サシス	(2)	405	
	セ	(2)	⑤			セ，ソ	(3)	①，⑥	
	ソ	(2)	⑤			タ	(2)	①	
	タ	(2)	①			チ	(2)	④	
	チ	(2)	⑤			ツ，テ	(3)	⓪，④（解答の順序は問わない）	
	$\dfrac{\sqrt{ツa^2+テ}}{ト}$	(3)	$\dfrac{\sqrt{4a^2+1}}{3}$			ト	(3)	⑤	
	$\dfrac{\sqrt{ナ}}{ニ}$	(2)	$\dfrac{\sqrt{5}}{5}$			ナ	(3)	⑤	
	$\dfrac{ヌa}{a+\sqrt{ネ}}$	(3)	$\dfrac{2a}{a+\sqrt{3}}$			ニ	(2)	②	
	ノ$-\sqrt{ハ}$	(2)	$2-\sqrt{3}$		**小　　計**				
	$\sqrt{ヒ}$，$\dfrac{\sqrt{フ}}{ヘ}$	(2)	$\sqrt{3}$，$\dfrac{\sqrt{3}}{3}$						
小　　計									

— 数 I A 12 —

問題番号(配点)	解答記号（配点）		正解	自己採点欄
第3問 (20)	ア	(2)	④	
	イ	(2)	①	
	ウ	(2)	③	
	エ	(2)	②	
	オ	(3)	①	
	カ	(2)	3	
	キ	(2)	6	
	ク	(2)	3	
	$\dfrac{ケ}{コ}$	(3)	$\dfrac{3}{2}$	
小　　計				

問題番号(配点)	解答記号（配点）		正解	自己採点欄
第4問 (20)	$\dfrac{ア}{イ}$	(2)	$\dfrac{1}{5}$	
	$\dfrac{ウ}{エ}$	(2)	$\dfrac{1}{3}$	
	$\dfrac{オ}{カキ}$	(2)	$\dfrac{1}{15}$	
	$\dfrac{ク}{ケ}$	(2)	$\dfrac{4}{5}$	
	$\dfrac{コ}{サ}$	(2)	$\dfrac{1}{3}$	
	$\dfrac{シ}{スセ}$	(2)	$\dfrac{4}{15}$	
	$\dfrac{ソ}{タチ}$	(3)	$\dfrac{2}{15}$	
	ツ	(3)	①	
	$\dfrac{テト}{ナニ}$	(2)	$\dfrac{38}{15}$	
小　　計				
合　　計				

解　説

第1問

〔1〕（数学Ⅰ　数と式／2次関数）

　　　Ⅰ 1 ,　Ⅲ 2 4　　　【難易度…★】

$$\alpha^2+\alpha=\left(\alpha+\frac{1}{2}\right)^2-\frac{1}{4}$$

であり，$0\leqq\alpha<1$ であるから，$\alpha^2+\alpha$ のとり得る値の範囲は

$$\mathbf{0\leqq\alpha^2+\alpha<2} \quad\cdots\cdots ①$$

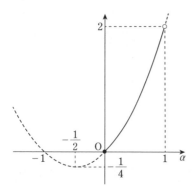

$x=n+\alpha$ であるから，$x+\alpha^2=\dfrac{15}{4}\cdots\cdots(*)$ に代入すると

$$(n+\alpha)+\alpha^2=\frac{15}{4}$$

$$n+\alpha(\alpha+1)=3+\frac{3}{4}$$

①より

$$1+\frac{3}{4}<n\leqq 3+\frac{3}{4}$$

n は整数であるから

　　　$n=\mathbf{2}$　または　$n=\mathbf{3}$

(i) $n=2$ のとき

$$\alpha(\alpha+1)=1+\frac{3}{4}$$

$$\alpha^2+\alpha-\frac{7}{4}=0$$

$0\leqq\alpha<1$ より

$$\alpha=\frac{-1+2\sqrt{2}}{2}$$

このとき

$$x=2+\frac{-1+2\sqrt{2}}{2}=\frac{3+2\sqrt{2}}{2}$$

(ii) $n=3$ のとき

$$\alpha(\alpha+1)=\frac{3}{4}$$

$$\alpha^2+\alpha-\frac{3}{4}=0$$

$$\left(\alpha-\frac{1}{2}\right)\left(\alpha+\frac{3}{2}\right)=0$$

$0\leqq\alpha<1$ より

$$\alpha=\frac{1}{2}$$

このとき

$$x=3+\frac{1}{2}=\frac{7}{2}$$

(i), (ii)より

$$x=\frac{7}{2} \quad\text{または}\quad x=\frac{3+2\sqrt{2}}{2}$$

〔2〕（数学Ⅰ　図形と計量）

　　　Ⅳ 1　　　【難易度…★】

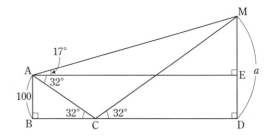

AE∥BC より

　　　∠ACB＝∠CAE＝32°

△ABC において

$$\frac{AB}{BC}=\tan\angle ACB$$

$$\frac{100}{BC}=\tan 32°$$

$$BC=\frac{100}{\tan 32°} \quad ⑤$$

∠MCD＝∠ACB＝32° より，△MCD において

$$\frac{MD}{CD}=\tan\angle MCD$$

$$\frac{a}{CD}=\tan 32°$$

$$CD=\frac{a}{\tan 32°} \quad ⑤$$

AE＝BD＝BC＋CD より

$$AE=\frac{100}{\tan 32°}+\frac{a}{\tan 32°}$$

$$=\frac{a+100}{\tan 32°}$$

△AEM において

$$\frac{ME}{AE}=\tan 17°$$

$$\frac{a-100}{\text{AE}}=\tan 17°$$

$$a-100=\text{AE}\tan 17°$$
$$=\frac{a+100}{\tan 32°}\cdot\tan 17°$$

$$(a-100)\tan 32°=(a+100)\tan 17°$$
$$(\tan 32°-\tan 17°)a=100(\tan 17°+\tan 32°)$$

三角比の表より，$\tan 17°=0.3057$，$\tan 32°=0.6249$ であるから

$$(0.6249-0.3057)a=100(0.3057+0.6249)$$
$$a=\frac{100\times 0.9306}{0.3192}$$
$$=291.5\cdots$$
$$\fallingdotseq 292 \quad (\text{⓪})$$

〔3〕（数学Ⅰ　図形と計量）

Ⅳ 【難易度…★★】

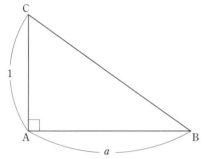

三平方の定理より
$$\text{BC}=\sqrt{a^2+1}$$

よって
$$\cos\angle\text{ABC}=\frac{\text{AB}}{\text{BC}}$$
$$=\frac{a}{\sqrt{a^2+1}} \quad (\text{⑤})$$

(1)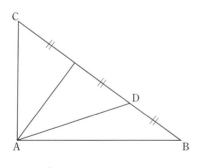

$$\text{BD}=\frac{1}{3}\sqrt{a^2+1}$$

△ABD に余弦定理を用いて

$$\text{AD}^2=\text{AB}^2+\text{BD}^2-2\text{AB}\cdot\text{BD}\cdot\cos\angle\text{ABC}$$
$$=a^2+\frac{1}{9}(a^2+1)-2\cdot a\cdot\frac{1}{3}\sqrt{a^2+1}\cdot\frac{a}{\sqrt{a^2+1}}$$
$$=\frac{4a^2+1}{9}$$

よって
$$\text{AD}=\frac{\sqrt{4a^2+1}}{3}$$

AD＜AB のとき
$$\frac{\sqrt{4a^2+1}}{3}<a$$

両辺ともに正であるから，両辺を 2 乗して
$$\frac{4a^2+1}{9}<a^2$$
$$a^2>\frac{1}{5}$$

$a>0$ より
$$a>\frac{1}{\sqrt{5}}=\frac{\sqrt{5}}{5}$$

(2)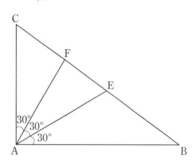

△ABE＋△ACE＝△ABC より

$$\frac{1}{2}\text{AB}\cdot\text{AE}\cdot\sin 30°+\frac{1}{2}\text{AC}\cdot\text{AE}\cdot\sin 60°$$
$$=\frac{1}{2}\text{AB}\cdot\text{AC}$$
$$\text{AE}\left(\frac{a}{4}+\frac{\sqrt{3}}{4}\right)=\frac{a}{2}$$
$$\text{AE}=\frac{2a}{a+\sqrt{3}}$$

AE＜AB のとき
$$\frac{2a}{a+\sqrt{3}}<a$$

$a+\sqrt{3}>0$，$a>0$ より
$$2a<a(a+\sqrt{3})$$
$$2<a+\sqrt{3}$$
$$a>2-\sqrt{3}$$

△ABF＋△ACF＝△ABC より

$$\frac{1}{2}AB \cdot AF \cdot \sin 60° + \frac{1}{2}AC \cdot AF \cdot \sin 30°$$
$$= \frac{1}{2}AB \cdot AC$$

$$AF\left(\frac{\sqrt{3}}{4}a + \frac{1}{4}\right) = \frac{a}{2}$$

$$AF = \frac{2a}{\sqrt{3}a + 1}$$

よって

$$\triangle AEF = \frac{1}{2}AE \cdot AF \cdot \sin 30°$$
$$= \frac{1}{2} \cdot \frac{2a}{a+\sqrt{3}} \cdot \frac{2a}{\sqrt{3}a+1} \cdot \frac{1}{2}$$
$$= \frac{a^2}{\sqrt{3}a^2 + 4a + \sqrt{3}}$$

$\triangle AEF = \frac{1}{4}\triangle ABC$ のとき

$$\frac{a^2}{\sqrt{3}a^2 + 4a + \sqrt{3}} = \frac{a}{8}$$

$a \neq 0$ より

$$\sqrt{3}a^2 + 4a + \sqrt{3} = 8a$$
$$\sqrt{3}a^2 - 4a + \sqrt{3} = 0$$
$$(a - \sqrt{3})(\sqrt{3}a - 1) = 0$$
$$a = \sqrt{3}, \frac{1}{\sqrt{3}}$$
$$= \boldsymbol{\sqrt{3}, \frac{\sqrt{3}}{3}}$$

第2問

〔1〕 (数学Ⅰ　数と式／2次関数)

　　I 5, III 3 5　　　　【難易度…★】

(1) 求める1次関数を $y = mx + n$ とする。

$x = 7$ のとき $y = \frac{55}{60}$, $x = 9$ のとき $y = \frac{45}{60}$ であるから

$$\frac{55}{60} = 7m + n, \quad \frac{45}{60} = 9m + n$$

となり

$$m = -\frac{1}{12}, \quad n = \frac{3}{2}$$

を得る。よって，求める1次関数は

$$y = -\frac{1}{12}x + \frac{3}{2}, \quad \text{すなわち} \quad y = \frac{-x + 18}{12}$$
$$\cdots\cdots①$$

である（これは $x = 12$, $y = \frac{30}{60}$ のときも成り立つ）。

$\frac{15}{60} \leq y \leq \frac{60}{60}$ のとき，①より

$$\frac{15}{60} \leq \frac{-x + 18}{12} \leq \frac{60}{60}$$

となる。これを変形すると

$$3 \leq -x + 18 \leq 12$$

より

$$\boldsymbol{6 \leq x \leq 15}$$

である。

(2) $a = 1$ より

$$z = wxy = 60x \cdot \frac{-x + 18}{12} = \boldsymbol{-5x^2 + 90x}$$

である。

$$z = -5(x^2 - 18x)$$
$$= -5\{(x - 9)^2 - 81\}$$
$$= -5(x - 9)^2 + 405$$

となるから，$6 \leq x \leq 15$ において，z は

$$x = \boldsymbol{9} \text{ のとき，最大値 } \boldsymbol{405}$$

をとる。

また，$6 \leq x \leq 15$ のもとで，$z \geq 250$ とすると

$$-5(x - 9)^2 + 405 \geq 250$$

すなわち

$$(x - 9)^2 \leq 31$$

である。これより

$$-\sqrt{31} \leq x - 9 \leq \sqrt{31}$$

すなわち

$$9 - \sqrt{31} \leq x \leq 9 + \sqrt{31}$$

であり，$6 \leq x \leq 15$ に注意すると，求める x の範囲は

$$6 \leq x \leq 9 + \sqrt{31} \quad (⓪, ⑥)$$

である。

(注) $5 < \sqrt{31} < 6$ であるから

$$9 - \sqrt{31} < 4, \quad 9 + \sqrt{31} < 15$$

である。

〔2〕 (数学Ⅰ　データの分析)

　　V 1 2 3 4 5　　　　【難易度…★】

(1) データの個数が52のとき，第1四分位数 (Q_1), 中央値 (Q_2), 第3四分位数 (Q_3) は，データの値が小さい方から

　　Q_1：13番目と14番目の平均値

　　Q_2：26番目と27番目の平均値

　　Q_3：39番目と40番目の平均値

(i) 各ヒストグラムにおいて最小値 (m), Q_1, Q_2, Q_3, 最大値 (M) が含まれる階級は，次のようになる。

— 数 IA 16 —

	A	B
m	2〜4	0〜2
Q_1	2〜4	0〜2
Q_2	4〜6	0〜2
Q_3	4〜6	0〜2
M	4〜6	6〜8

(単位：千円)

であるから，各ヒストグラムに対応するのは
　　A…みかん　　（⓪）
　　B…桃　　　　（④）

(ii) ⓪ 範囲 $M-m$ が最小なのはキウイであるから，正しくない。

① 最大値 M は8品目とも2(千円)以上であるから，正しい。

② 中央値 Q_2 が3(千円)以上であるのは，りんご，みかん，いちご，バナナの4品目，3(千円)未満は残り4品目であるから，正しい。

③ 第1四分位数 Q_1 が5(千円)以上であるものはないから，正しい。

④ 四分位偏差 $\frac{Q_3-Q_1}{2}$ について，$\frac{Q_3-Q_1}{2} \geq 1$ (千円) すなわち $Q_3-Q_1 \geq 2$ (千円)のものはないから，正しくない。

⑤ りんご，梨，ぶどう，桃の最大値 M は $Q_3+1.5\times(Q_3-Q_1)$ より大きいので，外れ値が存在するから，正しい。

⑥ 第3四分位数 Q_3 はデータの値が大きい方から13番目と14番目の平均値であるから，$Q_3 \geq 5$ (千円)となるものを探せばよい。$Q_3 \geq 5$ (千円)となるのは，りんご，バナナがあるから，正しい。

したがって，正しくないものは　⓪，④

(2)(I) 生鮮果物の合計の購入数量が最小の都市は，りんご，バナナともに購入数量が最小ではないから，誤り。

(II) りんごの購入数量の最大値は35,000以上，最小値はおおよそ6,000であるのに対し，バナナの購入数量の最大値はおおよそ24,000,最小値はおおよそ16,000であるから，範囲はりんごの方が大きい。よって，正しい。

(III) 生鮮果物の合計の購入数量とりんごの購入数量の間には正の相関が見られるが，生鮮果物の合計の購入数量とバナナの購入数量の間には負の相関は見られないので，誤り。

よって，正誤の組合せとして正しいものは　⑤

(3)(i) 2変量 x, y の標準偏差をそれぞれ s_x, s_y, 共分散を s_{xy} とすると，相関係数 r は

$$r = \frac{s_{xy}}{s_x s_y}$$
$$= \frac{80133}{495 \cdot 537}$$
$$= 0.301\cdots \quad (⑤)$$

(ii) (i)より，x と y にはやや弱い正の相関があるので，散布図として最も適当なものは　②

第3問 (数学A　図形の性質)

Ⅵ ②④　　【難易度…★★】

(1)

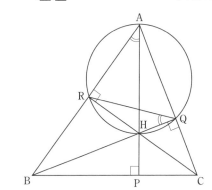

$\angle ARH = \angle AQH = 90°$ より，四角形ARHQは円に内接する。$\overparen{HR}$ の円周角を考えて
　　$\angle HAR = \angle HQR$　　（④）
(他の角はいずれも $\angle HAR$ に等しいとは限らない)

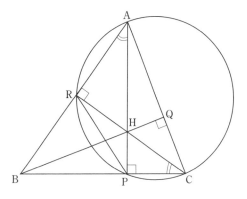

$\angle ARC = \angle APC = 90°$ より，四角形ARPCは円に内接する。$\overparen{PR}$ の円周角を考えて
　　$\angle PAR = \angle PCR$　　（⓪）
(他の角はいずれも $\angle PAR$ に等しいとは限らない)

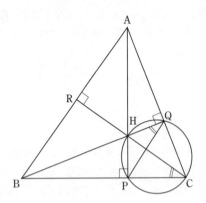

∠CPH=∠CQH=90°より，四角形CQHPは円に内接する。$\overparen{PH}$の円周角を考えて
$$\angle PCH = \angle PQH \quad (\textbf{③})$$
(他の角はいずれも∠PCHに等しいとは限らない)
よって，∠HQR=∠PQHであり，直線QHは∠PQRの二等分線である。同様にして，直線PHは∠QPRの二等分線であるから，Hは△PQRの内心(**②**)である。

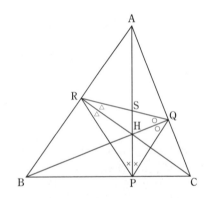

△PQRにおいて，∠QPS=∠RPSより
$$\frac{RS}{QS} = \frac{PR}{PQ} \quad (\textbf{⓪})$$
(他の値はいずれも$\frac{RS}{QS}$に等しいとは限らない)

(2)
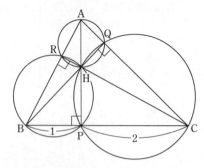

四角形CQHPの外接円において，方べきの定理より
$$BH \cdot BQ = BP \cdot BC$$
$$= 1 \cdot 3$$
$$= \textbf{3}$$
四角形BPHRの外接円において，方べきの定理より
$$CH \cdot CR = CP \cdot CB$$
$$= 2 \cdot 3$$
$$= \textbf{6}$$
四角形ARHQの外接円において，方べきの定理より
$$AB \cdot BR = BH \cdot BQ$$
$$= \textbf{3}$$
$$AC \cdot CQ = CH \cdot CR$$
$$= 6$$
よって
$$AC \cdot CQ = 2AB \cdot BR$$
$AC = \frac{4}{3}AB$のとき
$$\frac{4}{3}AB \cdot CQ = 2AB \cdot BR$$
$$\frac{CQ}{BR} = \frac{\textbf{3}}{\textbf{2}}$$

第4問（数学A　場合の数と確率）
　　　Ⅶ 5 7 8 　　　【難易度…★★★】

(i) ♠1♠2♠3♥1♥2♥3の6枚のカードから1枚ずつ2枚のカードを選ぶとき，同じ数字のカードを2枚選ぶのは，1枚目にどのカードを選んでも2枚目は残り5枚のカードから同じ数字のカードを選ぶときであるから，求める確率は
$$\frac{\textbf{1}}{\textbf{5}}$$
残り4枚のカードから1枚ずつ2枚のカードを選ぶとき，同じ数字のカードを選ぶのは，1枚目にどのカードを選んでも2枚目は残り3枚のカードから同じ数字のカードを選ぶときであるから，求める条件付き確率は

— 数IA 18 —

$$\frac{1}{3}$$

このとき，残りの 2 枚のカードは同じ数字であるから，花子さんが 3 回連続で同じ数字のカードを取り，勝つ確率は

$$\frac{1}{5}\cdot\frac{1}{3}\cdot 1=\frac{1}{15}$$

(ⅱ) 花子さんが最初に異なる数字のカードを 2 枚選ぶ確率は

$$1-\frac{1}{5}=\frac{4}{5}$$

であり，このとき，例えば ♠1, ♠2 を選んだとすると

$$\begin{pmatrix}\text{数字が}\\\text{わかっている}\end{pmatrix}\qquad\begin{pmatrix}\text{数字が}\\\text{わかっていない}\end{pmatrix}$$

$$♠1\ ♠2\qquad:\qquad ♠3\ ♥1\ ♥2\ ♥3$$

であり，太郎さんが 1 枚目に ♠3 または ♥3 を選ぶ確率は $\frac{2}{4}=\frac{1}{2}$，残り 3 枚のカードから ♥1 または ♥2 を選ぶ確率は $\frac{2}{3}$ である。

このように，花子さんが異なる数字のカードを 2 枚選んだときに，太郎さんが 1 枚目に初めて出る数字のカードを選ぶ確率は $\frac{1}{2}$，2 枚目に 1 枚目と異なる数字のカードを選ぶ確率は $\frac{2}{3}$ であるから，求める条件付き確率は

$$\frac{1}{2}\cdot\frac{2}{3}=\frac{1}{3}$$

である。

したがって，花子さんと太郎さんがともに異なる数字のカードを選ぶ確率は

$$\frac{4}{5}\cdot\frac{1}{3}=\frac{4}{15}$$

である。

(ⅲ) 花子さんが，例えば ♠1, ♠2 を選んだとして，太郎さんが数字がわかっていない 4 枚のカードから 1 枚目に ♥1 または ♥2 を選ぶ確率は $\frac{2}{4}=\frac{1}{2}$ である。ここで ♥1 を選んだとすると，♥1 と ♠1 の 2 枚取ることができる。このとき，残りのカードは

$$\begin{pmatrix}\text{数字が}\\\text{わかっている}\end{pmatrix}\qquad\begin{pmatrix}\text{数字が}\\\text{わかっていない}\end{pmatrix}$$

$$♠2\qquad:\qquad ♥2\ ♥3\ ♠3$$

である。残り 4 枚のうち，数字がわかっていない 3 枚のカードから 1 枚目に ♥3 または ♠3 を選ぶ確率は

$\frac{2}{3}$ であり，2 枚目に ♥2 を選ぶ確率は $\frac{1}{2}$，このとき，花子さんと交代して花子さんは 4 枚取ることができる。このときの確率は

$$\frac{4}{5}\cdot\frac{1}{2}\cdot\frac{2}{3}\cdot\frac{1}{2}=\frac{2}{15}$$

(ⅳ) 花子さんが勝つのは，(ⅰ), (ⅱ), (ⅲ)の 3 つの場合があり，これらはすべて排反であるから，花子さんが勝つ確率は

$$\frac{1}{15}+\frac{4}{15}+\frac{2}{15}=\frac{7}{15}$$

太郎さんが勝つ確率は

$$1-\frac{7}{15}=\frac{8}{15}$$

であるから，勝つ確率は太郎さんの方が大きい(⓪)。

(ⅴ) 花子さんが勝ったときに 6 枚取っている確率は(ⅰ), (ⅱ)より

$$\frac{1}{15}+\frac{4}{15}=\frac{1}{3}$$

4 枚取っている確率は(ⅲ)より $\quad\dfrac{2}{15}$

したがって，花子さんが勝ったときの得点の期待値は

$$6\cdot\frac{1}{3}+4\cdot\frac{2}{15}=\frac{38}{15}\ \text{(点)}$$

— 数ⅠA 19 —

第 2 回
実 戦 問 題

解答・解説

数学 I・A　　第 2 回　（100 点満点）

（解答・配点）

問題番号（配点）	解答記号（配点）		正　解	自己採点欄	問題番号（配点）	解答記号（配点）		正　解	自己採点欄
第1問（30）	ア	(2)	①		**第2問**（30）	ア，イ	(4)（各2）	①，②（解答の順序は問わない）	
	イ	(2)	⓪			ウ	(2)	①	
	ウ	(2)	⓪			エ	(3)	④	
	エ	(1)	④			オ	(3)	③	
	オ	(1)	①			カ	(3)	①	
	カ	(2)	③			キ，クケ	(1)	9，63	
	キ	(2)	⑤			コサ，シス	(2)	−4，22	
	ク$\sqrt{\text{ケ}}$	(2)	$6\sqrt{3}$			セ$\sqrt{3}$−ソタ	(3)	$8\sqrt{3}-14$	
	コ	(2)	7			チ	(1)	⓪	
	サ	(2)	④			ツ	(1)	⓪	
	$\dfrac{\text{シス}}{\text{セ}}$	(2)	$\dfrac{49}{4}$			テト＋ナニ$\sqrt{\text{ヌ}}$	(2)	$81+54\sqrt{7}$	
	ソ	(2)	⑤			ネノ−ハ$\sqrt{7}$	(3)	$-1-6\sqrt{7}$	
	タ，チ	(2)	①，②			ヒ	(2)	①	
	ツ	(2)	③		**小　計**				
	テ，ト	(2)	⓪，⓪						
	ナ	(2)	⑦						
小　計									

— 数 I A 22 —

問題番号(配点)	解答記号(配点)		正解	自己採点欄	問題番号(配点)	解答記号(配点)		正解	自己採点欄
第3問 (20)	ア，イ	(2)	②，③ (解答の順序は問わない)		第4問 (20)	$\dfrac{ア}{イウ}$	(2)	$\dfrac{1}{28}$	
	ウ，エ	(2)	⑥，⑦ (解答の順序は問わない)			$\dfrac{エ}{オカ}$	(2)	$\dfrac{1}{42}$	
	$\dfrac{オ}{カ}$	(2)	$\dfrac{1}{2}$			$\dfrac{キ}{クケ}$	(2)	$\dfrac{5}{14}$	
	$\dfrac{キ}{ク}$	(2)	$\dfrac{1}{2}$			$\dfrac{コ}{サシス}$	(2)	$\dfrac{5}{126}$	
	$\dfrac{ケ}{コ}$	(2)	$\dfrac{3}{2}$			$\dfrac{セ}{ソタ}$	(2)	$\dfrac{2}{63}$	
	$\dfrac{サ}{シ}$	(2)	$\dfrac{5}{3}$			$\dfrac{チ}{ツ}$	(2)	$\dfrac{1}{6}$	
	$\dfrac{ス}{セ}$	(3)	$\dfrac{2}{5}$			$\dfrac{テト}{ナニ}$	(3)	$\dfrac{17}{21}$	
	ソ	(2)	①			$\dfrac{ヌ}{ネノ}$	(3)	$\dfrac{1}{30}$	
	$\dfrac{タチ}{ツテ}$	(3)	$\dfrac{32}{25}$			ハ	(2)	①	
小　計					小　計				
					合　計				

— 数ⅠA 23 —

解　説

第1問

〔1〕（数学Ⅰ　数と式／集合と命題）
　　　　Ⅰ ①，Ⅱ ②　　　　【難易度…★】

(1)　　　$a+b\sqrt{3}=0$　　　……①

　$b\neq 0$ と仮定すると
$$\sqrt{3}=-\frac{a}{b}$$

$-\dfrac{a}{b}$ は有理数であるから，$\sqrt{3}$ が無理数であることと矛盾する。ゆえに，$b=0$ であり，このとき①より $a=0$ である。
したがって，命題 A は真である。
また，命題 B は偽である。（反例：$a=2$, $b=-1$）
よって，A，B の真偽の組合せとして正しいものは **①**

a, b を有理数，n を自然数とするとき
- $a+b\sqrt{n}=0 \Longrightarrow a=b=0$ は偽
（反例：$a=2$, $b=-1$, $n=4$）
- $a=b=0 \Longrightarrow a+b\sqrt{n}=0$ は真

よって，$a+b\sqrt{n}=0$ であることは $a=b=0$ であるための必要条件であるが，十分条件ではない（**⓪**）。

(2)　α, β がともに「0 でない有理数」であるとき
$$\alpha=\frac{p}{q},\ \beta=\frac{r}{s}\ \ (p,\ q,\ r,\ s\text{ は 0 でない整数})$$
と表される。このとき
$$\alpha+\beta=\frac{ps+qr}{qs},\ \alpha\beta=\frac{pr}{qs},\ \frac{\alpha}{\beta}=\frac{ps}{qr}$$
となり，$\alpha+\beta$, $\alpha\beta$, $\dfrac{\alpha}{\beta}$ はすべて有理数である。
よって，与えられた命題は真である（**⓪**）。

・$\alpha=2\sqrt{3}$, $\beta=\sqrt{3}$ のとき
$$\alpha+\beta=3\sqrt{3},\ \alpha\beta=6,\ \frac{\alpha}{\beta}=2$$
となり，$\alpha+\beta$ は無理数で，$\alpha\beta$, $\dfrac{\alpha}{\beta}$ は有理数である（**④**）。

・$\alpha=2+\sqrt{3}$, $\beta=2-\sqrt{3}$ のとき
$$\alpha+\beta=4,\ \alpha\beta=4-3=1$$
$$\frac{\alpha}{\beta}=\frac{(2+\sqrt{3})^2}{4-3}=7+4\sqrt{3}$$
となり，$\alpha+\beta$, $\alpha\beta$ は有理数であり，$\dfrac{\alpha}{\beta}$ は無理数である（**⓪**）。

α, β を 0 でない実数として
　$p：\alpha+\beta$, $\alpha\beta$, $\dfrac{\alpha}{\beta}$ はすべて無理数
　$q：\alpha$, β はともに無理数
とおくと
　$\bar{p}：\alpha+\beta$, $\alpha\beta$, $\dfrac{\alpha}{\beta}$ の少なくとも一つは有理数
　$\bar{q}：\alpha$, β の少なくとも一方は有理数
であり
　$q \Longrightarrow p$ は偽なので　$\bar{p} \Longrightarrow \bar{q}$ も偽
　（反例：$\alpha=2+\sqrt{3}$, $\beta=2-\sqrt{3}$）
　$p \Longrightarrow q$ は偽なので　$\bar{q} \Longrightarrow \bar{p}$ も偽
　（反例：$\alpha=\sqrt{3}$, $\beta=1$）
よって，$\bar{p}$ は $\bar{q}$ であるための必要条件でも十分条件でもない（**③**）。

〔2〕（数学Ⅰ　図形と計量）
　　　　Ⅳ ①②③　　　　【難易度…★★】

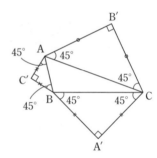

(1)　$\cos A=\dfrac{1}{2}$ より $A=60°$ であるから
$$\sin A=\sin 60°=\frac{\sqrt{3}}{2}\quad (\mathbf{⑤})$$
であり，△ABC の面積は
$$\frac{1}{2}bc\sin A=\frac{1}{2}\cdot 8\cdot 3\cdot\frac{\sqrt{3}}{2}=\mathbf{6\sqrt{3}}$$
である。
△ABC に余弦定理を用いると
$$a^2=b^2+c^2-2bc\cos A$$
$$=8^2+3^2-2\cdot 8\cdot 3\cdot\frac{1}{2}$$
$$=49$$
である。よって
$$a=\mathbf{7}$$
である。

∠A′BC＝45°であるから
$$\sin\angle A'BC = \sin 45° = \frac{\sqrt{2}}{2} \quad (\textbf{④})$$
である。また
$$A'B = a\cos\angle A'BC = 7\cos 45° = \frac{7\sqrt{2}}{2}$$
であり，A′C＝A′B であるから，△A′BC の面積は
$$\frac{1}{2}A'B \cdot A'C = \frac{1}{2}\left(\frac{7\sqrt{2}}{2}\right)^2 = \frac{\mathbf{49}}{\mathbf{4}}$$
である。

(2) $A'B = a\cos\angle A'BC = \frac{\sqrt{2}}{2}a$

であり，A′C＝A′B であるから
$$S_1 = \frac{1}{2}A'B \cdot A'C$$
$$= \frac{1}{2}\left(\frac{\sqrt{2}}{2}a\right)^2$$
$$= \frac{1}{4}a^2 \quad (\textbf{⑤})$$

である。同様に，$B'C = \frac{\sqrt{2}}{2}b$, $C'A = \frac{\sqrt{2}}{2}c$ であるから
$$S_2 = \frac{1}{4}b^2, \quad S_3 = \frac{1}{4}c^2$$
である。
$$\angle B'CA' = \angle ACB + \angle A'CB + \angle ACB'$$
$$= C + 45° + 45°$$
$$= 90° + C \quad (\textbf{⓪})$$
であるから
$$\sin\angle B'CA' = \sin(90°+C)$$
$$= \sin(180°-(90°+C))$$
$$= \sin(90°-C) = \cos C \quad (\textbf{②})$$
である。また，$A'C = \frac{\sqrt{2}}{2}a$, $B'C = \frac{\sqrt{2}}{2}b$ であるから
$$S_3' = \frac{1}{2}A'C \cdot B'C \sin\angle B'CA'$$
$$= \frac{1}{2} \cdot \frac{\sqrt{2}}{2}a \cdot \frac{\sqrt{2}}{2}b \cos C$$
$$= \frac{1}{4}ab\cos C \quad (\textbf{③})$$
である。

(3)

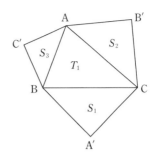

六角形 AC′BA′CB′ の面積は
$$(S_1+S_2+S_3)+T_1 \quad (\textbf{⓪})$$
と表すことができる。

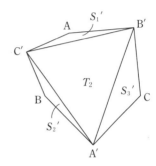

また，△ABC は鋭角三角形であるから，六角形 AC′BA′CB′ の面積は
$$(S_1'+S_2'+S_3')+T_2 \quad (\textbf{⓪})$$
と表すことができる。
したがって
$$(S_1+S_2+S_3)+T_1 = (S_1'+S_2'+S_3')+T_2$$
$$\therefore \quad T_1-T_2 = (S_1'+S_2'+S_3')-(S_1+S_2+S_3)$$
である。ここで，(2)より
$$S_1+S_2+S_3 = \frac{1}{4}(a^2+b^2+c^2)$$
である。また，△ABC に余弦定理を用いると
$$\cos C = \frac{a^2+b^2-c^2}{2ab}$$
であるから，(2)より
$$S_3' = \frac{1}{4}ab\cos C = \frac{1}{8}(a^2+b^2-c^2)$$
である。同様に
$$S_1' = \frac{1}{8}(b^2+c^2-a^2), \quad S_2' = \frac{1}{8}(c^2+a^2-b^2)$$
であるから
$$S_1'+S_2'+S_3' = \frac{1}{8}(a^2+b^2+c^2)$$

である。よって
$$T_1 - T_2 = (S_1' + S_2' + S_3') - (S_1 + S_2 + S_3)$$
$$= \frac{1}{8}(a^2 + b^2 + c^2) - \frac{1}{4}(a^2 + b^2 + c^2)$$
$$= -\frac{1}{8}(a^2 + b^2 + c^2) \quad (⑦)$$
である。

第2問

〔1〕 （数学Ⅰ データの分析）

V ①②③④ 【難易度…★★】

以下の解説では最小値，第1四分位数，第2四分位数（中央値），第3四分位数，最大値を，それぞれ m, Q_1, Q_2, Q_3, M と表す。

(1)⓪ 同じ年における男子と女子の箱ひげ図の右側のひげの長さどうしを比較すると，どの年も男子の方が長い。よって，⓪は正しくない。

① 同じ年における男子と女子の四分位範囲どうしを比較すると，2015年，2018年，2019年は男子の方が小さい。よって，①は正しい。

② 女子の Q_3 が最も大きいのは2019年，男子の Q_1 が最も小さいのは2015年である。2019年の女子の Q_3 は，2015年の男子の Q_1 より大きい。よって，②は正しい。

③ 2015年の女子の M は，2019年の女子の Q_3 より小さい。箱ひげ図に示されているのは24人のデータであるから，2015年の女子の優勝者と同じ総合得点を2019年の大会で得た女子選手がいたとすると，その選手は2019年の大会での女子の総合得点の上位6人には入らない。よって，③は正しくない。

④ 2015年の男子について $Q_3 < 250$ であるから，250点未満の人数は24人の4分の3にあたる18人以上である。また，2016年から2019年のすべての年の男子について $Q_2 < 250$ であるから，250点未満の人数はどの年についても24人の半分にあたる12人以上である。よって，2015年から2019年までの男子の総合得点全体の結果について，250点未満の人数は $18 + 12 \times 4 = 66$ 人以上であることがわかる。のべ120人の Q_2 は小さい方から60人目と61人目の平均値なので，その値は250点より小さいといえる。よって，④は正しくない。

以上より，図1から読み取れることとして正しいものは ①, ②

(2) 図1の箱ひげ図より，2017年の女子について
$$150 \leq m < 155, \quad 160 \leq Q_1 < 165,$$
$$185 \leq Q_2 < 190, \quad 195 \leq Q_3 < 200,$$
$$230 \leq M < 235$$
である。これらすべてを満たすヒストグラムは b だけである（⓪）。

(3) 箱ひげ図より $Q_3 < 280 < 320 < M$ であるから，280点以上320点未満の人数が全体の4分の1にあたる6人以下（さらに詳細を見れば，そのうち得点が M の1人を除く5人以下）であることが判断できるが，280点以上320点未満である選手が1人もいなかったかどうかはわからない。

一方，ヒストグラムからは300点以上325点未満が1人であり，この1人の得点が M であることが読み取れるが，その値が320点未満かどうかは判断できない。しかし，箱ひげ図より $320 < M$ であることと組み合わせると，ヒストグラムの300点以上325点未満の1人は320点以上だとわかる。

ヒストグラムより275点以上300点未満は0人であるから，275点以上325点未満には得点が M の選手1人しか存在しないことがわかり，280点以上320点未満の選手は1人もいなかったといえる（④）。

(4)(Ⅰ) 黒丸と白丸をあわせたものは右上がりの帯をつくるように分布しており，技術点と演技構成点には正の相関があると言える。正の相関がある二つの変量の相関係数は正の値である。よって，正しい。

(Ⅱ) 技術点が150点未満の選手（白丸）については，技術点と演技構成点には正の相関があると言える。一方，技術点が150点以上の選手（黒丸）については，技術点と演技構成点には明瞭な相関が読み取れない。よって，正しくない。

(Ⅲ) 技術点が150点以上の選手のうち，演技構成点が130点未満の人が2人いて，技術点が150点未満の選手のうち演技構成点が130点以上の人が1人いる。よって，正しくない。

以上より，(Ⅰ), (Ⅱ), (Ⅲ)の正誤の組合せとして正しいものは ③

(5) $Z = X + Y$ は $Y = -X + Z$ と表せるので，Z は図4において右下がりの直線の切片に対応する。また，$W = \dfrac{Y}{X}$ は $Y = WX$ と表せるので，W は図4において右上がりの直線の傾きに対応する。

これらのことを踏まえると，W が最大の選手（傾き2.2の直線と傾き2.4の直線の間の白丸，すなわちショートプログラム約60点，フリースケーティング

— 数 IA 26 —

約140点の選手)をA選手とすると、A選手の総合得点 Z は約200である。

一方、W が最小の選手(傾き1.6の直線より下側の白丸、すなわちショートプログラム約70点、フリースケーティング約110点の選手)をB選手とすると、B選手の総合得点 Z は約180である。

よって、横軸に Z、縦軸に W をとった散布図上では、一番上に位置するA選手と比べて、一番下に位置するB選手は左側に位置している。

また、A選手より Z の大きな選手は、Z が200より大きな(切片が200の直線より上側に白丸がある)3人と、Z が約200の(ショートプログラム約70点、フリースケーティング約130点の選手)1人の、あわせて4人である。

よって、横軸に Z、縦軸に W をとった散布図上では、A選手と比べて右側に位置する選手は4人である。

以上より、最も適当な散布図は **⓪**

〔2〕 (数学Ⅰ 2次関数／集合と命題)
　　Ⅱ ②, Ⅲ ②③⑤⑥　　【難易度…★★】

$f(x)$ は x^2 の係数が1であり、$y=f(x)$ のグラフ C は x 軸と2点 $(9\pm 3\sqrt{7},\ 0)$ で交わるから
$$f(x)=(x-9+3\sqrt{7})(x-9-3\sqrt{7})$$
$$=(x-9)^2-63$$
と表せる。したがって
$$a=\mathbf{9},\ b=\mathbf{63}$$

(1) $f(x)<106$ のとき
$$(x-9)^2-63<106$$
$$(x-9)^2<169$$
$$-13<x-9<13$$
$$\mathbf{-4<x<22}$$

(2) $f(10+4\sqrt{3})=(1+4\sqrt{3})^2-63$
$$=\mathbf{8\sqrt{3}-14}$$
$$=2(\sqrt{48}-\sqrt{49})<0\quad (\mathbf{⓪})$$
であるから、下の図より
$$10+4\sqrt{3}<9+3\sqrt{7}\quad (\mathbf{⓪})$$

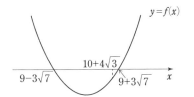

(3) $0<10+4\sqrt{3}<9+3\sqrt{7}$ であるから
$$0<q-a<a-p$$
したがって、$p\leqq x\leqq q$ における $y=f(x)$ のグラフは下の図のようになるので、$f(x)$ の最大値は
$$f(p)=f(-3\sqrt{7})$$
$$=(-3\sqrt{7}-9)^2-63$$
$$=\mathbf{81+54\sqrt{7}}$$

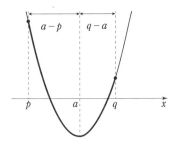

(4) D は点 $(10,\ -63+t)$ を頂点とする放物線であり、x^2 の係数は1であるから
$$g(x)=(x-10)^2-63+t$$
である。

(i) D が点 $(9-3\sqrt{7},\ 0)$ を通るとき
$$0=(-1-3\sqrt{7})^2-63+t$$
$$t=\mathbf{-1-6\sqrt{7}}$$

(ii) $f(x)\geqq 0$ であることが $g(x)\geqq 0$ であるための必要条件となるのは
$$\{x\mid f(x)\geqq 0\}\supset\{x\mid g(x)\geqq 0\}$$
であるときであるから
$$g(9-3\sqrt{7})\leqq 0 \quad かつ \quad g(9+3\sqrt{7})\leqq 0$$
$y=g(x)$ のグラフの軸が $x=10(>9)$ であるから
$$g(9+3\sqrt{7})<g(9-3\sqrt{7})$$
であり、$g(9-3\sqrt{7})\leqq 0$ ならば $g(9+3\sqrt{7})\leqq 0$ は成り立つから、求める t の値の範囲は
$$g(9-3\sqrt{7})\leqq 0$$
$$(-1-3\sqrt{7})^2-63+t\leqq 0$$
$$t\leqq \mathbf{-1-6\sqrt{7}}\quad (\mathbf{⓪})$$

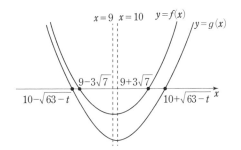

(注) $g(x)<0$ なる実数 x が存在するのは $t<63$ のとき
で，このとき $g(x)<0$ の解は
$$10-\sqrt{63-t}<x<10+\sqrt{63-t}$$
となる。
$$\{x|f(x)<0\}\subset\{x|g(x)<0\}$$
すなわち
$$\{x|9-3\sqrt{7}<x<9+3\sqrt{7}\}$$
$$\subset\{x|10-\sqrt{63-t}<x<10+\sqrt{63-t}\}$$
となるのは
$$10-\sqrt{63-t}\leqq 9-3\sqrt{7}$$
かつ $9+3\sqrt{7}\leqq 10+\sqrt{63-t}$
のときであるから
$$1+3\sqrt{7}\leqq\sqrt{63-t} \quad かつ \quad -1+3\sqrt{7}\leqq\sqrt{63-t}$$
$-1+3\sqrt{7}<1+3\sqrt{7}$ より
$$1+3\sqrt{7}\leqq\sqrt{63-t}$$
両辺が正より，両辺を2乗して
$$64+6\sqrt{7}\leqq 63-t$$
これより
$$t\leqq -1-6\sqrt{7}$$
となる。

第3問（数学A　図形の性質）

Ⅵ 1 3 4 5 【難易度…★】

(1) 構想1について
点 O_1 が $\angle AKB$ の二等分線上にあることを示すには
$$\triangle AKO_1\equiv\triangle BKO_1 \quad (②, ③)$$
を示せばよい（これは，$O_1A=O_1B$，KO_1 は共通，$\angle O_1AK=\angle O_1BK=90°$ から示される）。
また，点 O_2 が $\angle CKD$ の二等分線上にあることを示すには
$$\triangle CKO_2\equiv\triangle DKO_2 \quad (⑥, ⑦)$$
を示せばよい（これも上と同様である）。
よって，$\angle AKO_1=\angle CKO_2$ であるから，3点 K，O_1，O_2 は同一直線上にある。

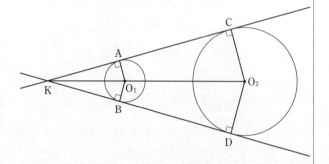

(2) 構想2について
対頂角は等しいから
$$\angle ELF=\angle GLH$$
また，構想1と同様の考えにより
$$\angle ELO_1=\frac{1}{2}\angle ELF$$
$$\angle HLO_2=\frac{1}{2}\angle GLH$$
よって，$\angle ELO_1=\angle HLO_2$ であるから，3点 L，O_1，O_2 は同一直線上にある。

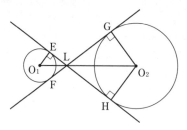

(3) 2つの円 O_1，O_2 の共通外接線の1本と円 O_1，O_2 の接点をそれぞれ T_1，T_2 とする。

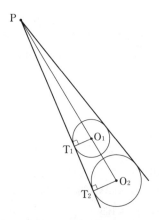

$O_1T_1\perp T_1T_2$，$O_2T_2\perp T_1T_2$ から
$$\triangle PT_1O_1\infty\triangle PT_2O_2$$
よって $\dfrac{PO_2}{PO_1}=\dfrac{O_2T_2}{O_1T_1}=\dfrac{3}{2}$

次に，2つの円 O_2，O_3 の共通内接線の1本と円 O_2，O_3 の接点をそれぞれ T_3，T_4 とする。

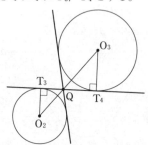

$O_2T_3 \perp T_3T_4$, $O_3T_4 \perp T_3T_4$ から
$$\triangle QT_3O_2 \backsim \triangle QT_4O_3$$
よって $\dfrac{QO_3}{QO_2} = \dfrac{O_3T_4}{O_2T_3} = \dfrac{\mathbf{5}}{\mathbf{3}}$

$\triangle O_1O_2O_3$ と直線 PQ について，メネラウスの定理を用いると
$$\dfrac{O_2P}{PO_1} \cdot \dfrac{O_1T}{TO_3} \cdot \dfrac{O_3Q}{QO_2} = 1$$
$$\dfrac{3}{2} \cdot \dfrac{O_1T}{TO_3} \cdot \dfrac{5}{3} = 1$$
よって $\dfrac{TO_1}{TO_3} = \dfrac{\mathbf{2}}{\mathbf{5}}$ ……①

また，R は 2 つの円 O_3, O_1 の共通内接線の交点であるから
$$\dfrac{RO_1}{RO_3} = \dfrac{2}{5} \quad \text{……②}$$

①，② から $\dfrac{RO_1}{RO_3} = \dfrac{TO_1}{TO_3}$ であり，2 点 R，T は線分 O_1O_3 上にあるから，この 2 点は一致する。

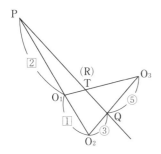

よって，点 R は直線 PQ 上にある（**⓪**）。
次に，$\triangle PO_2Q$ と直線 O_1O_3 について，メネラウスの定理を用いると
$$\dfrac{O_2O_3}{O_3Q} \cdot \dfrac{QR}{RP} \cdot \dfrac{PO_1}{O_1O_2} = 1$$
$$\dfrac{8}{5} \cdot \dfrac{QR}{RP} \cdot \dfrac{2}{1} = 1$$
よって $\dfrac{QR}{RP} = \dfrac{5}{16}$

したがって
$$\dfrac{S_1}{S_2} = \dfrac{\triangle O_1PR}{\triangle O_3QR} = \dfrac{\frac{1}{2}RO_1 \cdot RP\sin\angle O_1RP}{\frac{1}{2}RO_3 \cdot RQ\sin\angle O_3RQ}$$
$$= \dfrac{RO_1}{RO_3} \cdot \dfrac{RP}{RQ}$$
$$= \dfrac{2}{5} \cdot \dfrac{16}{5} = \dfrac{\mathbf{32}}{\mathbf{25}}$$

第 4 問（数学 A　場合の数と確率）
Ⅶ ③ ⑤ ⑦ ⑧　　　　【難易度…★★】

以下では，縦の一列を左から順に a_1, a_2, a_3 とし，横の一列を上から順に b_1, b_2, b_3 とする。また，5 番のパネルを通る斜めの列について，右下がりの一列を c_1，左下がりの一列を c_2 とする。

	a_1↓	a_2↓	a_3↓	
c_1↘	1	2	3	←b_1
	4	5	6	←b_2
	7	8	9	←b_3
				c_2↙

(1) この試行を 3 回行うとき，球の取り出し方の総数は $_9P_3$ 通りであり，これらは同様に確からしい。

A が起こるのは，3 枚すべてに穴があいている列が a_1, a_2, a_3 のいずれかであるときである。列が一つ決まると球を取り出す順番は $3!$ 通りあるから，A が起こる確率は
$$\dfrac{3 \times 3!}{_9P_3} = \dfrac{\mathbf{1}}{\mathbf{28}}$$
である。C が起こるのは，3 枚すべてに穴があいている列が c_1, c_2 のいずれかであるときである。列が一つ決まると球を取り出す順番は $3!$ 通りあるから，C が起こる確率は
$$\dfrac{2 \times 3!}{_9P_3} = \dfrac{\mathbf{1}}{\mathbf{42}}$$
である。B が起こる確率は A が起こる確率と同様に $\dfrac{1}{28}$ であり，A，B，C は互いに排反であるから，点数の期待値は
$$3\left(\dfrac{1}{28} + \dfrac{1}{28}\right) + 6 \cdot \dfrac{1}{42} = \dfrac{\mathbf{5}}{\mathbf{14}} \quad (\text{点})$$
である。

(2) この試行を 5 回行うとき，球の取り出し方の総数は $_9P_5$ 通りであり，これらは同様に確からしい。

5 番のパネルに穴があいており，かつ A, B がともに起こるのは，3 枚すべてに穴があいている列が
　a_1 と b_2, a_2 と b_1, a_2 と b_2, a_2 と b_3, a_3 と b_2
のいずれかとなるときである。列が二つ決まると球の取り出す順番は $5!$ 通りあるから，5 番のパネルに穴があいており，かつ A, B がともに起こる確率は
$$\dfrac{5 \times 5!}{_9P_5} = \dfrac{\mathbf{5}}{\mathbf{126}}$$
である。また，5 番のパネルに穴があいておらず，かつ A, B がともに起こるのは，3 枚すべてに穴があいている列が
　a_1 と b_1, a_1 と b_3, a_3 と b_1, a_3 と b_3
のいずれかとなるときである。列が二つ決まると球の取り出す順番は $5!$ 通りあるから，5 番のパネルに穴が

あいておらず，かつA，Bがともに起こる確率は

$$\frac{4 \times 5!}{{}_9\mathrm{P}_5} = \frac{2}{63}$$

である。

A，Bがともに起こるような二列の組合せは$5+4=9$通りある。また，A，Cがともに起こるような二列の組合せは$3 \times 2 = 6$通りあり，B，Cがともに起こるような二列の組合せも同様に6通りある。よって，A，B，Cのうちいずれか二つが起こるような二列の組合せは

$$9 + 6 + 6 = 21 \text{ 通り}$$

ある。列が二つ決まると球の取り出す順番は$5!$通りあるから，A，B，Cのうちいずれか二つの事象が起こる確率は

$$\frac{21 \times 5!}{{}_9\mathrm{P}_5} = \frac{1}{6}$$

である。Cが起こると5番のパネルには必ず穴があいていることに注意すると，A，B，Cのうちいずれか二つの事象が起こるという条件のもとで，5番のパネルに穴があいている条件付き確率p_1は

$$p_1 = \frac{\dfrac{(5+6+6) \times 5!}{{}_9\mathrm{P}_5}}{\dfrac{21 \times 5!}{{}_9\mathrm{P}_5}} = \frac{17}{21}$$

である。

(3) (2)と同様に5回の試行において，4回目の試行を終えた時点ではA，B，Cのいずれの事象も起こっておらず，かつ5回目の試行を終えた時点で初めてA，B，Cのうちいずれか二つの事象が起こっているのは，5回目の試行を終えた時点でA，B，Cのうちいずれか二つの事象が起こり，かつ5回目に二つの列に共通するパネルに穴があくときである。二つの列が決まると二つの列に共通するパネルは1通りに定まる。このことに注意すると，求める確率は

$$\frac{21 \times 4! \cdot 1}{{}_9\mathrm{P}_5} = \frac{1}{30}$$

である。よって，「4回目の試行を終えた時点でA，B，Cのいずれの事象も起こっておらず，かつ5回目の試行を終えた時点で初めてA，B，Cのうちいずれか二つの事象が起こっている」という条件のもとで，5番のパネルに穴があいている条件付き確率p_2は

$$p_2 = \frac{\dfrac{(5+6+6) \times 4! \cdot 1}{{}_9\mathrm{P}_5}}{\dfrac{21 \times 4! \cdot 1}{{}_9\mathrm{P}_5}} = \frac{17}{21}$$

となり，$p_1 = p_2$である（⓪）。

— 数IA 30 —

第 3 回
実 戦 問 題

解答・解説

数学 I・A　　第3回　（100点満点）

（解答・配点）

問題番号（配点）	解答記号（配点）		正解	自己採点欄	問題番号（配点）	解答記号（配点）		正解	自己採点欄
第1問 (30)	ア	(1)	3		第3問 (20)	アイ	(2)	10	
	イ	(3)	①			$\sqrt{ウ}$	(2)	$\sqrt{5}$	
	ウ	(2)	①			$\dfrac{エ}{オ}$	(2)	$\dfrac{1}{3}$	
	エ	(2)	③			カ	(2)	3	
	オ	(2)	③			$\dfrac{キ}{ク}\pi$	(3)	$\dfrac{7}{2}\pi$	
	カ	(3)	①			ケ, コ	(2)	②, ①	
	キ	(3)	⑥			$\dfrac{サ}{シ}$	(2)	$\dfrac{3}{4}$	
	ク	(3)	①			$ス\sqrt{セ}$	(2)	$5\sqrt{5}$	
	$\dfrac{ケ}{コ}$	(2)	$\dfrac{1}{4}$			$\dfrac{ソタ\sqrt{チ}}{ツ}$	(3)	$\dfrac{10\sqrt{5}}{3}$	
	サシ	(2)	70		小　計				
	ス, セ, ソ	(4)	4, 4, 2		第4問 (20)	ア	(1)	1	
	タ	(3)	⓪			イ	(1)	5	
小　計						ウ	(1)	2	
第2問 (30)	$\dfrac{ア}{イ}$	(2)	$\dfrac{3}{4}$			エ, オカ	(3)	5, 20	
	ウ	(2)	4			キ	(1)	3	
	$\dfrac{エ\sqrt{オカ}}{キ}$	(2)	$\dfrac{4\sqrt{14}}{7}$			ク, ケ	(2)	3, 6	
	ク, ケ	(4)(各2)	①, ⑦ （解答の順序は問わない）			コ, サ	(2)	3, 3	
	コサ	(3)	45			シス, セソ, タチ	(3)	10, 15, 30	
	シ	(2)	①			$\dfrac{ツテ}{トナ}$	(3)	$\dfrac{61}{25}$	
	ス	(3)	③			$\dfrac{ニ}{ヌ}$	(3)	$\dfrac{5}{6}$	
	セ	(2)	⓪		小　計				
	ソ	(2)	④		合　計				
	タ	(2)	①						
	チ	(2)	4						
	ツ	(2)	⓪						
	テ	(2)	⓪						
小　計									

解　説

第1問

〔1〕（数学Ⅰ　数と式）

I 1 5　【難易度…★】

$$f(x)=2|x-1|-x-2$$
$$f(-1)=2|-2|+1-2$$
$$=4-1$$
$$=\mathbf{3}$$

また

(i) $x-1\geqq 0$，すなわち $x\geqq 1$ のとき
$$f(x)=2(x-1)-x-2$$
$$=x-4$$

(ii) $x-1<0$，すなわち $x<1$ のとき
$$f(x)=-2(x-1)-x-2$$
$$=-3x$$

よって，$y=f(x)$ のグラフの概形は次の図のようになる（**⓪**）。

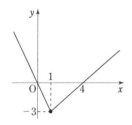

〔2〕（数学Ⅰ　集合と命題）

II 1 2 3　【難易度…★】

(1)　$p:a\leqq 3$ かつ $b\leqq 3$
$q:a+b\leqq 6$
$r:ab\leqq 6$

p,q,r を満たす自然数 a,b を表にまとめると次のようになる。

p					q						r						
a\b	1	2	3		a\b	1	2	3	4	5	a\b	1	2	3	4	5	6
1	○	○	○		1	○	○	○	○	○	1	○	○	○	○	○	○
2	○	○	○		2	○	○	○	○		2	○	○	○			
3	○	○	○		3	○	○	○			3	○	○				
					4	○	○				4	○					
					5	○					5	○					
											6	○					

したがって，$P\subset Q,P\neq Q$ であるから，p は q であるための十分条件であるが，必要条件ではない（**⓪**）。
$\overline{Q}\subset\overline{R}$，$\overline{Q}\supset\overline{R}$ はともに成り立たないから，$\overline{q}$ は $\overline{r}$ であるための必要条件でも十分条件でもない（**③**）。

(2)　$P\subset Q$ であり，$P\cap R$ の要素として $(a,b)=(1,1)$ などがあり，$P\cap\overline{R}$ の要素として $(a,b)=(3,3)$，$\overline{P}\cap R$ の要素として $(a,b)=(4,1)$ などがある。$\overline{Q}\cap R$ の要素として $(a,b)=(1,6)$ などがある。
したがって，集合 P,Q,R の関係を表す図は次のようになる（**③**）。

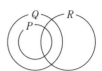

〔3〕（数学Ⅰ　2次関数）

III 2　【難易度…★★】

$$X=av^2+bv+c \quad\cdots\cdots ①$$

(1)　$$X=au^2+bu+c \quad\cdots\cdots ②$$

②のグラフと X 軸との共有点の X 座標 c は正の実数である。

また，②より
$$X=a\left(u+\frac{b}{2a}\right)^2-\frac{b^2-4ac}{4a}$$

であるから，②のグラフの頂点の u 座標 $-\dfrac{b}{2a}$ は負の実数であり，$b^2-4ac>0$ より頂点の X 座標 $-\dfrac{b^2-4ac}{4a}$ も負の実数である。

よって，②のグラフの概形として最も適当なものは **⓪**

a,b の値をそのまま変えずに，c の値だけを増加させたとき，②のグラフの頂点の u 座標 $-\dfrac{b}{2a}$ は変化せず，頂点の X 座標 $-\dfrac{b^2-4ac}{4a}\left(=c-\dfrac{b^2}{4a}\right)$ は増加する。

よって，②のグラフの移動の様子として最も適当なものは **⑥**

a,c の値をそのまま変えずに，b の値だけを増加させたとき，②のグラフの頂点の u 座標 $-\dfrac{b}{2a}$ は減少し，頂点の X 座標 $-\dfrac{b^2-4ac}{4a}\left(=c-\dfrac{b^2}{4a}\right)$ も減少する。

よって，②のグラフの移動の様子として最も適当なものは **⓪**

(2)　①に $b=0.5$，$v=10$，$c=60$，$X=90$ を代入すると
$$90=100a+5+60$$

$$a=\mathbf{\frac{1}{4}}$$

である。よって

$$X=\frac{1}{4}v^2+\frac{1}{2}v+c \qquad \cdots\cdots①'$$

である。

$v=10$，$X=100$ を①′に代入すると

$$100=25+5+c$$

$$c=70$$

である。よって，$x=\mathbf{70}$ の位置で「走る」ボタンを離す必要がある。

また

$$X_1=\frac{1}{4}{v_0}^2+\frac{1}{2}v_0$$

$$X_2={v_0}^2+v_0$$

であるから

$$\frac{X_2}{X_1}=\frac{{v_0}^2+v_0}{\frac{1}{4}{v_0}^2+\frac{1}{2}v_0}=\frac{\mathbf{4}v_0+\mathbf{4}}{v_0+\mathbf{2}}$$

である。よって，$\frac{X_2}{X_1}<2$ とすると

$$\frac{4v_0+4}{v_0+2}<2$$

$$2v_0+2<v_0+2 \quad (v_0+2>0 \text{ より})$$

$$v_0<0$$

となり，$\frac{X_2}{X_1}<2$ となるような自然数 v_0 は存在しない（⓪）。

第2問

〔1〕（数学Ⅰ　図形と計量）

Ⅳ 1 2 3　　【難易度…★★】

(1)　余弦定理により

$$CA^2=AB^2+BC^2-2AB\cdot BC\cos\theta \qquad \cdots\cdots①$$

である。$x=2$ のとき

$$(2\sqrt{2})^2=2^2+4^2-2\cdot2\cdot4\cos\theta$$

であるから

$$\cos\theta=\frac{4+16-8}{16}=\mathbf{\frac{3}{4}}$$

である。また，$\cos\theta=\frac{3}{4}$ のとき，①より

$$(2\sqrt{2})^2=x^2+4^2-2\cdot x\cdot4\cos\theta$$

であるから

$$8=x^2+16-8x\cdot\frac{3}{4}$$

$$x^2-6x+8=0$$

$$(x-2)(x-4)=0$$

となるので，$x=2$ 以外の解は

$$x=\mathbf{4}$$

である。

(2)(i)　$x=4$ のとき

$$\sin\theta=\sqrt{1-\cos^2\theta}=\frac{\sqrt{7}}{4}$$

△ABC に正弦定理を用いると

$$\frac{2\sqrt{2}}{\sin\theta}=2R_1$$

であるから

$$R_1=\frac{\sqrt{2}}{\sin\theta}=\sqrt{2}\cdot\frac{4}{\sqrt{7}}=\mathbf{\frac{4\sqrt{14}}{7}}$$

である。

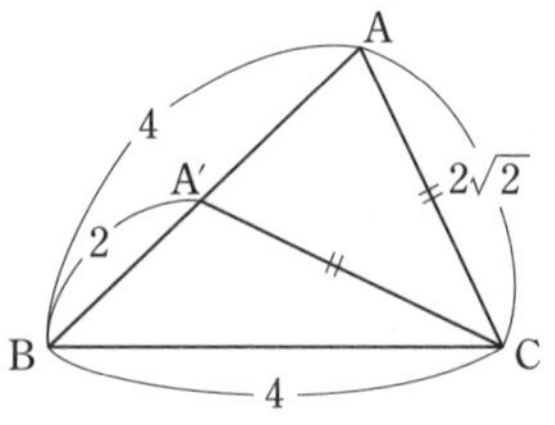

(ii)　(1)より $CA'=2\sqrt{2}$ であるから，△A′BC に正弦定理を用いると

$$\frac{2\sqrt{2}}{\sin\theta}=2R_2$$

である。よって

$$R_2=\frac{\sqrt{2}}{\sin\theta}$$

となるので，$R_1=R_2$ である。また，O_1 は △ABC の外心であり，O_2 は △A′BC の外心であるから，O_1，O_2 は線分 BC の垂直二等分線上にある。よって，線分 BC の中点を D とすると

3 点 O_1，D，O_2 は一直線上にあって

$O_1O_2\perp BC$

である。

以上より，正しいものは　①，⑦

(3)　点 C を中心とする半径 $2\sqrt{2}$ の円を考える。

直線 BA がこの円と 2 点で交わるとき △ABC は 2 通りに定まり，直線 BA がこの円と接するとき △ABC は 1 通りに定まる。直線 BA がこの円と共有点をもたないとき △ABC はできない。

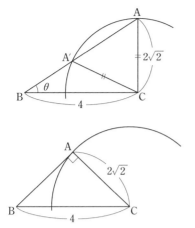

直線 BA がこの円と接するとき，∠BAC＝90° であり，AB＝AC＝$2\sqrt{2}$ となるので $\theta=45°$

したがって，θ のとり得る値の範囲は $0°<\theta\leqq \mathbf{45°}$ であり，この範囲において，$0°<\theta<45°$ のとき △ABC は2通りに定まり，$\theta=45°$ のとき △ABC は1通りに定まる。

よって，△ABC が1通りに定まることがある（⓪）。

〔2〕（数学Ⅰ　データの分析）

Ⅴ 1 2 3 4 6 【難易度…★★】

(1)⓪ 2019年の範囲は約4500トン，2013年の範囲は約4000トンである。よって，⓪は誤り。

① 2013年の第3四分位数は約4600トン，2019年の第1四分位数は約3300トンである。よって，①は誤り。

② 2019年の四分位範囲は約1500トン，2013年の四分位範囲は約2100トンである。よって，②は誤り。

③ データの大きさが26であるから，第3四分位数は大きい方から7番目の値である。2013年，2019年ともに第3四分位数は4500トン以上であるから，2013年，2019年ともにゴミ排出量が4500トン以上の地区は7以上ある。よって，③は正しい。

④ $\frac{26}{3}=8.66\cdots$ であるから，④が正しいのは，2019年のデータについて，小さい方から9番目の値が3500トン以下の場合である。箱ひげ図からは，小さい方から9番目の値が3500トン以下かどうかはわからない。よって，④は正しいか誤りか図1から読み取ることはできない。

以上により，図1から読み取れることとして正しいものは　③

(2)(i) 図2の散布図について，ゴミ排出量が増加すると公園の数も増加する傾向がみられる。したがって，ゴミ排出量と公園の数の間には正の相関があることが読み取れる（⓪）。

(ii) 図2の散布図の点は1つの直線のまわりに集まっており，相関は強い。したがって，⓪〜④のうち，相関係数の値として最も近いものは0.80である（④）。

(3) 偏相関係数 $r_{xy,z}$ の値を定義に従って計算すると

$$r_{xy,z}=\frac{r_{xy}-r_{zx}r_{yz}}{\sqrt{1-r_{zx}^2}\sqrt{1-r_{yz}^2}}$$

$$=\frac{0.80-0.90\times 0.90}{\sqrt{1-0.90^2}\sqrt{1-0.90^2}}$$

$$=\frac{0.8-0.9\times 0.9}{1-0.9^2}=\frac{-0.01}{0.19}$$

$$=-\frac{1}{19}=-0.05\cdots$$

よって

$$-0.3<r_{xy,z}<0 \quad (⓪)$$

(4) 200枚の硬貨のうち122枚以上が表となった割合は

$$1+3=\mathbf{4}\ （\%）$$

方針により200人のうち122人以上が「有効だと思う」と回答する確率は4％になり，5％より小さいので，この仮説は誤っていると判断され（⓪），有効だと思う人の方が多いといえる（⓪）。

第3問（数学A　図形の性質）

Ⅵ 2 3 4 【難易度…★★】

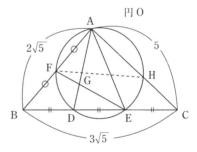

BD＝$\sqrt{5}$, BE＝$2\sqrt{5}$ であるから

$$BD\cdot BE=\sqrt{5}\cdot 2\sqrt{5}=\mathbf{10}$$

である。円Oと2直線BA, BEにおいて，方べきの定理を用いると

$$BF\cdot BA=BD\cdot BE$$
$$BF\cdot 2\sqrt{5}=10$$
$$\therefore\ BF=\sqrt{5}$$

である。よって
$$AF=AB-BF=2\sqrt{5}-\sqrt{5}=\boldsymbol{\sqrt{5}}$$
である。ゆえに，点 F は辺 AB の中点であり，点 D は辺 BE の中点であるから，AD と EF の交点である G は △ABE の重心である。重心の性質により，AG：GD＝2：1 であるから
$$\frac{DG}{AD}=\boldsymbol{\frac{1}{3}}$$
である。
(注)　△ABD と直線 FG において，メネラウスの定理を用いると
$$\frac{AF}{FB}\cdot\frac{BE}{ED}\cdot\frac{DG}{GA}=1$$
$$\frac{\sqrt{5}}{\sqrt{5}}\cdot\frac{2\sqrt{5}}{\sqrt{5}}\cdot\frac{DG}{GA}=1$$
$$\frac{DG}{GA}=\frac{1}{2}$$
である。よって
$$\frac{DG}{AD}=\frac{1}{3}$$
である。

さらに円 O と 2 直線 CA，CD において，方べきの定理を用いると
$$CH\cdot CA=CE\cdot CD$$
$$CH\cdot 5=\sqrt{5}\cdot 2\sqrt{5}$$
$$\therefore\ CH=2$$
である。よって
$$AH=AC-CH=5-2=\boldsymbol{3}$$
である。
△ABC について
$$AB^2+AC^2=(2\sqrt{5})^2+5^2=45=(3\sqrt{5})^2$$
$$=BC^2$$
が成り立つから，三平方の定理の逆より ∠BAC＝90°である。
(注)　△ABC に余弦定理を用いると
$$\cos\angle BAC=\frac{AB^2+AC^2-BC^2}{2AB\cdot AC}$$
$$=\frac{(2\sqrt{5})^2+5^2-(3\sqrt{5})^2}{2\cdot 2\sqrt{5}\cdot 5}$$
$$=0$$
よって
$$\angle BAC=90°$$
である。

円 O は直角三角形 AFH の外接円であり，∠FAH＝90°であるから，円 O の直径は斜辺 FH に等しく
$$FH=\sqrt{AF^2+AH^2}=\sqrt{(\sqrt{5})^2+3^2}=\sqrt{14}$$
したがって，円 O の面積は
$$\pi\cdot\left(\frac{FH}{2}\right)^2=\pi\cdot\left(\frac{\sqrt{14}}{2}\right)^2=\boldsymbol{\frac{7}{2}}\pi$$
である。
また
$$\frac{AG}{AD}=\frac{2}{3}>\frac{3}{5}=\frac{AH}{AC}\quad(\boldsymbol{②})$$
であるから，直線 CD と直線 GH の交点は線分 CD の端点 D の側の延長上にある(⓪)。

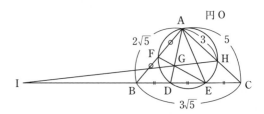

△ADC と直線 HI においてメネラウスの定理を用いると
$$\frac{AG}{GD}\cdot\frac{DI}{IC}\cdot\frac{CH}{HA}=1$$
$$\frac{2}{1}\cdot\frac{DI}{CI}\cdot\frac{2}{3}=1$$
$$\therefore\ \frac{DI}{CI}=\boldsymbol{\frac{3}{4}}$$
であり，CD＝$2\sqrt{5}$ であるから
$$DI=3\cdot CD=6\sqrt{5}$$
である。よって
$$BI=DI-BD$$
$$=6\sqrt{5}-\sqrt{5}$$
$$=\boldsymbol{5\sqrt{5}}$$
である。
△ABC の面積を S とすると
$$S=\frac{1}{2}AB\cdot AC$$
$$=\frac{1}{2}\cdot 2\sqrt{5}\cdot 5$$
$$=5\sqrt{5}$$
であるから，△GID の面積を T とすると
$$T=\frac{ID}{BC}\cdot\frac{DG}{AD}S$$

$$= \frac{6\sqrt{5}}{3\sqrt{5}} \cdot \frac{1}{3} \cdot 5\sqrt{5}$$
$$= \frac{\mathbf{10\sqrt{5}}}{\mathbf{3}}$$

である。

第4問 （数学A　場合の数と確率）
Ⅶ ③④⑤⑦⑧　　　　　　　【難易度…★★】

(1) A_n に属する自然数のうち，1だけが使われているものは

$$\underbrace{11 \cdots 1}_{n\,個}$$

の**1**個ある。

2だけ，3だけ，4だけ，5だけが使われているものも1個ずつあるから，A_n に属する自然数のうち，$X=1$ であるものは**5**個ある。

(2) A_n に属する自然数で，3，4，5が使われていないものは，各位の数が1または2であるから，2^n 個ある。

このうち，1だけ，2だけが使われているものが1個ずつあるから，$X=1$ であるものは**2**個ある。

よって，A_n に属する自然数で，3，4，5が使われていないもののうち，$X=2$ であるものは (2^n-2) 個ある。

したがって，A_n に属する自然数のうち，$X=2$ であるものの個数は，使われていない3種類の数字の決め方が $_5C_3$ 通りあることに注意すると

$$_5C_3 \cdot (2^n-2) = 10(2^n-2)$$
$$= \mathbf{5 \cdot 2^{n+1} - 20} \ （個） \quad \cdots\cdots①$$

である。

(3) A_n に属する自然数で，4，5が使われていないもののうち，$X=1$ であるものは，1だけ，2だけ，3だけが使われているものが1個ずつあるから，**3**個ある。

A_n に属する自然数で，4，5が使われていないもののうち，$X=2$ であるものは，1，2，3から使われる2種類を決める方法が $_3C_2$ 通りあり，それぞれについて $X=2$ であるものが (2^n-2) 個ずつあるから

$$_3C_2 \cdot (2^n-2) = 3(2^n-2)$$
$$= \mathbf{3 \cdot 2^n - 6} \ （個）$$

である。

A_n に属する自然数で，4，5が使われていないものは，各位の数が1または2または3であるから，3^n 個あり，$X=1$，$X=2$，$X=3$ であるものに分けられ

る。

よって，A_n に属する自然数で，4，5が使われていないもののうち，$X=3$ であるものの個数は，3^n 個から $X=1$ または $X=2$ であるものの個数を除いて

$$3^n - \{3 + (3 \cdot 2^n - 6)\} = 3^n - \mathbf{3 \cdot 2^n + 3} \ （個）$$

である。

したがって，A_n に属する自然数のうち，$X=3$ であるものの個数は，使われていない2種類の数字の決め方が $_5C_2$ 通りあることに注意すると

$$_5C_2 \cdot (3^n - 3 \cdot 2^n + 3)$$
$$= 10(3^n - 3 \cdot 2^n + 3)$$
$$= \mathbf{10 \cdot 3^n - 15 \cdot 2^{n+1} + 30} \ （個） \quad \cdots\cdots②$$

である。

(4) A_3 に属する自然数の個数は

$$5^3 = 125 \ （個）$$

である。このうち

$$X=1 \ \cdots \ 5 \ （個）$$
$$X=2 \ \cdots \ ①に n=3 を代入して$$
$$5 \cdot 2^4 - 20 = 60 \ （個）$$
$$X=3 \ \cdots \ ②に n=3 を代入して$$
$$10 \cdot 3^3 - 15 \cdot 2^4 + 30 = 60 \ （個）$$

よって，X の期待値は

$$1 \cdot \frac{5}{125} + 2 \cdot \frac{60}{125} + 3 \cdot \frac{60}{125} = \frac{\mathbf{61}}{\mathbf{25}}$$

X	1	2	3	計
確率	$\frac{5}{125}$	$\frac{60}{125}$	$\frac{60}{125}$	1

(注) A_3 の125個のうち，$X=3$ となるのは

$$_5P_3 = 5 \cdot 4 \cdot 3 = 60 \ （個）$$

(5) A_6 に属する自然数のうち，$X=3$ であるものの個数は，②に $n=6$ を代入して

$$10 \cdot 3^6 - 15 \cdot 2^7 + 30 = 10(729 - 192 + 3)$$
$$= 5400 \ （個）$$

である。このうち，下5桁に使われている数字がちょうど3種類であるものは，下5桁の決め方が，②に $n=5$ を代入して

$$10 \cdot 3^5 - 15 \cdot 2^6 + 30 = 10(243 - 96 + 3)$$
$$= 1500 \ （通り）$$

あり，このそれぞれについて十万の位の数（左端の数）が3通りずつあるから

$$1500 \cdot 3 = 4500 \ （個）$$

である。

A_6 に属する自然数からでたらめに1個の自然数を選ぶ試行において，$X=3$ である自然数が選ばれる事象

— 数ⅠA 37 —

を E，下 5 桁に使われている数字がちょうど 3 種類
である自然数が選ばれる事象を F とすると，求める
条件付き確率は

$$P_E(F) = \frac{n(E \cap F)}{n(E)}$$

$$= \frac{4500}{5400}$$

$$= \frac{5}{6}$$

である。

（注）　A_6 に属する自然数が 5^6 個あることに注意すると

$$P_E(F) = \frac{P(E \cap F)}{P(E)}$$

$$= \frac{\dfrac{4500}{5^6}}{\dfrac{5400}{5^6}}$$

$$= \frac{5}{6}$$

である。

第 4 回

実 戦 問 題

解答・解説

第4回 解答・解説

数学 I・A 　第4回 （100点満点）

（解答・配点）

問題番号（配点）	解答記号（配点）		正解	自己採点欄
第1問 (30)	$\dfrac{ア}{イ}$	(1)	$\dfrac{2}{3}$	
	ウ	(1)	④	
	エ	(1)	①	
	$\dfrac{オ-\sqrt{カ}}{キ}$	(2)	$\dfrac{3-\sqrt{6}}{3}$	
	$ク+\sqrt{ケ}$	(2)	$3+\sqrt{6}$	
	コ	(3)	②	
	サ	(1)	①	
	シ	(1)	⑦	
	ス	(1)	⓪	
	セ	(1)	③	
	ソ	(1)	②	
	タチ	(1)	72	
	ツテ	(1)	36	
	ト	(2)	④	
	ナ	(2)	②	
	$\dfrac{ニ}{ヌ}$	(2)	$\dfrac{3}{4}$	
	ネ	(2)	②	
	ノ	(3)	①	
	ハ	(2)	⓪	
小　　計				

問題番号（配点）	解答記号（配点）		正解	自己採点欄
第2問 (30)	アイ, ウ	(1)	$-1,\ 1$	
	エ, オ	(1)	⑨, ②	
	カ, キ	(1)	③, ④	
	ク	(2)	④	
	ケ	(1)	③	
	コ	(1)	3	
	サ	(1)	4	
	シ	(1)	6	
	ス, セ	(2)	2, 2	
	$\dfrac{ソ}{タ}$	(1)	$\dfrac{3}{2}$	
	$\dfrac{チ}{ツ}$	(1)	$\dfrac{9}{2}$	
	$\dfrac{テ}{ト}$	(2)	$\dfrac{7}{2}$	
	ナ, ニ	(2)（各1）	①, ④ （解答の順序は問わない）	
	ヌ	(2)	②	
	ネ	(2)	4	
	ノ	(2)	⑤	
	ハ	(1)	⓪	
	ヒ	(2)	①	
	フ	(2)	③	
	ヘ	(2)	①	
小　　計				

問題番号（配点）	解答記号（配点）		正解	自己採点欄
第3問 (20)	ア，イ	(4)（各2）（解答の順序は問わない）	①，③	
	ウ	(2)	1	
	$\dfrac{エ}{オ}$	(2)	$\dfrac{4}{9}$	
	$\dfrac{カ}{キ}S$	(2)	$\dfrac{4}{9}S$	
	$\dfrac{ク}{ケコ}$	(2)	$\dfrac{9}{20}$	
	$\dfrac{サ}{シスセ}S$	(2)	$\dfrac{4}{145}S$	
	$\dfrac{ソタ\sqrt{チ}}{ツ}$	(3)	$\dfrac{16\sqrt{2}}{9}$	
	$\dfrac{テト}{ナ}$	(3)	$\dfrac{28}{9}$	
小　計				

問題番号（配点）	解答記号（配点）		正解	自己採点欄
第4問 (20)	$\dfrac{ア}{イウ}$	(2)	$\dfrac{1}{32}$	
	$\dfrac{エ}{オカ}$	(2)	$\dfrac{5}{16}$	
	$\dfrac{キ}{ク}$	(2)	$\dfrac{1}{8}$	
	$\dfrac{ケ}{コサシ}$	(2)	$\dfrac{5}{128}$	
	$\dfrac{ス}{セ}$	(2)	$\dfrac{1}{8}$	
	$\dfrac{ソ}{タチ}$	(2)	$\dfrac{7}{64}$	
	ツテト，ナニ	(2)	245，14	
	$\dfrac{ヌ}{ネ}$	(3)	$\dfrac{3}{5}$	
	$\dfrac{ノハヒ}{フヘホ}$	(3)	$\dfrac{323}{512}$	
小　計				
合　計				

— 数 I A 41 —

解　説

第1問

〔1〕（数学Ⅰ　数と式）

　　Ⅰ $\boxed{1}$2 $\boxed{2}$5　　　　【難易度…★】

$$|2-3x|=|3x-2|$$
$$=\begin{cases}3x-2 & \left(x\geqq\dfrac{2}{3}\text{ のとき}\right)\\-(3x-2) & \left(x<\dfrac{2}{3}\text{ のとき}\right)\end{cases}$$

であるから，$x\geqq\dfrac{2}{3}$ のとき

$$|2-3x|-\sqrt{6}x=(3-\sqrt{6})x-2\quad(\text{④})$$

であり，$x<\dfrac{2}{3}$ のとき

$$|2-3x|-\sqrt{6}x=-(3+\sqrt{6})x+2\quad(\text{⓪})$$

(1)　$a=1$ とする。$x\geqq\dfrac{2}{3}$ のとき，①は

$$(3-\sqrt{6})x-2>1$$
$$(3-\sqrt{6})x>3$$

$3-\sqrt{6}>0$ より

$$x>\dfrac{3}{3-\sqrt{6}}=\dfrac{3(3+\sqrt{6})}{9-6}=3+\sqrt{6}$$

これは $x\geqq\dfrac{2}{3}$ を満たす。

$x<\dfrac{2}{3}$ のとき，①は

$$-(3+\sqrt{6})x+2>1$$
$$(3+\sqrt{6})x<1$$

$3+\sqrt{6}>0$ より

$$x<\dfrac{1}{3+\sqrt{6}}=\dfrac{3-\sqrt{6}}{9-6}=\dfrac{3-\sqrt{6}}{3}$$

$2<\sqrt{6}<3$ よりこれは $x<\dfrac{2}{3}$ を満たす。

よって，$a=1$ のとき，①の解は

$$x<\dfrac{3-\sqrt{6}}{3},\ 3+\sqrt{6}<x$$

(2)　$f(x)=|2-3x|-\sqrt{6}x$ とおくと，①がすべての実数 x について成り立つのは

　　　　　　　　$(f(x)\text{の最小値})>a$

となるときである。

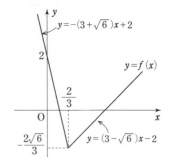

$f(x)$ の最小値は

$$f\left(\dfrac{2}{3}\right)=-\dfrac{2\sqrt{6}}{3}=-\dfrac{\sqrt{24}}{3}$$

$4<\sqrt{24}<5$ であるから

$$-\dfrac{5}{3}<-\dfrac{\sqrt{24}}{3}<-\dfrac{4}{3}$$

したがって，$a<-\dfrac{\sqrt{24}}{3}$ となる最大の整数 a は

$$-2\quad(\text{②})$$

〔2〕（数学Ⅰ　図形と計量）

　　Ⅳ $\boxed{1}$　　　　【難易度…★】

(1)

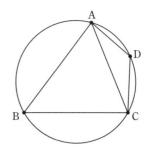

$B+D=180°$ であるから

$$\sin D=\sin(180°-B)$$
$$=\sin B\quad(\text{⓪})$$
$$\cos D=\cos(180°-B)$$
$$=-\cos B\quad(\text{⑦})$$

(2)　$A+B+C=180°$，$0°<A<B<C<90°$ であるから

$$\sin A<\sin B=\sin D<\sin C$$

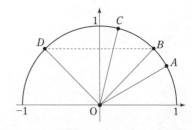

よって，$\sin A$, $\sin B$, $\sin C$, $\sin D$ のうち，最も小さいものは $\sin A$ （⓪）

$$0 < \cos C < \cos B < \cos A$$
$$\cos D = -\cos B < 0$$

より，$\cos A$, $\cos B$, $\cos C$, $\cos D$ のうち，最も小さいものは $\cos D$ （③）

$$0 < \tan A < \tan B < \tan C$$
$$\tan D = \tan(180° - B) = -\tan B < 0$$

より，$\tan A$, $\tan B$, $\tan C$, $\tan D$ のうち，最も大きいものは $\tan C$ （②）

〔3〕（数学Ⅰ　図形と計量）

Ⅳ 1 2 　　　　　　　　　【難易度…★】

(1)

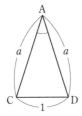

∠COD は弧 CD に対する中心角であるから
$$\angle COD = \frac{1}{5} \cdot 360° = \mathbf{72}°$$

∠CAD は弧 CD に対する円周角であるから
$$\angle CAD = \frac{1}{2}\angle COD = \frac{1}{2} \cdot 72°$$
$$= \mathbf{36}°$$

次に，△ACD において余弦定理を用いると
$$\cos \angle ACD = \frac{a^2 + 1^2 - a^2}{2 \cdot a \cdot 1} = \frac{1}{2a} \quad （④）$$

また
$$\angle FCA = \frac{1}{2}\angle ACD = \frac{1}{2} \cdot 72°$$
$$= 36°$$

よって，∠FAC＝∠FCA であるから，AF＝CF
また，∠CFD＝∠FAC＋∠FCA＝72°，∠CDF＝72°であるから，CD＝CF
よって　CD＝CF＝AF＝1

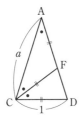

△FAC において余弦定理を用いると
$$\cos 36° = \cos \angle CAF = \frac{a^2 + 1^2 - 1^2}{2 \cdot a \cdot 1}$$
$$= \frac{a}{2} \quad （②）$$

(注)・点 A から辺 CD に垂線 AH を引くと，CH＝DH であるから
$$CH = \frac{1}{2}CD = \frac{1}{2}$$

よって
$$\cos \angle ACD = \frac{CH}{AC}$$
$$= \frac{\frac{1}{2}}{a}$$
$$= \frac{1}{2a}$$

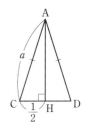

・点 F から辺 AC に垂線 FI を引くと，AI＝CI であるから
$$AI = \frac{1}{2}AC = \frac{a}{2}$$

よって
$$\cos 36° = \cos \angle FAI$$
$$= \frac{AI}{AF}$$
$$= \frac{\frac{a}{2}}{1} = \frac{a}{2}$$

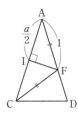

(2)

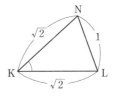

$KN = KL = \sqrt{2}$，$LN = LM = 1$ であるから，△KLN において余弦定理を用いると
$$\cos \angle LKN = \frac{(\sqrt{2})^2 + (\sqrt{2})^2 - 1^2}{2 \cdot \sqrt{2} \cdot \sqrt{2}}$$
$$= \frac{\mathbf{3}}{\mathbf{4}}$$

(3)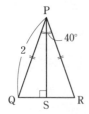

△PQR において余弦定理を用いると
$$QR^2 = 2^2 + 2^2 - 2 \cdot 2 \cdot 2\cos 40°$$
$$= 4 + 4 - 8 \cdot 0.77$$
$$= 1.84 \quad (②)$$

次に，点 P から辺 QR に垂線 PS を引くと，PS は ∠QPR を二等分するから
$$∠QPS = 20°$$
よって
$$QS = PQ\sin 20° = 2 \cdot 0.34 = 0.68$$
したがって
$$QR = 2QS = 1.36 \quad (⓪)$$

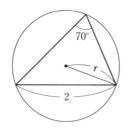

また，70°の内角をもつ三角形で，その頂点に向かい合う辺の長さが 2 である三角形の外接円の半径を r とする。正弦定理を用いると
$$2r = \frac{2}{\sin 70°}$$
よって
$$r = \frac{1}{\sin 70°} = \frac{1}{\cos 20°} = \frac{1}{0.94}$$
$$= 1.063\cdots ≒ 1.06 \quad (⓪)$$

第2問

〔1〕（数学Ⅰ　2次関数／集合と命題）

Ⅱ ②, Ⅲ ⑤　　　　　　　【難易度…★★】

(1) $(x+1)(2x-2) > 0$ を満たす x の範囲は
$$2(x+1)(x-1) > 0$$
より
$$x < -1, \quad 1 < x$$
である。

・$x < -1,\ 1 < x$ のとき
　$(x+1)(2x-2) = 2(x+1)(x-1) > 0$ であるから
$$(x+1)○(2x-2) = (x+1) - (2x-2)$$
$$= -x+3 \quad (⑨)$$
　$(2x+2)(x-1) = 2(x+1)(x-1) > 0$ であるから
$$(2x+2)○(x-1) = (2x+2) - (x-1)$$
$$= x+3 \quad (②)$$

・$-1 \leqq x \leqq 1$ のとき
　$(x+1)(2x-2) = 2(x+1)(x-1) \leqq 0$ であるから
$$(x+1)○(2x-2) = (x+1) + (2x-2)$$
$$= 3x-1 \quad (③)$$
　$(2x+2)(x-1) = 2(x+1)(x-1) \leqq 0$ であるから
$$(2x+2)○(x-1) = (2x+2) + (x-1)$$
$$= 3x+1 \quad (④)$$

よって，不等式 $(x+1)○(2x-2) > 0$ について考えると

・$x < -1,\ 1 < x$ のとき
$$-x+3 > 0$$
$$x < 3$$
$x < -1,\ 1 < x$ より　$x < -1,\ 1 < x < 3$　……①

・$-1 \leqq x \leqq 1$ のとき
$$3x-1 > 0$$
$$x > \frac{1}{3}$$
$-1 \leqq x \leqq 1$ より　$\frac{1}{3} < x \leqq 1$　　　　　　……②

①，②より，$(x+1)○(2x-2) > 0$ を満たす x の値の範囲は $x < -1,\ \frac{1}{3} < x < 3$ である（④）。

(2) (1)より
$$A = \{x \mid (x+1)○(2x-2) > 0\}$$
$$= \left\{x \,\middle|\, x < -1,\ \frac{1}{3} < x < 3\right\}$$

ここで，不等式 $(2x+2)○(x-1) > 0$ について考えると

・$x < -1,\ 1 < x$ のとき
$$x + 3 > 0$$
$$x > -3$$
$x < -1,\ 1 < x$ より　$-3 < x < -1,\ 1 < x$　……③

・$-1 \leqq x \leqq 1$ のとき
$$3x + 1 > 0$$
$$x > -\frac{1}{3}$$
$-1 \leqq x \leqq 1$ より　$-\frac{1}{3} < x \leqq 1$　　　　　　……④

③，④より，$(2x+2)○(x-1) > 0$ を満たす x の値の範囲は $-3 < x < -1,\ -\frac{1}{3} < x$ であるから

$B=\{x\,|\,(2x+2)\circ(x-1)>0\}$
$=\left\{x\,\middle|\,-3<x<-1,\ -\dfrac{1}{3}<x\right\}$

である。
ここで，$x=-4$ のとき，$x\in A$ であるが，$x\in B$ ではないから

「$x\in A\Longrightarrow x\in B$」は偽

である。また，$x=0$ のとき，$x\in B$ であるが，$x\in A$ ではないから

「$x\in B\Longrightarrow x\in A$」は偽

である。よって，$x\in A$ であることは，$x\in B$ であるための

必要条件でも十分条件でもない（**③**）。

また

$A\cap B=\left\{x\,\middle|\,-3<x<-1,\ \dfrac{1}{3}<x<3\right\}$

より，$x<a$ であることが，$x\in A\cap B$ であるための必要条件となるような実数 a の最小値は **3** である。

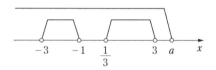

〔2〕（数学Ⅰ　2次関数）

Ⅲ ③　　　【難易度…★★】

(1) 動き始めて1秒後の4個の動点は次の図のようになるから

$S=2\triangle P_1P_2P_4$
$=2\times\dfrac{1}{2}\cdot 4\cdot 1$
$=\mathbf{4}$

(2) $S=8$ は長方形 OABC の面積に等しいから，次に $S=8$ となるのは4個の動点が4点 O，A，B，C と一致するときであり，それは **6** 秒後である。次に，t 秒後 $(0\leqq t\leqq 6)$ の面積 S を t を用いて表す。

(i) $0<t<2$ のとき

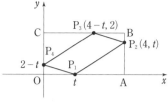

$S=8-2(\triangle OP_1P_4+\triangle AP_2P_1)$
$=8-2\left\{\dfrac{1}{2}t(2-t)+\dfrac{1}{2}(4-t)t\right\}$
$=2t^2-6t+8$
$=2\left(t-\dfrac{3}{2}\right)^2+\dfrac{7}{2}$

この式は $t=0,\ 2$ のときも成り立つ。

(ii) $2\leqq t\leqq 4$ のとき

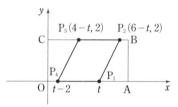

四角形 $P_1P_2P_3P_4$ は平行四辺形であるから

$S=\{t-(t-2)\}\cdot 2$
$=4$

(iii) $4<t<6$ のとき

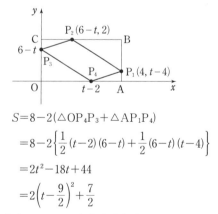

$S=8-2(\triangle OP_4P_3+\triangle AP_1P_4)$
$=8-2\left\{\dfrac{1}{2}(t-2)(6-t)+\dfrac{1}{2}(6-t)(t-4)\right\}$
$=2t^2-18t+44$
$=2\left(t-\dfrac{9}{2}\right)^2+\dfrac{7}{2}$

この式は $t=4,\ 6$ のときも成り立つ。

以上から，$0\leqq t\leqq 6$ の範囲で S のグラフをかくと次のようになる。

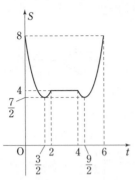

したがって，S が一定値をとるのは，2 秒後からの 2 秒間であり，S は $t=\dfrac{3}{2}$，$\dfrac{9}{2}$ のとき最小となる。このとき，S の最小値は $\dfrac{7}{2}$ である。

〔3〕（数学Ⅰ　データの分析）

V ① ② ③　　　　　　　　　　【難易度…★★】

(1)(ⅰ) ⓪ 2014 年から 2017 年にかけて最大値は増加しているので正しくない。

① 正しい。

② 正しくない。第 1 四分位数は 1999 年はおおよそ 110，2017 年はおおよそ 95 である。

③ 正しくない。第 3 四分位数はどの時点でも 200 以上であり，第 3 四分位数は大きい方から 12 番目の値である。

④ 正しい。

⑤ 第 1 四分位数は小さい方から 12 番目の値であり，2008 年は 100 より小さいが，2002 年は 100 より大きい。したがって，病院数が 100 以下の都道府県数は，2008 年は 12 以上あり，2002 年は 11 以下であるから正しくない。

したがって，正しいものは　①，④

(ⅱ) 47 個のデータについて，第 1 四分位数，第 2 四分位数（中央値），第 3 四分位数，最大値をそれぞれ，Q_1，Q_2，Q_3，M とすると，Q_1 は小さい方から 12 番目，Q_2 は小さい方から 24 番目，Q_3 は大きい方から 12 番目の値である。2017 年の箱ひげ図から

Q_1：0 以上 100 未満
Q_2：100 以上 200 未満
Q_3：200 以上 300 未満
M：600 以上 700 未満

であるから，ヒストグラムとして最も適当なものは　②

(2)(ⅰ) 図 2 より，病院数の第 1 四分位数はおおよそ 90，第 3 四分位数はおおよそ 210 であるから

$$90-1.5\times(210-90)=-90$$
$$210+1.5\times(210-90)=390$$

390 より大きい値が 4 個あるから，外れ値は **4** 個ある。

(ⅱ)(Ⅰ) 誤り。病院と一般診療所は，施設数が最大となる都道府県は人口 10 万人あたりの施設数は最大でない。

(Ⅱ) 正しい。

(Ⅲ) 誤り。歯科診療所は正の相関があるとみられ，病院と一般診療所については相関がみられない。

したがって，正しい組合せは　⑤

(3)(ⅰ) 44 道府県の X，Y のデータを

$$x_1,\ x_2,\ \cdots,\ x_{44}$$
$$y_1,\ y_2,\ \cdots,\ y_{44}$$

とすると

$$\overline{X}=\dfrac{1}{44}(x_1+x_2+\cdots+x_{44})$$
$$\overline{Y}=\dfrac{1}{44}(y_1+y_2+\cdots+y_{44})$$

$X-\overline{X}$ の平均値は

$$\dfrac{1}{44}\{(x_1-\overline{X})+(x_2-\overline{X})+\cdots+(x_{44}-\overline{X})\}$$
$$=\dfrac{1}{44}(x_1+x_2+\cdots+x_{44})-\overline{X}$$
$$=\overline{X}-\overline{X}=0\quad(⓪)$$

Y の分散 $\sigma_Y{}^2$ は

$$\sigma_Y{}^2=\dfrac{1}{44}\{(y_1-\overline{Y})^2+(y_2-\overline{Y})^2+\cdots+(y_{44}-\overline{Y})^2\}$$

$Y-\overline{Y}$ の平均値は $X-\overline{X}$ の平均値と同様にして 0 であるから，$\dfrac{Y-\overline{Y}}{\sigma_Y}$ の平均値も 0 である。よって $\dfrac{Y-\overline{Y}}{\sigma_Y}$ の分散は

$$\dfrac{1}{44}\left\{\left(\dfrac{y_1-\overline{Y}}{\sigma_Y}\right)^2+\left(\dfrac{y_2-\overline{Y}}{\sigma_Y}\right)^2+\cdots+\left(\dfrac{y_{44}-\overline{Y}}{\sigma_Y}\right)^2\right\}$$
$$=\dfrac{1}{\sigma_Y{}^2}\cdot\dfrac{1}{44}\{(y_1-\overline{Y})^2+(y_2-\overline{Y})^2+\cdots+(y_{44}-\overline{Y})^2\}$$
$$=\dfrac{1}{\sigma_Y{}^2}\cdot\sigma_Y{}^2=1$$

よって，$\dfrac{Y-\overline{Y}}{\sigma_Y}$ の標準偏差は

$$\sqrt{1}=1\quad(⓪)$$

(ii) 図6は図5の各点をX軸方向に$-\overline{X}$, Y軸方向に$-\overline{Y}$だけ平行移動し, X軸方向に$\frac{1}{\sigma_X}$倍, Y軸方向に$\frac{1}{\sigma_Y}$倍したものである。

よって図5におけるX, Yがともに平均値付近の点は, 図6において原点付近に移動している。図6において原点は, 図5においてXは75付近, Yは46付近の点であるから, $\overline{X}$として最も適当なものは

$$75.17 \quad (\text{③})$$

(iii) 例えば, 図5で$(X, Y)=(210, 112)$付近の点は, 図6で$(X, Y)=(3, 2.2)$付近の点に対応している。$\overline{Y}=46$として

$$\frac{112-46}{\sigma_Y}=2.2 \text{ より } \sigma_Y=30$$

したがって, σ_Yとして最も適当なものは
$$\sigma_Y=30.27 \quad (\text{⓪})$$

第3問 (数学A 図形の性質)
Ⅵ ①②③④⑤⑥, Ⅱ ②
【難易度…〔1〕★★, 〔2〕★★】

〔1〕
⓪について:
$$(\sqrt{3}+\sqrt{5})^2 - 4^2 = 2\sqrt{15}-8$$
$$= \sqrt{60}-\sqrt{64}<0$$
であるから
$$(\sqrt{3}+\sqrt{5})^2 < 4^2$$
すなわち
$$\sqrt{3}+\sqrt{5}<4$$
したがって, ⓪は正しくない。

①について:
条件p: $O_1O_2 \geqq r_1+r_2$
条件q: C_1とC_2の共通接線が4本存在する
に対し, qであるための必要十分条件は
2円が互いに外部にあること
すなわち
$$O_1O_2 > r_1+r_2$$

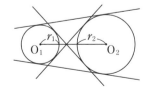

が成り立つことであるから
$$p \Longrightarrow q \text{ は偽} \quad (\text{反例は}O_1O_2=r_1+r_2)$$
$$q \Longrightarrow p \text{ は真}$$
これより, pはqであるための必要条件であるが, 十分条件ではない。よって, ①は正しい。

②について:
次図のような場合, $\ell /\!/ \alpha$ かつ $\ell \perp m$ であるが, $m \perp \alpha$ ではない。

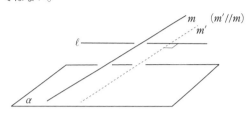

よって, ②は正しくない。

③について:
正十二面体は頂点の数が20, 辺の数は30, 面の数は12である。よって, ③は正しい。

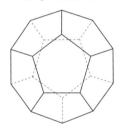

以上より, 正しい記述は ①, ③

〔2〕

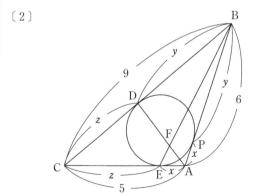

△ABCの内接円と辺ABの接点をPとし, AE=AP=x, BP=BD=y, CD=CE=z とおくと
$$\begin{cases} x+y=AB=6 & \cdots\cdots① \\ y+z=BC=9 & \cdots\cdots② \\ z+x=AC=5 & \cdots\cdots③ \end{cases}$$

であるから，$\frac{①+②+③}{2}$ より
$$x+y+z=10 \quad \cdots\cdots ④$$
④−②，④−③，④−① より
$$x=1,\ y=5,\ z=4$$
であるから
$$AE=x=\mathbf{1}$$
$$\frac{CD}{BC}=\frac{\mathbf{4}}{\mathbf{9}}$$
であり
$$△ACD=\frac{CD}{BC}\cdot△ABC$$
$$=\frac{\mathbf{4}}{\mathbf{9}}S$$

△ADC と直線 BE において，メネラウスの定理を用いると
$$\frac{AF}{FD}\cdot\frac{DB}{BC}\cdot\frac{CE}{EA}=1$$
であるから
$$\frac{AF}{FD}\cdot\frac{5}{9}\cdot\frac{4}{1}=1$$
$$\frac{AF}{DF}=\frac{\mathbf{9}}{\mathbf{20}}$$
よって
$$△AEF=\frac{AE}{AC}\cdot\frac{AF}{AD}\cdot△ACD$$
$$=\frac{1}{5}\cdot\frac{9}{20+9}\cdot\frac{4}{9}S$$
$$=\frac{\mathbf{4}}{\mathbf{145}}S$$

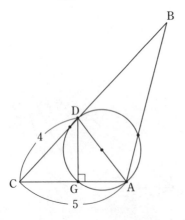

∠AGD は AD を直径とする円の，直径 AD に対する円周角であるから
$$∠AGD=90°$$
△ACD の面積に着目して

$$\frac{1}{2}AC\cdot DG=\frac{4}{9}S$$
が成り立つから
$$\frac{1}{2}\cdot 5\cdot DG=\frac{40\sqrt{2}}{9}$$
$$\therefore\ DG=\frac{\mathbf{16\sqrt{2}}}{\mathbf{9}}$$
よって，△CDG において，三平方の定理を用いると
$$CG=\sqrt{CD^2-DG^2}$$
$$=\sqrt{4^2-\left(\frac{16\sqrt{2}}{9}\right)^2}$$
$$=\frac{\mathbf{28}}{\mathbf{9}}$$

(注) △ABC において，余弦定理を用いると
$$\cos∠ACB=\frac{5^2+9^2-6^2}{2\cdot 5\cdot 9}=\frac{7}{9}$$
であるから
$$CG=CD\cos∠ACB=4\cdot\frac{7}{9}=\frac{28}{9}$$
また，△CDG において，三平方の定理を用いると
$$DG=\sqrt{CD^2-CG^2}=\sqrt{4^2-\left(\frac{28}{9}\right)^2}=\frac{16\sqrt{2}}{9}$$

第4問（数学A 場合の数と確率）
Ⅶ 5 6 7 【難易度…★★】

(1) 硬貨を投げたとき，表が出る確率も裏が出る確率もどちらも $\frac{1}{2}$ である。

1回目の試行で，試行が終了するのは5枚とも裏が出るときであるから，その確率は
$$\left(\frac{1}{2}\right)^5=\frac{\mathbf{1}}{\mathbf{32}}$$

1回目の試行で，表が3枚，裏が2枚出る確率は
$${}_5C_2\left(\frac{1}{2}\right)^3\left(\frac{1}{2}\right)^2=\frac{\mathbf{5}}{\mathbf{16}}$$
である。このとき，2回目に投げる硬貨は3枚であるから，2回目の試行で終了するのは3枚とも裏が出るときであり，この条件付き確率は
$$\left(\frac{1}{2}\right)^3=\frac{\mathbf{1}}{\mathbf{8}}$$
したがって，1回目の試行で表が3枚，裏が2枚出て，かつ2回目で試行が終了する確率は
$$\frac{5}{16}\cdot\frac{1}{8}=\frac{\mathbf{5}}{\mathbf{128}}$$

(2) 3回目の試行の後，硬貨Aが表の状態であるのは，硬貨Aだけを考えて，3回とも表が出るときであるから，その確率は

$$\left(\frac{1}{2}\right)^3 = \frac{1}{8}$$

このとき，硬貨Bが裏が上の状態になるのは，硬貨Bだけ考えて

・1回目に裏が出るとき
・1回目は表が出て，2回目に裏が出るとき
・1回目，2回目に表が出て，3回目に裏が出るとき

があるから，その確率は

$$\frac{1}{2} + \frac{1}{2} \cdot \frac{1}{2} + \left(\frac{1}{2}\right)^2 \cdot \frac{1}{2} = \frac{7}{8}$$

（注） 余事象を考えると，3回目の試行の後，硬貨Bが表が上の状態である確率は，硬貨Aと同じであるから $\frac{1}{8}$

したがって，3回目の試行の後，硬貨Bが裏が上の状態である確率は

$$1 - \frac{1}{8} = \frac{7}{8}$$

3回目の試行の後，硬貨Aが表が上の状態で，硬貨Bが裏が上の状態である確率は

$$\frac{1}{8} \cdot \frac{7}{8} = \frac{7}{64}$$

3回目の試行の後，表が上の状態の硬貨が3枚と裏が上の状態の硬貨が2枚である確率は，表が上の状態である硬貨の選び方が $_5\mathrm{C}_3$ 通りであるから

$$_5\mathrm{C}_3\left(\frac{1}{8}\right)^3\left(\frac{7}{8}\right)^2 = 10 \cdot \frac{7^2}{8^5} = \frac{245}{2^{14}} \qquad \cdots\cdots①$$

このとき，硬貨Aが表の状態であり，残り4枚の硬貨について，表が上の状態の硬貨が2枚，裏が上の状態の硬貨が2枚である確率は

$$\frac{1}{8} \cdot {_4\mathrm{C}_2}\left(\frac{1}{8}\right)^2 \cdot \left(\frac{7}{8}\right)^2 = 6 \cdot \frac{7^2}{8^5}$$

よって，求める条件付き確率は

$$\frac{6 \cdot \dfrac{7^2}{8^5}}{10 \cdot \dfrac{7^2}{8^5}} = \frac{6}{10} = \frac{3}{5}$$

(3) 3回の試行の後，表が上の状態の硬貨が4枚と裏が上の状態の硬貨が1枚である確率は①と同様に考えて

$$_5\mathrm{C}_4\left(\frac{1}{8}\right)^4\left(\frac{7}{8}\right) = \frac{35}{8^5}$$

3回の試行の後，表が上の状態の硬貨が5枚である確率は

$$\left(\frac{1}{8}\right)^5 = \frac{1}{8^5}$$

①と合わせて，もらえるポイントの期待値は

$$32 \cdot \frac{245}{2^{14}} + 128 \cdot \frac{35}{8^5} + 512 \cdot \frac{1}{8^5}$$

$$= \frac{245}{2^9} + \frac{35}{2^8} + \frac{1}{2^6}$$

$$= \frac{323}{512} \text{（ポイント）}$$

— 数 IA 49 —

第 5 回
実 戦 問 題

解答・解説

第5回　解答・解説

数学 I・A　第5回　（100点満点）

（解答・配点）

問題番号（配点）	解答記号（配点）		正解	自己採点欄	問題番号（配点）	解答記号（配点）		正解	自己採点欄
第1問 (30)	ア	(2)	①		第2問 (30)	ア．$\dfrac{イ}{ウ}$	(2)	⑨，$\dfrac{3}{2}$	
	イ	(2)	①			エ	(1)	⑦	
	ウ	(2)	2			オ	(2)	③	
	エ	(2)	4			カ	(1)	③	
	オ	(2)	8			キ	(2)	⑤	
	$\dfrac{カ\sqrt{キ}+ク}{ケ}$	(3)	$\dfrac{3\sqrt{7}+7}{2}$			$\dfrac{ク}{ケ}$	(2)	$\dfrac{7}{4}$	
	$\dfrac{コ}{サ}$	(2)	$\dfrac{1}{2}$			コ	(1)	⓪	
	シス$\sqrt{セ}$	(2)	$10\sqrt{3}$			サ	(1)	⑤	
	$\sqrt{ソ}$	(2)	$\sqrt{3}$			シ，ス	(3)	③，⑦	
	$\dfrac{\sqrt{タ}-チ}{ツ}$	(3)	$\dfrac{\sqrt{3}-1}{4}$			セソ	(3)	17	
	テ$+\sqrt{ト}$	(2)	$3+\sqrt{3}$			タ	(3)	②	
	$\dfrac{ナ\sqrt{ニ}}{ヌ}-\dfrac{ネ}{ノ}\pi$	(3)	$\dfrac{5\sqrt{3}}{2}-\dfrac{3}{4}\pi$			チ，ツ	(2)（各1）	②，⑤（解答の順序は問わない）	
	ハヒ，フ	(3)	15，2			テ	(2)	⓪	
	小　　計					ト	(2)	⓪	
						ナ	(3)	①	
						小　　計			

— 数 I A 52 —

問題番号 (配点)	解答記号（配点）		正　解	自己採点欄	問題番号 (配点)	解答記号（配点）		正　解	自己採点欄
第3問 (20)	$\dfrac{アイ}{ウ}$	(2)	$\dfrac{15}{7}$		第4問 (20)	$\dfrac{ア}{イウ}$	(2)	$\dfrac{1}{15}$	
	$\dfrac{エオ\sqrt{カ}}{キ}$	(2)	$\dfrac{12\sqrt{2}}{7}$			$\dfrac{エ}{オ}$	(1)	$\dfrac{1}{5}$	
	$\dfrac{クケ\sqrt{コ}}{サシ}$	(2)	$\dfrac{25\sqrt{2}}{14}$			$\dfrac{カ}{キ}$	(2)	$\dfrac{1}{3}$	
	$\dfrac{ス\sqrt{セ}}{ソ}$	(2)	$\dfrac{5\sqrt{2}}{2}$			$\dfrac{ク}{ケ}$	(2)	$\dfrac{1}{6}$	
	タ	(2)	⓪			$\dfrac{コ}{サ}$	(1)	$\dfrac{1}{5}$	
	チ	(2)	⓪			$\dfrac{シ}{スセ}$	(2)	$\dfrac{1}{36}$	
	ツ	(2)	③			$\dfrac{ソ}{タチ}$	(2)	$\dfrac{1}{12}$	
	テ	(2)	③			$\dfrac{ツ}{テト}$	(2)	$\dfrac{7}{36}$	
	$ト\sqrt{ナ}$	(2)	$2\sqrt{2}$			$\dfrac{ナニ}{ヌネノ}$	(3)	$\dfrac{43}{216}$	
	$\dfrac{ニ\sqrt{ヌ}}{ネ}$	(2)	$\dfrac{3\sqrt{2}}{2}$			ハ	(3)	②	
小　　計					小　　計				
					合　　計				

— 数 I A 53 —

解　説

第1問

〔1〕（数学I　数と式）
　I $\boxed{4}$ 【難易度…★】

$$32b^2-64b-18=2(16b^2-32b-9)$$
$$=2(4b+1)(4b-9) \quad (⓪)$$

したがって
$$a^2+12ab+32b^2-7a-64b-18$$
$$=a^2+(12b-7)a+32b^2-64b-18$$
$$=a^2+(12b-7)a+2(4b+1)(4b-9)$$
$$=\{a+2(4b+1)\}\{a+(4b-9)\}$$
$$=(a+8b+2)(a+4b-9) \quad (⓪)$$

〔2〕（数学I　数と式）
　I $\boxed{1}\boxed{2}$ 【難易度…★】

(1) 1辺の長さが2の正方形の辺上の2点を結ぶ線分の長さが最大となるのは、その線分が対角線になるときで、その長さは $2\sqrt{2}$ である。$2\sqrt{2}=\sqrt{8}$ で、$\sqrt{4}<\sqrt{8}<\sqrt{9}$ であるから
$$2<2\sqrt{2}<3$$
よって、求める線分の長さの最大値は **2** である。

1辺の長さが3の正方形について同様に考えると、対角線の長さは $3\sqrt{2}=\sqrt{18}$ で、$\sqrt{16}<\sqrt{18}<\sqrt{25}$ であるから
$$4<3\sqrt{2}<5$$
よって、求める線分の長さの最大値は **4** である。

(2) 1辺の長さが6の正方形について(1)と同様に考えると、対角線の長さは $6\sqrt{2}$ であり、$6\sqrt{2}=\sqrt{72}$、$\sqrt{64}<\sqrt{72}<\sqrt{81}$ であるから
$$8<6\sqrt{2}<9$$
よって、求める線分の長さの最大値は **8** である。

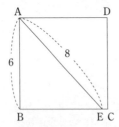

このとき、直角三角形ABEにおいて、三平方の定理から
$$BE=\sqrt{8^2-6^2}=\sqrt{28}=2\sqrt{7}$$

よって
$$CE=BC-BE$$
$$=6-2\sqrt{7}$$
したがって
$$\frac{BE}{CE}=\frac{2\sqrt{7}}{6-2\sqrt{7}}$$
$$=\frac{\sqrt{7}(3+\sqrt{7})}{(3-\sqrt{7})(3+\sqrt{7})}=\frac{3\sqrt{7}+7}{2}$$

〔3〕（数学I　図形と計量）
　Ⅳ $\boxed{2}\boxed{3}$ 【難易度…★★】

(1) 余弦定理より
$$\cos\angle ABC=\frac{AB^2+BC^2-AC^2}{2\cdot AB\cdot BC}$$
$$=\frac{5^2+8^2-7^2}{2\cdot 5\cdot 8}$$
$$=\frac{1}{2}$$

である。$0°<\angle ABC<180°$ であるから、$\angle ABC=60°$ である。

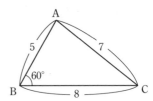

また、面積 S は
$$S=\frac{1}{2}AB\cdot BC\sin\angle ABC$$
$$=\frac{1}{2}\cdot 5\cdot 8\cdot\frac{\sqrt{3}}{2}$$
$$=10\sqrt{3}$$

であり、S を内接円の半径 r を用いて表すと
$S=r\cdot\dfrac{AB+BC+AC}{2}$ であるから
$$r=\frac{2S}{AB+BC+AC}$$
$$=\frac{2\cdot 10\sqrt{3}}{5+8+7}$$
$$=\sqrt{3}$$
である。

(2) 直角三角形BPQの面積をTとすると

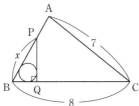

$$r' = \frac{2T}{BQ+PQ+BP}$$
$$= \frac{2 \cdot \frac{1}{2} \cdot x\cos 60° \cdot x\sin 60°}{x\cos 60° + x\sin 60° + x}$$
$$= \frac{x^2 \cdot \frac{1}{2} \cdot \frac{\sqrt{3}}{2}}{x\left(\frac{1}{2} + \frac{\sqrt{3}}{2} + 1\right)}$$
$$= \frac{\sqrt{3}}{2(3+\sqrt{3})}x$$
$$= \frac{\sqrt{3}-1}{4}x$$

であるから，$r' = \frac{1}{2}r$ となるのは
$$\frac{\sqrt{3}-1}{4}x = \frac{1}{2}\sqrt{3}$$

すなわち
$$x = \frac{2\sqrt{3}}{\sqrt{3}-1}$$
$$= \sqrt{3}(\sqrt{3}+1)$$
$$= 3+\sqrt{3}$$

のときである。

(注) 直角三角形BPQの内接円の中心を O，この円と辺 BQ, PQ, BP との接点をそれぞれ H, I, J とすると，四角形 OHQI は正方形であるから
　　HQ=IQ=r'
であり，BH=BQ$-r'$，PI=PQ$-r'$ である。また，BH=BJ，PI=PJ であるから
　　BP=BJ+PJ
　　　=BH+PI
　　　=BQ+PQ$-2r'$
である。よって
　　$2r'$=BQ+PQ$-$BP

すなわち
$$r' = \frac{BQ+PQ-BP}{2}$$
である。これを用いて r' を求めることもできる。

(3) $x=3+\sqrt{3}$ のとき，線分 LM は △BPQ の内接円 E に接するから，円 E は △BLM に内接する。△BLM から円 E の内部を除いた部分は下の図の斜線部分である。

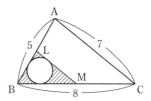

この部分の面積は
$$\left(\frac{1}{2}\right)^2 S - (\text{円 } E \text{ の面積})$$
$$= \left(\frac{1}{2}\right)^2 \cdot 10\sqrt{3} - \pi\left(\frac{1}{2}r\right)^2$$
$$= \frac{5\sqrt{3}}{2} - \left(\frac{\sqrt{3}}{2}\right)^2 \pi$$
$$= \frac{5\sqrt{3}}{2} - \frac{3}{4}\pi \qquad \cdots\cdots ①$$

である。

さらに，半径が円 E と等しい円 F が △ABC の内部を △ABC からはみ出ることなく動くとき，円 F の周および内部が動き得る部分は下の図の斜線部分である。

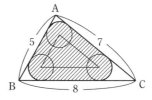

この部分の面積は
$$S - ① = 10\sqrt{3} - \left(\frac{5\sqrt{3}}{2} - \frac{3}{4}\pi\right)$$
$$= \frac{15\sqrt{3}}{2} + \frac{3}{4}\pi$$

である。

第2問

〔1〕 （数学Ⅰ 2次関数）

Ⅲ ③ ⑤ 　　　　　　　　　　【難易度…★】

1カップあたりの価格が x 円のときの売り上げ数を y カップとする。x の値が50増加すると y の値が75減少するから，y が x の1次関数で表されると仮定すると，実数 a を用いて

$$y = -\frac{75}{50}x + a$$

よって

$$y = -\frac{3}{2}x + a$$

と表される。$x = 200$ のとき $y = 150$ であるから

$$150 = -\frac{3}{2} \cdot 200 + a \quad \therefore \quad a = 450$$

よって

$$y = 450 - \frac{3}{2}x \quad (⑨)$$

と表される。また，売り上げ金額を z 円とすると

$$z = xy$$
$$= x\left(450 - \frac{3}{2}x\right)$$
$$= -\frac{3}{2}(x^2 - 300x) \quad (⑦)$$
$$= -\frac{3}{2}(x - 150)^2 + 33750$$

である。よって，売り上げ金額が最大になるのは $x = 150 \ (y = 225)$ のときである（③）。

(1) 必要経費の合計は

$$120y = 120\left(450 - \frac{3}{2}x\right) = -180(x - 300) \quad (③)$$

であるから，利益は

$$z - \{-180(x - 300)\}$$
$$= -\frac{3}{2}(x^2 - 300x) + 180x - 54000$$
$$= -\frac{3}{2}(x^2 - 420x) - 54000$$
$$= -\frac{3}{2}(x - 210)^2 + 12150$$

である。よって，利益が最大になるのは $x = 210$ $(y = 135)$ のときである（⑤）。

(2) 商品Aと商品Bの売り上げ数はそれぞれ，$\frac{2}{3}y$ カップ，$\frac{1}{3}y$ カップであるから，売り上げ金額は

$$x \cdot \frac{2}{3}y + \frac{3}{2}x \cdot \frac{1}{3}y = \frac{7}{6}xy$$

$$= \frac{7}{6}x\left(450 - \frac{3}{2}x\right)$$
$$= -\frac{7}{4}(x^2 - 300x)$$

である。また，必要経費の合計は

$$130 \cdot \frac{2}{3}y + 160 \cdot \frac{1}{3}y$$
$$= 140y$$
$$= 140\left(450 - \frac{3}{2}x\right)$$
$$= -\frac{7}{4}(120x - 36000) \quad (⓪, ⑤)$$

であるから，利益は

$$-\frac{7}{4}(x^2 - 300x) - \left\{-\frac{7}{4}(120x - 36000)\right\}$$
$$= -\frac{7}{4}(x^2 - 420x + 36000)$$
$$= -\frac{7}{4}(x - 210)^2 + 14175$$

である。よって，利益が12600円以上になるのは

$$-\frac{7}{4}(x - 210)^2 + 14175 \geqq 12600$$
$$(x - 210)^2 \leqq 900$$
$$-30 \leqq x - 210 \leqq 30$$
$$180 \leqq x \leqq 240$$

より，1カップあたりの価格が180円以上，240円以下（③，⑦）のときである。

〔2〕 （数学Ⅰ データの分析）

Ⅴ ① ② ③ ④ 　　　　　　　　【難易度…★】

(1) 図1のヒストグラムから，次の度数分布表を得る。

階級（件）	階級値	度数	累積度数
11 以上〜13 未満	12	1	1
13 〜 15	14	4	5
15 〜 17	16	22	27
17 〜 19	18	19	46
19 〜 21	20	1	47
合計		47	

これより，階級値を用いて計算した平均値は

$$\frac{12 \cdot 1 + 14 \cdot 4 + 16 \cdot 22 + 18 \cdot 19 + 20 \cdot 1}{47} = \frac{782}{47}$$
$$= 16.6\cdots ≒ \mathbf{17}$$

である。

47個のデータを小さい（大きくない）順に並べると

最小値 m は，　　　　　1番目の値

第1四分位数 Q_1 は，12番目の値

— 数ⅠA 56 —

中央値 Q_2 は，　　　　　24番目の値
第3四分位数 Q_3 は，　36番目の値
最大値 M は，　　　　　47番目の値

であり，度数分布表から，それぞれの値が含まれる階級は次のようになる。

	階級
m	11^{以上} ～ 13^{未満}
Q_1	15 ～ 17
Q_2	15 ～ 17
Q_3	17 ～ 19
M	19 ～ 21

よって，図1のヒストグラムに対応する箱ひげ図は **②**

（i）図2，図3から読み取れることを考える。

⓪ 図2から，免許返納数の範囲はおおよそ6.5万件，免許交付数の範囲はおおよそ11万件である。よって，⓪は正しい。

① 図2から，免許交付数と免許返納数の間には正の相関があると読み取ることができる。よって，①は正しい。

② 図2から，免許交付数と免許返納数の間には正の相関があり，図3から，免許交付数と自動車保有台数の間にも正の相関があるが，免許交付数と免許返納数の間の相関の方が強いと読み取ることができる。よって，②は正しくない。

③ 図2から，免許交付数が4万件以下の都道府県で免許返納数が2万件より多い都道府県が一つある。よって，③は正しい。

④ 図3から，免許交付数が4万件以上の都道府県はすべて，自動車保有台数が300万台以上である。よって，④は正しい。

⑤ 図3から，自動車保有台数が最大（おおよそ540万台）の都道府県の免許交付数はおおよそ7.9万件であり，図2から，この都道府県の免許返納数はおおよそ3.4万件または4.6万件のいずれかであり，最大ではない。よって，⑤は正しくない。

⑥ 図3から，免許交付数が8万件以上で，自動車保有台数が400万台以上の都道府県が一つある。よって，⑥は正しい。

したがって，図2，図3から読み取れることとして正しくないものは　**②，⑤**

（ii）図3において，免許交付数に対する自動車保有台数の割合は，散布図の点と原点を結ぶ直線の傾きで表され，傾きが大きいほど割合が大きくなる。よって，図の⓪～③のうち割合が最も大きい都道府県は，傾きが最も大きい**⓪**である。

(2) 表1より，SとTの相関係数が0.99であることから，①，②の散布図は適当ではない。また，Sの平均値（1.28）とTの平均値（76.4）を考えると，③の散布図は適当ではない。よって，最も適当な散布図は　**⓪**

(3) 1世帯あたりの自動車保有台数は，図4の散布図の点と原点を結ぶ直線の傾きで表される。図4から

- 傾き $\dfrac{1}{2}$ と 1 の2直線にはさまれる領域に点が3個
- 傾き 1 と $\dfrac{3}{2}$ の2直線にはさまれる領域に点が8個
- 傾き $\dfrac{5}{2}$ の直線より上の領域に点がない

ことがわかるので，最も適当なヒストグラムは　**⓪**

第3問 （数学A　図形の性質）

Ⅵ 1 4　　　　　　　　　【難易度…★★】

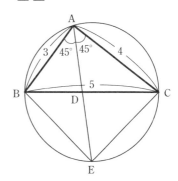

ADは∠BACの二等分線であるから
$$BD:DC=AB:AC=3:4$$
であり
$$BD=\dfrac{3}{7}BC=\dfrac{3}{7}\cdot 5=\boldsymbol{\dfrac{15}{7}}$$
である。$AB^2+AC^2=BC^2$を満たすから，△ABCは∠BAC=90°の直角三角形であり，∠BAD=∠CAD=45°である。△ABCの面積を，△ABDの面積と△ACDの面積の和と考えることにより
$$\dfrac{1}{2}\cdot 3\cdot 4=\dfrac{1}{2}\cdot 3\cdot AD\sin 45°+\dfrac{1}{2}\cdot 4\cdot AD\sin 45°$$
であるから，

$$6=\frac{7\sqrt{2}}{4}\text{AD}$$
すなわち
$$\text{AD}=\frac{\mathbf{12\sqrt{2}}}{\mathbf{7}}$$
である。
また，方べきの定理より AD・DE＝BD・CD であるから
$$\frac{12\sqrt{2}}{7}\cdot\text{DE}=\frac{15}{7}\cdot\left(5-\frac{15}{7}\right)$$
すなわち
$$\text{DE}=\frac{15\cdot20}{7\cdot12\sqrt{2}}=\frac{\mathbf{25\sqrt{2}}}{\mathbf{14}}$$
である。
円周角の定理より ∠EBC＝∠EAC＝45°，
∠ECB＝∠EAB＝45°であるから，△EBC は ∠BEC＝90°の直角二等辺三角形である。よって
$$\text{BE}=\text{CE}=5\cos45°=\frac{\mathbf{5\sqrt{2}}}{\mathbf{2}}$$
である。

(1)

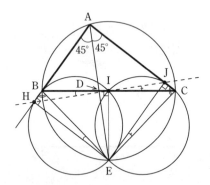

∠EHB＝∠EIB＝90°であるから，4 点 E, I, B, H は線分 BE を直径とする円周上にある。よって，円周角の定理より
$$\angle\text{BIH}=\angle\text{BEH}\quad(\mathbf{⓪})\quad\cdots\cdots①$$
である。また，4 点 E, C, J, I も線分 CE を直径とする円周上にあるから
$$\angle\text{CIJ}=\angle\text{CEJ}\quad(\mathbf{⓪})\quad\cdots\cdots②$$
である。さらに，四角形 ABEC は △ABC の外接円に内接するから
$$\angle\text{EBH}=\angle\text{ECJ}\quad(\mathbf{③})$$
である。これと ∠BHE＝∠CJE＝90° かつ BE＝CE より
$$\triangle\text{BEH}\equiv\triangle\text{CEJ}$$
となり

$$\angle\text{BEH}=\angle\text{CEJ}\quad\cdots\cdots③$$
が成り立つ。①, ②, ③ より
$$\angle\text{BIH}=\angle\text{CIJ}\quad(\mathbf{③})$$
が成り立つ。したがって，∠HIJ＝180° となり，3 点 H, I, J は一直線上にある。

(2) (1)のとき
$$\angle\text{EIH}=\angle\text{EBH}=\angle\text{ECA}$$
かつ
$$\angle\text{EHI}=\angle\text{EBC}=\angle\text{EAC}$$
であるから
$$\triangle\text{EIH}\backsim\triangle\text{ECA}$$
が成り立つ。

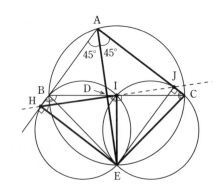

したがって
$$\text{HI}:\text{IE}=\text{AC}:\text{CE}$$
$$\text{HI}:\frac{5}{2}=4:\frac{5\sqrt{2}}{2}$$
であり，HI は
$$\frac{5}{\sqrt{2}}\text{HI}=10$$
すなわち
$$\text{HI}=10\cdot\frac{\sqrt{2}}{5}=\mathbf{2\sqrt{2}}$$
である。また
$$\angle\text{EIJ}=90°+\angle\text{CIJ}$$
$$=90°+\angle\text{BIH}$$
$$=\angle\text{BHE}+\angle\text{BEH}$$
$$=\angle\text{EBA}$$
かつ
$$\angle\text{EJI}=\angle\text{ECB}=\angle\text{EAB}$$
であるから
$$\triangle\text{EIJ}\backsim\triangle\text{EBA}$$
が成り立つ。

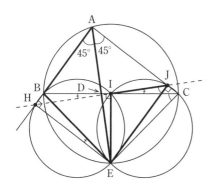

したがって
$$IJ : IE = BA : BE$$
$$IJ : \frac{5}{2} = 3 : \frac{5\sqrt{2}}{2}$$

であり，IJ は
$$\frac{5}{\sqrt{2}} IJ = \frac{15}{2}$$

すなわち
$$IJ = \frac{15}{2} \cdot \frac{\sqrt{2}}{5} = \frac{3\sqrt{2}}{2}$$

である。

（注）△EIH の外接円は線分 BE を直径とする円であるから，正弦定理より
$$\frac{HI}{\sin \angle HEI} = BE$$

すなわち
$$HI = BE \sin \angle HEI$$

である。四角形 BHEI は円に内接するから $\angle HEI = \angle ABC$ であり，直角三角形 ABC に着目すると $\sin \angle ABC = \frac{4}{5}$ であるから
$$HI = \frac{5\sqrt{2}}{2} \cdot \frac{4}{5} = 2\sqrt{2}$$

である。IJ についても同様にして求めることができる。

第4問（数学A 場合の数と確率）

Ⅶ 5 6 7 8 【難易度…★★】

確率を求めるので，すべての球を区別して考える。

(1) 試行 F_1 を行ったとき，2個の球の取り出し方は全部で
$$_6C_2 = \frac{6 \cdot 5}{2 \cdot 1} = 15 \text{（通り）}$$

ある。このうち，青球を2個取り出す方法は
$$_2C_2 = 1 \text{（通り）}$$

あるから，試行 F_1 において青球が2個取り出される確率 p は
$$p = \frac{1}{15}$$

である。

試行 F_1 において赤球が2個取り出される確率，白球が2個取り出される確率は，いずれも p であるから
$$P(A_1) = 3p = \frac{1}{5}$$

である。

また，試行 F_1 において同じ色の球が取り出されたとき，袋の中には

「同じ色の球が2個ずつ，合計4個の球」

が入っている。

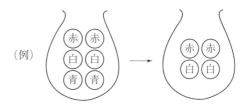

（例）

このとき，試行 S_1 において同じ色の球が取り出される条件付き確率は
$$P_{A_1}(B_1) = \frac{2 \cdot {}_2C_2}{{}_4C_2} = \frac{1}{3}$$

である。

試行 F_1 において異なる色の球が取り出されたとき，袋の中には

「同じ色の球が2個，異なる色の球が1個ずつ，合計4個の球」

が入っている。

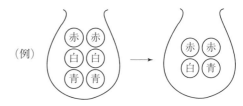

（例）

このとき，試行 S_1 において同じ色の球が取り出される条件付き確率は
$$P_{\overline{A_1}}(B_1) = \frac{{}_2C_2}{{}_4C_2} = \frac{1}{6}$$

である。

したがって，試行 S_1 において同じ色の球が取り出される確率は

$$P(B_1) = P(A_1 \cap B_1) + P(\overline{A_1} \cap B_1)$$
$$= P(A_1) \cdot P_{A_1}(B_1) + P(\overline{A_1}) \cdot P_{\overline{A_1}}(B_1)$$
$$= \frac{1}{5} \cdot \frac{1}{3} + \frac{4}{5} \cdot \frac{1}{6}$$
$$= \frac{1}{5}$$

である。

(2) 試行 F_2 において箱 D から青球が 2 個取り出されるのは，次のようなときである。

- まず，箱 C から青球を 2 個取り出し，箱 D に入れる。
- 次に，赤球 1 個，白球 1 個，青球 2 個，合計 4 個の球が入った箱 D から青球を 2 個取り出す。

よって，求める確率は
$$\frac{{}_2C_2}{{}_4C_2} \cdot \frac{{}_2C_2}{{}_4C_2} = \frac{1}{6} \cdot \frac{1}{6} = \frac{1}{36}$$

である。

試行 F_2 において箱 D から赤球が 2 個取り出されるのは，次のようなときである。

- まず，箱 C から赤球と赤球でない球を 1 個ずつ取り出し，箱 D に入れる。
- 次に，赤球 2 個，赤球でない球 2 個，合計 4 個の球が入った箱 D から赤球を 2 個取り出す。

(例)

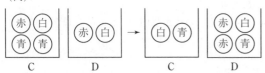

よって，求める確率は
$$\frac{{}_1C_1 \cdot {}_3C_1}{{}_4C_2} \cdot \frac{{}_2C_2}{{}_4C_2} = \frac{3}{6} \cdot \frac{1}{6} = \frac{1}{12}$$

である。

試行 F_2 において箱 D から白球が 2 個取り出される確率も $\frac{1}{12}$ である。よって

$$P(A_2) = \frac{1}{36} + \frac{1}{12} + \frac{1}{12} = \frac{7}{36}$$

である。

また，試行 F_2 において箱 D から同じ色の球が取り出されたとき，試行 S_2 において

「同じ色の球が 2 個ずつ，合計 4 個の球」

が入った箱 D から 2 個の球を取り出す。このとき，試行 S_2 において同じ色の球が取り出される条件付き確率は

$$P_{A_2}(B_2) = P_{A_1}(B_1) = \frac{1}{3}$$

である。

試行 F_2 において箱 D から異なる色の球が取り出されたとき，試行 S_2 において

「同じ色の球が 2 個，異なる色の球が 1 個ずつ，合計 4 個の球」

が入った箱 D から 2 個の球を取り出す。このとき，試行 S_2 において同じ色の球が取り出される条件付き確率は

$$P_{\overline{A_2}}(B_2) = P_{\overline{A_1}}(B_1) = \frac{1}{6}$$

である。

したがって，試行 S_2 において同じ色の球が取り出される確率は

$$P(B_2) = P(A_2 \cap B_2) + P(\overline{A_2} \cap B_2)$$
$$= P(A_2) \cdot P_{A_2}(B_2) + P(\overline{A_2}) \cdot P_{\overline{A_2}}(B_2)$$
$$= \frac{7}{36} \cdot \frac{1}{3} + \frac{29}{36} \cdot \frac{1}{6}$$
$$= \frac{43}{216}$$

である。

(3) 試行 F_1，S_1 において，点数と確率は次の表のようになる。

点数	4	2
確率	$P(A_1 \cap B_1)$	$P(A_1 \cap \overline{B_1}) + P(\overline{A_1} \cap B_1)$

したがって，点数の期待値 E_1 は
$$E_1 = 4P(A_1 \cap B_1) + 2\{P(A_1 \cap \overline{B_1}) + P(\overline{A_1} \cap B_1)\}$$
$$= 4\left(\frac{1}{5} \cdot \frac{1}{3}\right) + 2\left(\frac{1}{5} \cdot \frac{2}{3} + \frac{4}{5} \cdot \frac{1}{6}\right)$$
$$= \frac{4}{5} = \frac{432}{540}$$

試行 F_2，S_2 において，点数と確率は次の表のようになる。

点数	4	2
確率	$P(A_2 \cap B_2)$	$P(A_2 \cap \overline{B_2}) + P(\overline{A_2} \cap B_2)$

したがって，点数の期待値 E_2 は
$$E_2 = 4P(A_2 \cap B_2) + 2\{P(A_2 \cap \overline{B_2}) + P(\overline{A_2} \cap B_2)\}$$
$$= 4\left(\frac{7}{36} \cdot \frac{1}{3}\right) + 2\left(\frac{7}{36} \cdot \frac{2}{3} + \frac{29}{36} \cdot \frac{1}{6}\right)$$

$$= \frac{85}{108} = \frac{425}{540}$$

E_1, E_2 の大小関係は
$$E_1 > E_2 \quad (②)$$

試作問題

2022 年度大学入試センター公表
令和７年度（2025 年度）大学入学共通テスト

試作問題

解答・解説

数　　学　　試作問題　数学Ⅰ，数学Ａ　（100点満点）

（解答・配点）

問題番号（配点）	解答記号		正　解	自己採点欄
第1問 (30)	(ア x＋イ)(x−ウ)	(2)	$(2x＋5)(x−2)$	
	$\dfrac{−エ±\sqrt{オカ}}{キ}$	(2)	$\dfrac{−5±\sqrt{65}}{4}$	
	$\dfrac{ク＋\sqrt{ケコ}}{サ}$	(2)	$\dfrac{5＋\sqrt{65}}{2}$	
	シ	(2)	6	
	ス	(2)	3	
	$\dfrac{セ}{ソ}$	(2)	$\dfrac{4}{5}$	
	タチ	(2)	12	
	ツテ	(2)	12	
	ト	(1)	②	
	ナ	(1)	⓪	
	ニ	(1)	①	
	ヌ	(3)	③	
	ネ	(2)	②	
	ノ	(2)	②	
	ハ	(2)	⓪	
	ヒ	(2)	③	
小　　計				
第2問 (30)	ア	(3)	②	
	イウ x＋$\dfrac{エオ}{5}$	(3)	$−2x＋\dfrac{44}{5}$	
	カ.キク	(2)	2.00	
	ケ.コサ	(3)	2.20	
	シ.スセ	(2)	4.40	
	ソ	(2)	③	
	タチ	(2)	12	
	ツ	(2)	3	
	テ	(2)	②	
	トとナ	(2)	⓪と① （解答の順序は問わない）	
	ニ	(3)	⑥	
	ヌ.ネ, ノ, ハ	(4)	5.8, ①, ①	
小　　計				

問題番号（配点）	解答記号		正　解	自己採点欄
第3問 (20)	$\dfrac{ア}{イ}$	(2)	$\dfrac{3}{2}$	
	$\dfrac{ウ\sqrt{エ}}{オ}$	(2)	$\dfrac{3\sqrt{5}}{2}$	
	カ$\sqrt{キ}$	(2)	$2\sqrt{5}$	
	$\sqrt{ク}\,r$	(2)	$\sqrt{5}\,r$	
	ケ−r	(2)	$5−r$	
	$\dfrac{コ}{サ}$	(2)	$\dfrac{5}{4}$	
	シ	(2)	1	
	$\sqrt{ス}$	(2)	$\sqrt{5}$	
	$\dfrac{セ}{ソ}$	(2)	$\dfrac{5}{2}$	
	タ	(2)	①	
小　　計				
第4問 (20)	$\dfrac{ア}{イ}$	(2)	$\dfrac{3}{8}$	
	$\dfrac{ウ}{エ}$	(2)	$\dfrac{4}{9}$	
	$\dfrac{オ}{カ}$	(2)	$\dfrac{3}{2}$	
	キ	(2)	1	
	$\dfrac{クケ}{コサ}$	(2)	$\dfrac{27}{59}$	
	シ	(3)	③	
	ス, セ	(4)	②, ③	
	$\dfrac{ソタ}{チツ}$, テ	(3)	$\dfrac{75}{59}$, ①	
小　　計				
合　　計				

— 数ⅠA 64 —

解　説

第1問

〔1〕（数学Ⅰ　数と式）

I 1 2　　　　　　　　　　　【難易度…★】

$$2x^2+(4c-3)x+2c^2-c-11=0 \quad \cdots\cdots ①$$

(1) $c=1$ のとき，① より

$$2x^2+x-10=0$$
$$(2x+5)(x-2)=0$$
$$\therefore \quad x=-\frac{\mathbf{5}}{\mathbf{2}},\ \mathbf{2}$$

(2) $c=2$ のとき，① より

$$2x^2+5x-5=0$$
$$\therefore \quad x=\frac{\mathbf{-5\pm\sqrt{65}}}{\mathbf{4}}$$

大きい方の解 α は $\alpha=\dfrac{-5+\sqrt{65}}{4}$ であるから

$$\frac{1}{\alpha}=\frac{4}{-5+\sqrt{65}}=\frac{4}{\sqrt{65}-5}\cdot\frac{\sqrt{65}+5}{\sqrt{65}+5}$$
$$=\frac{5+\sqrt{65}}{10}$$

$$\frac{5}{\alpha}=\frac{\mathbf{5+\sqrt{65}}}{\mathbf{2}}$$

$8^2<65<9^2$ より $8<\sqrt{65}<9$ であるから

$$\frac{13}{2}<\frac{5}{\alpha}<7$$

よって，$m<\dfrac{5}{\alpha}<m+1$ を満たす整数 m は

$$m=\mathbf{6}$$

(3) ① より

$$x=\frac{-(4c-3)\pm\sqrt{(4c-3)^2-4\cdot 2(2c^2-c-11)}}{4}$$
$$=\frac{-(4c-3)\pm\sqrt{97-16c}}{4}$$

① の解が異なる2つの有理数であるための条件は

$97-16c$ が正の平方数になること

である．c は正の整数であることから，次の表を得る．

c	1	2	3	4	5	6
$97-16c$	81	65	49	33	17	1

よって，求める c の値は

$$c=1,\ 3,\ 6$$

であり，**3** 個ある．

〔2〕（数学Ⅰ　図形と計量）

Ⅳ 1 2 3　　　　　　　　　　【難易度…★★】

(1) $\cos A=\dfrac{3}{5}$ より

$$\sin A=\sqrt{1-\cos^2 A}=\sqrt{1-\left(\frac{3}{5}\right)^2}=\frac{\mathbf{4}}{\mathbf{5}}$$

$$\triangle ABC=\frac{1}{2}bc\sin A=\frac{1}{2}\cdot 6\cdot 5\cdot\frac{4}{5}=\mathbf{12}$$

$$\triangle AID=\frac{1}{2}\cdot AI\cdot AD\cdot\sin\angle DAI$$
$$=\frac{1}{2}bc\sin(180°-A)$$
$$=\frac{1}{2}bc\sin A$$
$$=\mathbf{12}$$

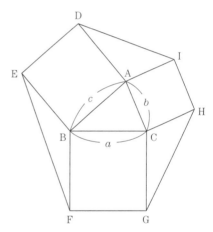

(2) $S_1=a^2$, $S_2=b^2$, $S_3=c^2$ から

$$S_1-S_2-S_3=a^2-b^2-c^2$$

余弦定理により

$$\cos A=\frac{b^2+c^2-a^2}{2bc}$$

であるから

・$0°<A<90°$ のとき

$\cos A>0$ より　$b^2+c^2-a^2>0$

$$\therefore \quad S_1-S_2-S_3<0 \quad (\mathbf{②})$$

・$A=90°$ のとき

$\cos A=0$ より　$b^2+c^2-a^2=0$

$$\therefore \quad S_1-S_2-S_3=0 \quad (\mathbf{⓪})$$

・$90°<A<180°$ のとき
 $\cos A<0$ より $b^2+c^2-a^2<0$
  $\therefore\ S_1-S_2-S_3>0$ (⓪)

(3) (1)と同様にして
$$T_1=\frac{1}{2}bc\sin(180°-A)=\frac{1}{2}bc\sin A$$
$$T_2=\frac{1}{2}ca\sin(180°-B)=\frac{1}{2}ca\sin B$$
$$T_3=\frac{1}{2}ab\sin(180°-C)=\frac{1}{2}ab\sin C$$
よって
$$T_1=T_2=T_3=\triangle ABC\ (③)$$

(4) △ABCの外接円の半径をR_0として，△AID，△BEF，△CGHの外接円の半径を，それぞれR_A，R_B，R_Cとする．正弦定理により
$$R_0=\frac{BC}{2\sin A}=\frac{CA}{2\sin B}=\frac{AB}{2\sin C}$$
$$R_A=\frac{ID}{2\sin(180°-A)}=\frac{ID}{2\sin A}$$
$$R_B=\frac{EF}{2\sin(180°-B)}=\frac{EF}{2\sin B}$$
$$R_C=\frac{GH}{2\sin(180°-C)}=\frac{GH}{2\sin C}$$
余弦定理により
$$BC^2=b^2+c^2-2bc\cos A$$
$$ID^2=b^2+c^2-2bc\cos(180°-A)$$
$$=b^2+c^2+2bc\cos A$$

(i) $0°<A<90°$ のとき
 $\cos A>0$ より
  $ID^2>BC^2$ $\therefore\ ID>BC$ (②)
 よって
  $\dfrac{ID}{2\sin A}>\dfrac{BC}{2\sin A}$ から $R_A>R_0$ (②)

(ii) $90°<A<180°$ のとき
 $\cos A<0$ より
  $BC^2>ID^2$ $\therefore\ BC>ID$
 よって
  $\dfrac{BC}{2\sin A}>\dfrac{ID}{2\sin A}$ から $R_0>R_A$

これより，外接円の半径が最も小さい三角形について考えると
・$0°<A<B<C<90°$ のとき
 (i)の場合と同様にして
  ID>BC より $R_A>R_0$
  EF>CA より $R_B>R_0$
  GH>AB より $R_C>R_0$
 よって，外接円の半径が最も小さいのはR_0であり，三角形は△ABC (⓪)

・$0°<A<B<90°<C$ のとき
 (i)，(ii)の場合と同様にして
  ID>BC より $R_A>R_0$
  EF>CA より $R_B>R_0$
  AB>GH より $R_0>R_C$
 よって，外接円の半径が最も小さいのはR_Cであり，三角形は△CGH (③)

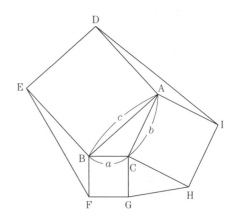

第2問

〔1〕（数学Ⅰ　2次関数）
Ⅲ ③ 【難易度…★】

(1) ストライドxは1歩あたりの進む距離，ピッチzは1秒あたりの歩数であるから，1秒あたりの進む距離はxz（②）と表される．よって，100mを走るのにかかる時間（タイム）は
$$(\text{タイム})=\frac{100}{xz} \quad\cdots\cdots ①$$

(2) ピッチzがストライドxの1次関数で表されるとき
$$z=ax+b$$
とおけるので，1回目と2回目のデータより
$$\begin{cases}4.70=2.05a+b\\ 4.60=2.10a+b\end{cases}$$
$$\therefore\ a=-2,\ b=8.8=\frac{44}{5}$$
よって
$$z=-2x+\frac{44}{5} \quad\cdots\cdots ②$$

と表され，3回目のデータも ② を満たす．
ストライドの最大値が 2.40，ピッチの最大値が 4.80 のとき
$$x \leq 2.40 \quad かつ \quad z \leq 4.80$$
② より
$$-2x + \frac{44}{5} \leq 4.80 \text{ から } x \geq 2$$
よって，x の値の範囲は
$$2.00 \leq x \leq 2.40 \quad \cdots\cdots ③$$

① より $y = xz$ とおき，② を代入すると
$$y = x\left(-2x + \frac{44}{5}\right) = -2x^2 + \frac{44}{5}x$$
$$= -2\left(x - \frac{11}{5}\right)^2 + \frac{242}{25}$$

③ の範囲で，y の値が最大になるのは
$$x = \frac{11}{5} = \mathbf{2.20}$$
のときで，最大値は $\frac{242}{25}$．このとき ② より
$$z = -2 \cdot \frac{11}{5} + \frac{44}{5} = \frac{22}{5} = \mathbf{4.40}$$

よって，タイムが最もよくなるのは，ストライドが 2.20，ピッチが **4.40** のときであり，このときタイムは
$$\frac{100}{\frac{242}{25}} ≒ 10.33 \quad (\mathbf{③})$$

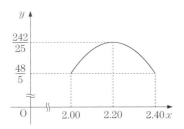

〔2〕（数学Ⅰ　データの分析）
V ②③④⑥　【難易度…★★】

(1) 40 個のデータを小さい（大きくない）ものから順に並べたとき，第1四分位数（Q_1）は 10 番目と 11 番目の値の平均値，中央値（Q_2）は 20 番目と 21 番目の値の平均値，第3四分位数（Q_3）は 30 番目と 31 番目の値の平均値である．

与えられたデータから
$$Q_1 = \frac{13 + 13}{2} = 13$$
$$Q_2 = \frac{20 + 20}{2} = 20$$
$$Q_3 = \frac{25 + 25}{2} = 25$$

であり，四分位範囲は $Q_3 - Q_1 = \mathbf{12}$ であるから
$$Q_1 - 1.5 \times (Q_3 - Q_1) = 13 - 1.5 \times 12 = -5$$
$$Q_3 + 1.5 \times (Q_3 - Q_1) = 25 + 1.5 \times 12 = 43$$

よって，40 個のデータのうち，外れ値は 43 以上の値であるから，47，48，56 の **3** 個ある．

(2)(i) 図1において，移動距離を x(km)，所要時間を y(分)とおくと，1 km あたりの所要時間 T は散布図の点 (x, y) と点 $(0, 0)$ を結ぶ直線の傾き $\left(\frac{y}{x}\right)$ になる．

・T の最小値 m は，点 D の $(x, y) ≒ (15, 10)$ の場合であり
$$m ≒ \frac{10}{15} = 0.66\cdots$$

・T の第1四分位数 Q_1 は，点 $(40, 50)$ を通る直線の傾きに近い値であり
$$Q_1 ≒ \frac{50}{40} = 1.25$$

・T の中央値 Q_2 は，点 $(40, 70)$ を通る直線の傾きに近い値であり
$$Q_2 ≒ \frac{70}{40} = 1.75$$

・T の第3四分位数 Q_3 は，点 $(25, 70)$ を通る直線の傾きに近い値であり
$$Q_3 ≒ \frac{70}{25} = 2.8$$

・T の最大値 M は，点 B の $(x, y) ≒ (6, 36)$ の場合であり
$$M ≒ \frac{36}{6} = 6$$

このとき，四分位範囲は $Q_3 - Q_1 ≒ 1.55$ であり
$$Q_1 - 1.5 \times (Q_3 - Q_1) ≒ -1.075$$
$$Q_3 + 1.5 \times (Q_3 - Q_1) ≒ 5.125$$

よって，外れ値はおおよそ 5.125 以上の値であり，傾きが 5.125 以上となる点は A(13, 71) と B(6, 36) である．（⓪，①）

したがって，最も適当な箱ひげ図は **②**

(ii) (Ⅰ)，(Ⅱ)，(Ⅲ) の記述について考える．

(Ⅰ) 図2の散布図において，日本の空港（白丸）で「費用」が最も高いのは 2500 円であり，「所要時間」が最も短いのは 12 分であるから，(Ⅰ) は誤りである．

(Ⅱ) 40 の国際空港の「移動距離」を x_1，x_2，…，

x_{40} とし，平均値を $\overline{x}$ $(=22)$ とすると
$$\overline{x}=\frac{x_1+x_2+\cdots+x_{40}}{40}=22$$

新空港を加えた 41 の空港の「移動距離」の平均値を $\overline{x'}$ とすると
$$\overline{x'}=\frac{x_1+x_2+\cdots+x_{40}+22}{41}$$
$$=\frac{40\cdot22+22}{41}=22$$

また，40 の国際空港の「移動距離」の分散を $s_x{}^2$，標準偏差を s_x とすると
$$s_x{}^2=\frac{(x_1-22)^2+(x_2-22)^2+\cdots+(x_{40}-22)^2}{40}$$

新空港を加えた 41 の空港の「移動距離」の分散を $(s_x')^2$，標準偏差を s_x' とすると
$$(s_x')^2=\frac{1}{41}\{(x_1-22)^2+(x_2-22)^2+\cdots$$
$$+(x_{40}-22)^2+(22-22)^2\}$$
$$=\frac{1}{41}\{(x_1-22)^2+(x_2-22)^2+\cdots+(x_{40}-22)^2\}$$
$$=\frac{40}{41}s_x{}^2$$

よって，$s_x'=\sqrt{\dfrac{40}{41}}\,s_x$ であるから，(II) は誤りである．

(III) 40 の国際空港の「所要時間」を y_1，y_2，$\cdots$，y_{40} とし，平均値を $\overline{y}$ $(=38)$，分散を $s_y{}^2$，標準偏差を s_y とする．新空港を加えた 41 の空港の「所要時間」の平均値を $\overline{y'}$，分散を $(s_y')^2$，標準偏差を s_y' とする．(II) と同様にして
$$\overline{y'}=38,\quad (s_y')^2=\frac{40}{41}s_y{}^2,\quad s_y'=\sqrt{\frac{40}{41}}\,s_y$$

また，40 の国際空港の「移動距離」と「所要時間」の共分散を s_{xy}，相関係数を r_{xy} とし，新空港を加えた 41 の空港の「移動距離」と「所要時間」の共分散を s_{xy}'，相関係数を r_{xy}' とする．このとき
$$s_{xy}=\frac{1}{40}\{(x_1-22)(y_1-38)+(x_2-22)(y_2-38)+\cdots$$
$$+(x_{40}-22)(y_{40}-38)\}$$

$$\gamma_{xy}=\frac{s_{xy}}{s_x s_y}$$

であり

$$s_{xy}'=\frac{1}{41}\{(x_1-22)(y_1-38)+(x_2-22)(y_2-38)+\cdots$$
$$+(x_{40}-22)(y_{40}-38)+(22-22)(38-38)\}$$
$$=\frac{1}{41}\{(x_1-22)(y_1-38)+(x_2-22)(y_2-38)+\cdots$$
$$+(x_{40}-22)(y_{40}-38)\}$$
$$=\frac{40}{41}s_{xy}$$

であるから

$$r_{xy}'=\frac{s_{xy}'}{s_x's_y'}=\frac{\dfrac{40}{41}s_{xy}}{\sqrt{\dfrac{40}{41}}\,s_x\cdot\sqrt{\dfrac{40}{41}}\,s_y}$$
$$=\frac{s_{xy}}{s_x s_y}=r_{xy}$$

新空港の「移動距離」「所要時間」「費用」は，それぞれ 40 の国際空港の平均値に等しいことから，他の 2 つの相関係数についても値は変化しない．よって，(III) は正しい．

したがって，(I)，(II)，(III) の正誤の組合せとして正しいものは **⑥**

(3) 仮説 H_0 を
 H_0：P 空港の利用者全体のうちで「便利だと思う」と回答する割合と，「便利だと思う」と回答しない割合が等しい

とおく．

H_0 が正しいとする．実験結果によると，30 枚の硬貨のうち 20 枚以上が表となった割合は
$$3.2+1.4+1.0+0.1+0.1=\textbf{5.8}\,\%$$

であるから，30 人のうち 20 人以上が便利だと回答する割合は 5.8% であると考えられる．5.8% は 5% より大きいので，仮説 H_0 は誤っているとは判断されない．**⓪**

よって，P 空港は便利だと思う人の方が多いとはいえない．**⓪**

— 数 I A 68 —

第3問 （数学A　図形の性質）

Ⅶ ① ② ④　　　　　　　　　　【難易度…★】

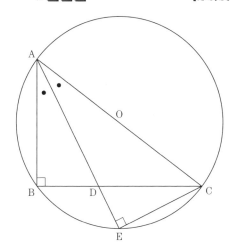

△ABC は ∠ABC＝90° の直角三角形である．
角の二等分線の性質から
$$AB:AC=BD:DC$$
が成り立つので
$$3:5=BD:DC$$
よって
$$BD=\frac{3}{8}BC=\frac{3}{8}\cdot 4=\boldsymbol{\frac{3}{2}}$$
△ABD で三平方の定理を用いると
$$AD=\sqrt{AB^2+BD^2}=\sqrt{3^2+\left(\frac{3}{2}\right)^2}=\boldsymbol{\frac{3\sqrt{5}}{2}}$$
辺 AC は外接円 O の直径であるから，∠AEC＝90° である．△ABD∽△AEC から相似比を考えて
$$\frac{AB}{AE}=\frac{AD}{AC}$$
が成り立つので
$$\frac{3}{AE}=\frac{\frac{3\sqrt{5}}{2}}{5} \quad \therefore\quad AE=\boldsymbol{2\sqrt{5}}$$

（注）方べきの定理により
$$AD\cdot DE=BD\cdot DC$$
が成り立つので
$$\frac{3\sqrt{5}}{2}\cdot DE=\frac{3}{2}\cdot\frac{5}{2}$$
$$DE=\frac{\sqrt{5}}{2}$$
よって
$$AE=AD+DE=\frac{3\sqrt{5}}{2}+\frac{\sqrt{5}}{2}=2\sqrt{5}$$

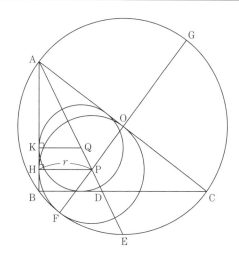

円 P と辺 AB との接点を H とすると，∠AHP＝90°，PH＝r であり，△AHP∽△ABD から
$$\frac{AH}{AB}=\frac{HP}{BD}=\frac{AP}{AD}$$
が成り立つので
$$\frac{AH}{3}=\frac{r}{\frac{3}{2}}=\frac{AP}{\frac{3\sqrt{5}}{2}}$$
$$\therefore\quad AH=2r,\ AP=\sqrt{5}\,r \quad\cdots\cdots①$$
2円が接するとき，2円の中心と接点は同一直線上にあるので，直線 FP は外接円の中心 O を通る．線分 FG は円 O の直径になるから
$$FG=AC=5$$
よって
$$PG=FG-FP=\boldsymbol{5-r}$$
方べきの定理から
$$AP\cdot PE=FP\cdot PG$$
が成り立つので
$$\sqrt{5}\,r\cdot(2\sqrt{5}-\sqrt{5}\,r)=r(5-r)$$
$$r(4r-5)=0$$
$r>0$ より
$$r=\boldsymbol{\frac{5}{4}}$$
△ABC の内接円 Q の半径を r' とすると，△ABC の面積を考えて
$$\frac{r'}{2}(3+4+5)=\frac{1}{2}\cdot 4\cdot 3$$
$$r'=\boldsymbol{1}$$
円 Q と辺 AB との接点を K とすると
$$BK=QK=r'=1$$

から

$$AK = AB - BK = 3 - 1 = 2$$

△AKQ で三平方の定理を用いると

$$AQ = \sqrt{AK^2 + QK^2} = \sqrt{2^2 + 1^2} = \sqrt{5}$$

また，① より

$$AH = 2 \cdot \frac{5}{4} = \frac{5}{2}$$

以上から

$$AH \cdot AB = \frac{5}{2} \cdot 3 = \frac{15}{2}$$

$$AQ \cdot AD = \sqrt{5} \cdot \frac{3\sqrt{5}}{2} = \frac{15}{2}$$

$$AQ \cdot AE = \sqrt{5} \cdot 2\sqrt{5} = 10$$

点 A は，3 点 B，D，Q を通る円の外部，3 点 B，E，Q を通る円の外部にあり

$$AH \cdot AB = AQ \cdot AD$$

$$AH \cdot AB \neq AQ \cdot AE$$

が成り立つので，方べきの定理の逆により

・点 H は 3 点 B，D，Q を通る円の周上にある．

・点 H は 3 点 B，E，Q を通る円の周上にはない．

したがって，(a)，(b) の正誤の組合せとして正しいものは **①**

第4問 (数学A　場合の数と確率)

Ⅵ ⑤⑥⑦⑧　　　　　　　　【難易度…★★】

箱 A $\begin{cases} \text{当たり} \cdots\cdots \dfrac{1}{2} \\ \text{はずれ} \cdots\cdots \dfrac{1}{2} \end{cases}$

箱 B $\begin{cases} \text{当たり} \cdots\cdots \dfrac{1}{3} \\ \text{はずれ} \cdots\cdots \dfrac{2}{3} \end{cases}$

(1) 箱 A において，3 回中ちょうど k 回当たる確率を p_k とすると，反復試行の確率により

$$p_k = {}_3C_k \left(\frac{1}{2}\right)^k \left(\frac{1}{2}\right)^{3-k}$$

$$= \frac{{}_3C_k}{8} \quad (k = 0, \ 1, \ 2, \ 3)$$

よって，3 回中ちょうど 1 回当たる確率は

$$p_1 = \frac{{}_3C_1}{8} = \frac{3}{8} \qquad \cdots\cdots①$$

箱 B において，3 回中ちょうど k 回当たる確率を q_k とすると

$$q_k = {}_3C_k \left(\frac{1}{3}\right)^k \left(\frac{2}{3}\right)^{3-k}$$

$$= \frac{{}_3C_k \cdot 2^{3-k}}{27} \quad (k = 0, \ 1, \ 2, \ 3)$$

よって，3 回中ちょうど 1 回当たる確率は

$$q_1 = \frac{{}_3C_1 \cdot 2^2}{27} = \frac{4}{9} \qquad \cdots\cdots②$$

箱 A において，3 回引いたときに当たりくじを引く回数の期待値は

$$0 \cdot p_0 + 1 \cdot p_1 + 2 \cdot p_2 + 3 \cdot p_3$$

$$= 0 \cdot \frac{{}_3C_0}{8} + 1 \cdot \frac{{}_3C_1}{8} + 2 \cdot \frac{{}_3C_2}{8} + 3 \cdot \frac{{}_3C_3}{8}$$

$$= 0 \cdot \frac{1}{8} + 1 \cdot \frac{3}{8} + 2 \cdot \frac{3}{8} + 3 \cdot \frac{1}{8}$$

$$= \frac{3}{2} \qquad \cdots\cdots③$$

箱 B において，3 回引いたときに当たりくじを引く回数の期待値は

$$0 \cdot q_0 + 1 \cdot q_1 + 2 \cdot q_2 + 3 \cdot q_3$$

$$= 0 \cdot \frac{{}_3C_0 \cdot 2^3}{27} + 1 \cdot \frac{{}_3C_1 \cdot 2^2}{27} + 2 \cdot \frac{{}_3C_2 \cdot 2^1}{27} + 3 \cdot \frac{{}_3C_3 \cdot 2^0}{27}$$

$$= 0 \cdot \frac{8}{27} + 1 \cdot \frac{4}{9} + 2 \cdot \frac{2}{9} + 3 \cdot \frac{1}{27}$$

$$= 1 \qquad \cdots\cdots④$$

(注)　当たりくじを引く回数とその確率は次のようになる．

	k	0	1	2	3	計
A	p_k	$\dfrac{1}{8}$	$\dfrac{3}{8}$	$\dfrac{3}{8}$	$\dfrac{1}{8}$	1

	k	0	1	2	3	計
B	q_k	$\dfrac{8}{27}$	$\dfrac{4}{9}$	$\dfrac{2}{9}$	$\dfrac{1}{27}$	1

(2) 太郎さんが箱 A，B を選ぶ確率は，それぞれ $\dfrac{1}{2}$ である．箱 A を選び，くじを引き 3 回中ちょうど 1 回当たる確率は

$$P(A \cap W) = \frac{1}{2} \cdot \frac{3}{8} = \frac{3}{16} \quad (① より)$$

箱 B を選び，くじを引き 3 回中ちょうど 1 回当たる確率は

$$P(B \cap W) = \frac{1}{2} \cdot \frac{4}{9} = \frac{2}{9} \quad (② より)$$

よって，A，B いずれかの箱を選び，くじを引き 3 回

中ちょうど1回当たる確率は
$$P(W) = P(A \cap W) + P(B \cap W)$$
$$= \frac{3}{16} + \frac{2}{9} = \frac{59}{144}$$
したがって，3回中ちょうど1回当たったとき，選んだ箱がAである条件付き確率 $P_W(A)$ は
$$P_W(A) = \frac{P(W \cap A)}{P(W)} = \frac{P(A \cap W)}{P(W)}$$
$$= \frac{\dfrac{3}{16}}{\dfrac{59}{144}} = \boldsymbol{\frac{27}{59}} \qquad \cdots\cdots ⑤$$
また，3回中ちょうど1回当たったとき，選んだ箱がBである条件付き確率 $P_W(B)$ は
$$P_W(B) = 1 - P_W(A)$$
$$= 1 - \frac{27}{59} = \frac{32}{59} \qquad \cdots\cdots ⑥$$
次に，花子さんが箱を選ぶとき
(X) 太郎さんが選んだ箱と同じ箱を選ぶ
(Y) 太郎さんが選んだ箱と異なる箱を選ぶ
のどちらの場合がよいかを考える．

・(X)の場合について考える．
箱A，Bにおいて3回引いてちょうど k 回当たる事象をそれぞれ A_k，B_k とすると，(1)より
$$P(A_k) = p_k, \quad P(B_k) = q_k \quad (k=0,~1,~2,~3)$$
である．
太郎さんが選んだ箱がAで，かつ花子さんが箱Aを選び，3回引いてちょうど k 回当たる確率は
$$P_W(A) \cdot P(A_k) = P_W(A) \cdot p_k \quad (k=0,~1,~2,~3)$$
であり，$k=1$ のとき，この確率は $P_W(A) \cdot P(A_1)$ と表せる．また，太郎さんが選んだ箱がBで，かつ花子さんが箱Bを選び，3回引いてちょうど k 回当たる確率は
$$P_W(B) \cdot P(B_k) = P_W(B) \cdot q_k \quad (k=0,~1,~2,~3)$$
であり，$k=1$ のとき，この確率は $P_W(B) \cdot P(B_1)$ と表せる．（❸）
よって，(X)の場合の当たりくじを引く回数の期待値を E_X とおくと
$$E_X = 0 \cdot \{P_W(A) p_0 + P_W(B) q_0\}$$
$$+ 1 \cdot \{P_W(A) p_1 + P_W(B) q_1\}$$
$$+ 2 \cdot \{P_W(A) p_2 + P_W(B) q_2\}$$
$$+ 3 \cdot \{P_W(A) p_3 + P_W(B) q_3\}$$
$$= P_W(A)(0 \cdot p_0 + 1 \cdot p_1 + 2 \cdot p_2 + 3 \cdot p_3)$$
$$+ P_W(B)(0 \cdot q_0 + 1 \cdot q_1 + 2 \cdot q_2 + 3 \cdot q_3)$$

$$= P_W(A) \cdot \frac{3}{2} + P_W(B) \cdot 1 \quad (❷,~❸)$$
$$(③,~④ より)$$
$$= \frac{27}{59} \cdot \frac{3}{2} + \frac{32}{59} \cdot 1 \quad (⑤,~⑥ より)$$
$$= \frac{145}{118}$$

・(Y)の場合について考える．
太郎さんが選んだ箱がAで，かつ花子さんが箱Bを選び，3回引いてちょうど k 回当たる確率は
$$P_W(A) \cdot P(B_k) = P_W(A) \cdot q_k \quad (k=0,~1,~2,~3)$$
また，太郎さんが選んだ箱がBで，かつ花子さんが箱Aを選び，3回引いてちょうど k 回当たる確率は
$$P_W(B) \cdot P(A_k) = P_W(B) \cdot p_k \quad (k=0,~1,~2,~3)$$
である．よって，(Y)の場合の当たりくじを引く回数の期待値を E_Y とおくと
$$E_Y = 0 \cdot \{P_W(A) q_0 + P_W(B) p_0\}$$
$$+ 1 \cdot \{P_W(A) q_1 + P_W(B) p_1\}$$
$$+ 2 \cdot \{P_W(A) q_2 + P_W(B) p_2\}$$
$$+ 3 \cdot \{P_W(A) q_3 + P_W(B) p_3\}$$
$$= P_W(A)(0 \cdot q_0 + 1 \cdot q_1 + 2 \cdot q_2 + 3 \cdot q_3)$$
$$+ P_W(B)(0 \cdot p_0 + 1 \cdot p_1 + 2 \cdot p_2 + 3 \cdot p_3)$$
$$= \frac{27}{59} \cdot 1 + \frac{32}{59} \cdot \frac{3}{2} \quad (③,~④,~⑤,~⑥ より)$$
$$= \frac{150}{118} = \boldsymbol{\frac{75}{59}}$$

したがって，$E_X < E_Y$ であるから，花子さんは太郎さんが選んだ箱と異なる箱を選ぶ方がよい．（❶）

2024 年度

大学入学共通テスト
本試験

解答・解説

'24 解答・解説

■数学Ⅰ・A　得点別偏差値表　平均点：51.38／標準偏差：20.73／受験者数：339,152

得　点	偏差値	得　点	偏差値	得　点	偏差値	得　点	偏差値	得　点	偏差値
100	73.5	80	63.8	60	54.2	40	44.5	20	34.9
99	73.0	79	63.3	59	53.7	39	44.0	19	34.4
98	72.5	78	62.8	58	53.2	38	43.5	18	33.9
97	72.0	77	62.4	57	52.7	37	43.1	17	33.4
96	71.5	76	61.9	56	52.2	36	42.6	16	32.9
95	71.0	75	61.4	55	51.7	35	42.1	15	32.5
94	70.6	74	60.9	54	51.3	34	41.6	14	32.0
93	70.1	73	60.4	53	50.8	33	41.1	13	31.5
92	69.6	72	59.9	52	50.3	32	40.7	12	31.0
91	69.1	71	59.5	51	49.8	31	40.2	11	30.5
90	68.6	70	59.0	50	49.3	30	39.7	10	30.0
89	68.1	69	58.5	49	48.9	29	39.2	9	29.6
88	67.7	68	58.0	48	48.4	28	38.7	8	29.1
87	67.2	67	57.5	47	47.9	27	38.2	7	28.6
86	66.7	66	57.1	46	47.4	26	37.8	6	28.1
85	66.2	65	56.6	45	46.9	25	37.3	5	27.6
84	65.7	64	56.1	44	46.4	24	36.8	4	27.1
83	65.3	63	55.6	43	46.0	23	36.3	3	26.7
82	64.8	62	55.1	42	45.5	22	35.8	2	26.2
81	64.3	61	54.6	41	45.0	21	35.3	1	25.7
								0	25.2

数 学	2024年度本試験　数学 I・数学 A　（100点満点）

（解答・配点）

問題番号（配点）	解答記号（配点）		正解	自己採点欄	問題番号（配点）	解答記号（配点）		正解	自己採点欄
第1問 (30)	ア	（2）	7		第3問 (20)	$\dfrac{ア}{イ}$	（2）	$\dfrac{1}{2}$	
	イ, ウ	（2）	7, 3			ウ	（2）	6	
	エオカ	（2）	−56			エオ	（2）	14	
	キク	（2）	14			$\dfrac{カ}{キ}$	（2）	$\dfrac{7}{8}$	
	ケ, コ, サ	（2）	3, 6, 0			ク	（2）	6	
	シ	（4）	4			$\dfrac{ケ}{コ}$	（2）	$\dfrac{2}{9}$	
	ス, セ	（4）	4, ⓪			サシ	（2）	42	
	ソ, タ, チ	（4）	7, 4, ②			スセ	（2）	54	
	ツ	（4）	③			ソタ	（2）	54	
	テ, ト, ナ, ニ	（4）	7, ⑤, ⓪, ①			$\dfrac{チツ}{テトナ}$	（2）	$\dfrac{75}{512}$	
小　計					小　計				
第2問 (30)	ア	（3）	9		第4問 (20)	アイウ	（2）	104	
	イ	（3）	8			エオカ	（3）	103	
	ウエ	（2）	12			キク	（2）	64	
	オ	（1）	8			ケコサシ	（3）	1728	
	カキ	（2）	13			スセ, ソ	（3）	64, 6	
	ク$-\sqrt{ケ}+\sqrt{コ}$	（4）	$3-\sqrt{3}+\sqrt{2}$			タチツ	（4）	518	
	サ	（2）	⑧			テ	（3）	③	
	シ	（2）	⑥		小　計				
	ス	（2）	④		第5問 (20)	ア	（2）	⓪	
	セ	（2）	⓪			イ：ウ	（3）	1：4	
	ソ.タチ	（2）	3.51			エ：オ	（2）	3：8	
	ツ	（2）	⓪			カ	（3）	5	
	テ	（3）	①			キク, ケ	（3）	45, ⓪	
小　計						コ, サ, シ	（4）	①, ⓪, ②	
（注）第1問, 第2問は必答。第3問〜第5問のうちから2問選択。計4問を解答。						ス, セ	（3）	②, ②	
					小　計				
					合　計				

— 数 I A 74 —

解　説

第1問

<解説>

〔1〕（数学Ⅰ　数と式）
　　　Ⅰ 1 2 4 　　　　　【難易度…★】
$$n < 2\sqrt{13} < n+1 \quad \cdots\cdots ①$$
$2\sqrt{13}=\sqrt{52}$, $7^2<52<8^2$ より
$$7 < 2\sqrt{13} < 8 \quad \cdots\cdots ①'$$
よって，①を満たす整数 n は
$$n = \mathbf{7}$$
である．
$$a = 2\sqrt{13}-7 \quad \cdots\cdots ②$$
$$b = \frac{1}{a} \quad \cdots\cdots ③$$
であり
$$b = \frac{1}{2\sqrt{13}-7} = \frac{2\sqrt{13}+7}{(2\sqrt{13}-7)(2\sqrt{13}+7)}$$
$$= \frac{\mathbf{7+2\sqrt{13}}}{\mathbf{3}} \quad \cdots\cdots ④$$
である．また
$$a^2 - 9b^2$$
$$=(a+3b)(a-3b)$$
$$=\left(2\sqrt{13}-7+3\cdot\frac{7+2\sqrt{13}}{3}\right)\left(2\sqrt{13}-7-3\cdot\frac{7+2\sqrt{13}}{3}\right)$$
$$=4\sqrt{13}\cdot(-14)$$
$$=\mathbf{-56\sqrt{13}}$$
①' から
$$\frac{7}{2} < \sqrt{13} < 4 \quad \cdots\cdots ⑤$$
④，⑤ から
$$\frac{14}{3} < \frac{7+2\sqrt{13}}{3} < \frac{15}{3}$$
$$\frac{14}{3} < b < \frac{15}{3} = 5$$
よって，$\frac{m}{3} < b < \frac{m+1}{3}$ を満たす整数 m は
$$m = \mathbf{14}$$
③ より
$$\frac{14}{3} < \frac{1}{a} < 5$$
$$\frac{1}{5} < a < \frac{3}{14} \quad \cdots\cdots ⑥'$$
②，⑥' より

$$\frac{1}{5} < 2\sqrt{13}-7 < \frac{3}{14}$$
$$\frac{18}{5} < \sqrt{13} < \frac{101}{28}$$
ここで，$\frac{18}{5}=3.6$, $\frac{101}{28}=3.607\cdots$ であるから，$\sqrt{13}$ の整数部分は **3**，小数第1位の数字は **6**，小数第2位の数字は **0** である．

〔2〕（数学Ⅰ　図形と計量）
　　　Ⅳ 1 　　　　　【難易度…★★】

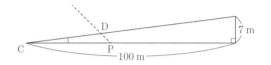

$$\tan\angle DCP = \frac{7}{100} = 0.07$$
三角比の表より
$$\tan 4° = 0.0699, \quad \tan 5° = 0.0875$$
であるから
$$n° < \angle DCP < n°+1°$$
を満たす整数 n の値は
$$n = \mathbf{4}$$

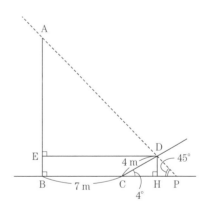

D から線分 CP に垂線 DH を引くと
$$DH = CD\sin\angle DCP = 4\sin\angle DCP$$
$$CH = CD\cos\angle DCP = 4\cos\angle DCP$$
であり
$$BE = DH = \mathbf{4\sin\angle DCP} \quad (\mathbf{⓪})$$
$$DE = BC+CH = \mathbf{7+4\cos\angle DCP} \quad (\mathbf{②})$$
三角比の表より

$\sin\angle\mathrm{DCP}=\sin4°=0.0698$
$\cos\angle\mathrm{DCP}=\cos4°=0.9976$ ……①

であるから
$\mathrm{BE}=4\times0.0698=0.2792$
$\mathrm{DE}=7+4\times0.9976=10.9904$

また，$\angle\mathrm{ADE}=\angle\mathrm{APB}=45°$ であり，$\angle\mathrm{AED}=90°$ であるから，$\triangle\mathrm{ADE}$ は $\mathrm{AE}=\mathrm{DE}$ の直角二等辺三角形であり
$\mathrm{AE}=\mathrm{DE}=10.9904$

よって，電柱の高さ AB は
$\mathrm{AB}=\mathrm{AE}+\mathrm{BE}$
$\quad=10.9904+0.2792$
$\quad=11.2696$
$\quad≒11.3$ （**③**）

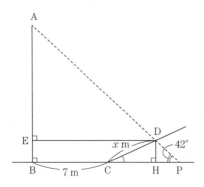

$\mathrm{CD}=x$ とおくと
$\mathrm{DH}=x\sin\angle\mathrm{DCP}$
$\mathrm{CH}=x\cos\angle\mathrm{DCP}$

であるから
$\mathrm{AE}=\mathrm{AB}-\mathrm{EB}=\mathrm{AB}-\mathrm{DH}$
$\quad=\mathrm{AB}-x\sin\angle\mathrm{DCP}$ ……②
$\mathrm{ED}=\mathrm{BH}=\mathrm{BC}+\mathrm{CH}$
$\quad=7+x\cos\angle\mathrm{DCP}$ ……③

$\angle\mathrm{ADE}=\angle\mathrm{APB}=42°$ より
$\mathrm{AE}=\mathrm{ED}\tan42°$

②, ③ より
$\mathrm{AB}-x\sin\angle\mathrm{DCP}=(7+x\cos\angle\mathrm{DCP})\tan42°$
$x(\sin\angle\mathrm{DCP}+\cos\angle\mathrm{DCP}\tan42°)=\mathrm{AB}-7\tan42°$

よって
$x=\dfrac{\mathrm{AB}-7\tan42°}{\sin\angle\mathrm{DCP}+\cos\angle\mathrm{DCP}\tan42°}$

すなわち
$\mathrm{CD}=\dfrac{\mathrm{AB}-\mathbf{7}\tan42°}{\sin\angle\mathrm{DCP}+\cos\angle\mathrm{DCP}\tan42°}$

（**⑤**, **⓪**, **①**）

三角比の表より
$\tan42°=0.9004$

であり，$\mathrm{AB}=11.3$ と ① より
$\mathrm{CD}=\dfrac{11.3-7\times0.9004}{0.0698+0.9976\times0.9004}$
$\quad≒5.2$

第2問

〔1〕（数学Ⅰ　2次関数）
　　　　Ⅲ ③ ⑤　　　　　【難易度…★★】

規則によると，P は O を出発して 6 秒後に A に到達する．また，Q は C を出発して 3 秒後に O に到達し，その後 O を出発し 6 秒後に C に到達する．

よって，t 秒後の P の座標は
$(t,\ 0)\quad(0\leqq t\leqq6)$

であり，t 秒後の Q の座標は
$0\leqq t\leqq3$ のとき　$(0,\ 6-2t)$
$3\leqq t\leqq6$ のとき　$(0,\ 2t-6)$

である．

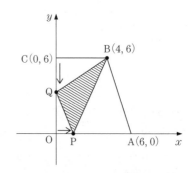

t 秒後の $\triangle\mathrm{PBQ}$ の面積を S とすると
$S=(台形\ \mathrm{BCOP})-\triangle\mathrm{BCQ}-\triangle\mathrm{OPQ}$ ……①

である．

(1) $t=1$ のとき，P, Q の座標は
$\mathrm{P}(1,\ 0),\ \mathrm{Q}(0,\ 4)$

であるから
$S=\dfrac{1}{2}\cdot(4+1)\cdot6-\dfrac{1}{2}\cdot4\cdot2-\dfrac{1}{2}\cdot1\cdot4=\mathbf{9}$

(2) $0\leqq t\leqq3$ のとき
$(台形\ \mathrm{BCOP})=\dfrac{1}{2}(4+t)\cdot6=3t+12$
$\triangle\mathrm{BCQ}=\dfrac{1}{2}\cdot4\cdot2t=4t$
$\triangle\mathrm{OPQ}=\dfrac{1}{2}\cdot t\cdot(6-2t)=-t^2+3t$

であるから，① より
$$S=(3t+12)-4t-(-t^2+3t)$$
$$=t^2-4t+12$$
$$=(t-2)^2+8$$
$0\leqq t\leqq 3$ より，S の最小値は
   8　$(t=2)$
であり，最大値は
   12　$(t=0)$

(3) $3\leqq t\leqq 6$ のとき
$$(台形 BCOP)=\frac{1}{2}(4+t)\cdot 6=3t+12$$
$$\triangle BCQ=\frac{1}{2}\cdot 4\cdot (12-2t)=-4t+24$$
$$\triangle OPQ=\frac{1}{2}\cdot t\cdot (2t-6)=t^2-3t$$
であるから，① より
$$S=(3t+12)-(-4t+24)-(t^2-3t)$$
$$=-t^2+10t-12$$
$$=-(t-5)^2+13$$

(2)の場合も考えて，$0\leqq t\leqq 6$ における S のグラフは次のようになる．

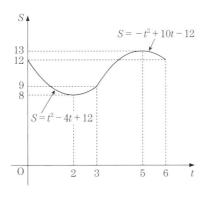

したがって，$0\leqq t\leqq 6$ における S の最小値は
   8　$(t=2)$
であり，最大値は
   13　$(t=5)$

(4)・$0\leqq t\leqq 3$ において，$S\leqq 10$ となるのは
$$t^2-4t+12\leqq 10$$
$$t^2-4t+2\leqq 0$$
$$2-\sqrt{2}\leqq t\leqq 2+\sqrt{2}$$
$0\leqq t\leqq 3$ より
$$2-\sqrt{2}\leqq t\leqq 3 \quad\cdots\cdots ②$$
・$3\leqq t\leqq 6$ において，$S\leqq 10$ となるのは

$$-t^2+10t-12\leqq 10$$
$$t^2-10t+22\geqq 0$$
$$t\leqq 5-\sqrt{3},\ 5+\sqrt{3}\leqq t$$
$3\leqq t\leqq 6$ より
$$3\leqq t\leqq 5-\sqrt{3} \quad\cdots\cdots ③$$
②，③ より，$0\leqq t\leqq 6$ において $S\leqq 10$ となるのは
$$2-\sqrt{2}\leqq t\leqq 5-\sqrt{3}$$
のときであるから，$S\leqq 10$ となる時間は
$$(5-\sqrt{3})-(2-\sqrt{2})=\mathbf{3}-\sqrt{\mathbf{3}}+\sqrt{\mathbf{2}}\quad (秒間)$$

〔2〕（数学Ⅰ　データの分析）
Ⅴ ①②③　　　　　　　　　　　【難易度…★】

(1)(i) 図1のAのヒストグラムにおいて，度数の最も大きい階級は510以上540未満の階級で度数は19である．よって，Aの最頻値は階級510以上540未満の階級値(525)である(⓪)．

また，図2のBのヒストグラムから次の度数分布表を得る．

階級（秒）	度数（人）	累積度数（人）
270以上～300未満	1	1
300　～330	1	2
330　～360	0	2
360　～390	2	4
390　～420	5	9
420　～450	10	19
450　～480	16	35
480　～510	14	49
510　～540	1	50
合　　計	50	

50個のデータを小さい順に並べたとき，中央値は25番目と26番目の値の平均値である．度数分布表より，Bの中央値が含まれる階級は450以上480未満の階級である(⑥)．

(ii) 図3の箱ひげ図から，各四分位数などの値はおおよそ次の表のように読み取ることができる．

	A	B
最小値	375	295
第1四分位数（Q_1）	480	435
中央値	—	—
第3四分位数（Q_3）	535	485
最大値	550	510

50個のデータを小さい順に並べたとき，小さい方から13番目の値は第1四分位数である．

Aの第1四分位数は，約480

Bの第1四分位数は，約435

であるから，Bの速い方から13番目の選手のベストタイムは，Aの速い方から13番目の選手のベストタイムより，およそ

480－435＝45（秒）（④）

速いことになる．

また，Aの四分位範囲（Q_3-Q_1）は，およそ

535－480＝55

Bの四分位範囲（Q_3-Q_1）は

485－435＝50

であるから，Aの四分位範囲からBの四分位範囲を引いた差の絶対値は

|55－50|＝5

である（⓪）．

(iii) **式**より，zの値は

$$z=\frac{(あるデータのある選手のベストタイム)-(そのデータの平均値)}{(そのデータの標準偏差)}$$

で求められる．

表1から，Aの1位の選手のベストタイムに対するzの値z_Aは

$$z_A=\frac{376-504}{40}=-3.2$$

Bの1位の選手のベストタイムに対するzの値z_Bは

$$z_B=\frac{296-454}{45}≒-3.51$$

したがって，ベストタイムで比較するとAの1位の選手は376，Bの1位の選手は296であるから，Bの1位の選手の方が速く，zの値で比較すると$z_B<z_A$より，Bの1位の選手の方が優れている．

よって，正しい記述は ⓪

(2) (a)，(b)の記述について考える．

(a) 図4から，マラソンのベストタイムの速い方から3番目までの選手は，320〜380の範囲にあり，これら3人の10000 mのタイムは，1650〜1670の範囲にあるので，(a)は正しい．

(b) 図4と図5の点の分布から，いずれも正の相関があると読み取ることができるが，図5の分布の方が直線的な傾向が強いので，5000 mと10000 mの間の相関はマラソンと10000 mの間の相関より強いといえる．よって，(b)は正しくない．

したがって，(a)，(b)の正誤の組合せとして正しいものは ⓪

第3問 （数学A　場合の数と確率）
Ⅶ ③④⑤　　　　　　　　　　【難易度…★★】

(1)

Ａ Ｂ

(i) 2回の試行でA，Bがそろっているのは

Ａ Ｂ または Ｂ Ａ

の順に取り出す場合で，2通りあるから，その確率は

$$\frac{2}{2^2}=\frac{1}{2}$$

(ii) 3回の試行でA，Bがそろっているのは，次のいずれかである．

・Ａを1回，Ｂを2回取り出す場合

Ａ Ｂ Ｂ，Ｂ Ａ Ｂ，Ｂ Ｂ Ａ

の3通りある．

・Ａを2回，Ｂを1回取り出す場合

Ｂ Ａ Ａ，Ａ Ｂ Ａ，Ａ Ａ Ｂ

の3通りある．

よって，A，Bがそろっているのは

3＋3＝6（通り）

であり，その確率は

$$\frac{6}{2^3}=\frac{3}{4}$$

(iii) 4回の試行でA，Bがそろっているのは，次のいずれかである．

・Ａを1回，Ｂを3回取り出す場合

1個のＡと3個のＢの計4個の文字を1列に並べる順列を考えて $\frac{4!}{3!}=4$ 通りある．

・Ａを2回，Ｂを2回取り出す場合

2個のＡと2個のＢの計4個の文字を1列に並

— 数ⅠA 78 —

べる順列を考えて $\dfrac{4!}{2!2!}=6$ 通りある.

・$\boxed{A}$ を 3 回，$\boxed{B}$ を 1 回取り出す場合

3 個の A と 1 個の B の計 4 個の文字を 1 列に並べる順列を考えて $\dfrac{4!}{3!}=4$ 通りある.

よって，A，B がそろっているのは
$$4+6+4=\mathbf{14}\ （通り）$$
であり，その確率は
$$\dfrac{14}{2^4}=\dfrac{\mathbf{7}}{\mathbf{8}}$$

（注） 余事象を考えると，A，B がそろっていないのは
$$\boxed{A}\,\boxed{A}\,\boxed{A}\,\boxed{A}\ \text{または}\ \boxed{B}\,\boxed{B}\,\boxed{B}\,\boxed{B}$$
の 2 通りであるから，A，B がそろっているのは
$$2^4-2=14\ （通り）$$
である.

(2)

$$\boxed{A}\ \boxed{B}\ \boxed{C}$$

（i）3 回目の試行で初めて A，B，C がそろうのは，A，B，C を 1 回ずつ取り出す場合であるから，取り出し方は
$$3!=\mathbf{6}\ （通り）$$
であり，その確率は
$$\dfrac{6}{3^3}=\dfrac{\mathbf{2}}{\mathbf{9}}$$

（ii）4 回目の試行で初めて A，B，C がそろうのは，次のいずれかである.

・3 回の試行で A，B がそろっていて，4 回目に C を取り出す.

・3 回の試行で B，C がそろっていて，4 回目に A を取り出す.

・3 回の試行で C，A がそろっていて，4 回目に B を取り出す.

それぞれの取り出し方は，(1)(ii) より 6 通りあるので，4 回目の試行で初めて A，B，C がそろうのは
$$3\times6=18\ （通り）$$
であり，その確率は
$$\dfrac{18}{3^4}=\dfrac{\mathbf{2}}{\mathbf{9}}$$

（iii）5 回目の試行で初めて A，B，C がそろうのは，次のいずれかである.

・4 回の試行で A，B がそろっていて，5 回目に C を取り出す.

・4 回の試行で B，C がそろっていて，5 回目に A

を取り出す.

・4 回の試行で C，A がそろっていて，5 回目に B を取り出す.

それぞれの取り出し方は，(1)(iii) より 14 通りあるので，5 回目の試行で初めて A，B，C がそろうのは
$$3\times14=\mathbf{42}\ （通り）$$
であり，その確率は
$$\dfrac{42}{3^5}=\dfrac{\mathbf{14}}{\mathbf{81}}$$

(3)

$$\boxed{A}\ \boxed{B}\ \boxed{C}\ \boxed{D}$$

6 回目の試行で初めて A，B，C，D がそろう場合について考える.

（ア）6 回の試行のうち 3 回目の試行で初めて A，B，C がそろい，かつ 6 回目の試行で初めて $\boxed{D}$ が取り出される場合

・3 回目の試行で初めて A，B，C がそろう取り出し方は (2)(i) より，6 通りある.

・4 回目，5 回目は $\boxed{A}$，$\boxed{B}$，$\boxed{C}$ のいずれを取り出してもよいので，$3^2=9$ 通りある.

・6 回目は $\boxed{D}$ を取り出すので 1 通りである.

よって，取り出し方は
$$6\cdot9\cdot1=\mathbf{54}\ （通り）$$

（イ）6 回の試行のうち 4 回目の試行で初めて A，B，C がそろい，かつ 6 回目の試行で初めて $\boxed{D}$ が取り出される場合

・4 回目の試行で初めて A，B，C がそろう取り出し方は (2)(ii) より 18 通りある.

・5 回目は $\boxed{A}$，$\boxed{B}$，$\boxed{C}$ のいずれを取り出してもよいので 3 通りある.

・6 回目は $\boxed{D}$ を取り出すので 1 通りである.

よって，取り出し方は
$$18\cdot3\cdot1=\mathbf{54}\ （通り）$$

（ウ）6 回の試行のうち 5 回目の試行で初めて A，B，C がそろい，かつ 6 回目の試行で初めて $\boxed{D}$ が取り出される場合

・5 回目の試行で初めて A，B，C がそろう取り出し方は (2)(iii) より 42 通りある.

・6 回目は $\boxed{D}$ を取り出すので 1 通りである.

よって，取り出し方は
$$42\cdot1=\mathbf{42}\ （通り）$$

（ア）（イ）（ウ）より，5 回目までに A，B，C だけがそろい，かつ 6 回目に初めて $\boxed{D}$ が取り出される取り出し方は
$$54+54+42=150\ （通り）$$

6回目の試行で初めて取り出されるカードは，Ⓐ，Ⓑ，Ⓒ，Ⓓ の 4 通りの場合があることを考えると，6 回目の試行で初めて A，B，C，D がそろう確率は

$$\frac{4 \cdot 150}{6^4} = \frac{\mathbf{75}}{\mathbf{512}}$$

第 4 問 （数学 A　整数の性質）※現行課程では範囲外
【難易度…★★】

(1)　10 進数の 40 を 6 進法で表すと

$$40 = 1 \cdot 6^2 + 0 \cdot 6 + 4$$
$$= 104_{(6)}$$

であるから，T6 はスタートしてから 40 秒後に **104** と表示される．

2 進法の $10011_{(2)}$ を 10 進法と 4 進法で表すと

$$10011_{(2)} = 1 \cdot 2^4 + 1 \cdot 2 + 1$$
$$= 19$$
$$19 = 1 \cdot 4^2 + 0 \cdot 4 + 3$$
$$= 103_{(4)}$$

であるから，T4 はスタートしてから $10011_{(2)} = 19$ 秒後に **103** と表示される．

(2)　3 桁の 4 進数で最大の数は $333_{(4)}$ であり

$$333_{(4)} + 1_{(4)} = 1000_{(4)}$$
$$= 1 \cdot 4^3$$
$$= 64$$

であるから，T4 をスタートさせた後，初めて表示が 000 に戻るのは **64** 秒後である．

同様に，3 桁の 6 進数で最大の数は $555_{(6)}$ であり

$$555_{(6)} + 1_{(6)} = 1000_{(6)}$$
$$= 1 \cdot 6^3$$
$$= 216$$

であるから，T6 をスタートさせた後，初めて表示が 000 に戻るのは 216 秒後である．

ここで，$64 = 2^6$，$216 = 2^3 \cdot 3^3$ であるから，64 と 216 の最小公倍数は $2^6 \cdot 3^3 = 1728$ である．T4 と T6 を同時にスタートさせた後，初めて両方の表示が同時に 000 に戻るのは，64 と 216 の最小公倍数である **1728** 秒後である．

(3)　4 進数の $012_{(4)}$ を 10 進法で表すと

$$012_{(4)} = 1 \cdot 4 + 2$$
$$= 6$$

であり，(2) より，T4 は 64 秒ごとに同じ数を表示するので

「T4 をスタートさせた ℓ 秒後に 012 と表示される」

ことと

「ℓ を **64** で割った余りが **6** である」

こととは同値である．

(2)と同様にして，3 桁の 3 進数で最大の数は $222_{(3)}$ であり

$$222_{(3)} + 1_{(3)} = 1000_{(3)}$$
$$= 1 \cdot 3^3$$
$$= 27$$

であるから，T3 は 27 秒ごとに同じ数を表示する．
3 進数の $012_{(3)}$ を 10 進法で表すと

$$012_{(3)} = 1 \cdot 3 + 2$$
$$= 5$$

であるから

「T3 をスタートさせた ℓ 秒後に 012 と表示される」

ことと

「ℓ を 27 で割った余りが 5 である」

こととは同値である．
T3 と T4 を同時にスタートさせてから，両方が同時に 012 と表示されるまでの時間 M は，x，y を 0 以上の整数として

$$M = 64x + 6 = 27y + 5 \qquad \cdots\cdots①$$

と表される．①より

$$64x - 27y = -1 \qquad \cdots\cdots②$$

であり，$x = 8$，$y = 19$ は②を満たすので，②は

$$64(x - 8) - 27(y - 19) = 0$$
$$64(x - 8) = 27(y - 19)$$

と変形できる．64 と 27 は互いに素であるから，②の解は

$$\begin{cases} x - 8 = 27k \\ y - 19 = 64k \end{cases}$$
$$\begin{cases} x = 27k + 8 \\ y = 64k + 19 \end{cases} \quad (k \text{ は整数})$$

と表される．よって，①より

$$M = 64(27k + 8) + 6$$
$$= 1728k + 518$$

であり，T3 と T4 を同時にスタートさせてから，初めて両方が同時に 012 と表示されるまでの時間 m は，$k = 0$ として

$$m = \mathbf{518}$$

また，6 進法の $012_{(6)}$ を 10 進法で表すと

$$012_{(6)} = 1 \cdot 6 + 2$$
$$= 8$$

であり，T6 は 216 秒ごとに同じ数を表示することより，T4 と T6 を同時にスタートさせてから，両方同時に 012 と表示されるまでの時間を N とすると，N は u, v を整数として
$$N=64u+6=216v+8$$
と表されるので
$$64u-216v=2$$
$$32u-108v=1$$
$$4(8u-27v)=1$$
この式の左辺は偶数，右辺は奇数であるから，この式を満たす u, v は存在しない．

よって，T4 と T6 を同時にスタートさせてから，両方が同時に 012 と表示されることはない(③)．

(注) ユークリッドの互除法を用いると
$$64=27\cdot2+10$$
$$27=10\cdot2+7$$
$$10=7\cdot1+3$$
$$7=3\cdot2+1$$
これより
$$1=7-3\cdot2$$
$$=7-(10-7\cdot1)\cdot2=7\cdot3-10\cdot2$$
$$=(27-10\cdot2)\cdot3-10\cdot2=27\cdot3-10\cdot8$$
$$=27\cdot3-(64-27\cdot2)\cdot8$$
$$=27\cdot19-64\cdot8$$
よって
$$64\cdot8-27\cdot19=-1$$
である．

第5問 (数学A 図形の性質)
Ⅵ ②③④　　　　　　　　　　【難易度…★★】

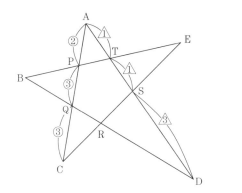

(1) △AQD と直線 CE にメネラウスの定理を用いると
$$\frac{QR}{RD}\cdot\frac{DS}{SA}\cdot\frac{AC}{CQ}=1 \quad (⓪)$$
が成り立つので
$$\frac{QR}{RD}\cdot\frac{3}{2}\cdot\frac{8}{3}=1$$
$$\frac{QR}{RD}=\frac{1}{4}$$
よって
$$QR:RD=\mathbf{1:4} \quad \cdots\cdots③$$
また，△AQD と直線 BE にメネラウスの定理を用いると
$$\frac{AP}{PQ}\cdot\frac{QB}{BD}\cdot\frac{DT}{TA}=1$$
が成り立つので
$$\frac{2}{3}\cdot\frac{QB}{BD}\cdot\frac{4}{1}=1$$
$$\frac{QB}{BD}=\frac{3}{8}$$
よって
$$QB:BD=\mathbf{3:8} \quad \cdots\cdots④$$
③, ④ より
$$BQ:QR:RD=3:1:4 \quad \cdots\cdots⑤$$

(2)

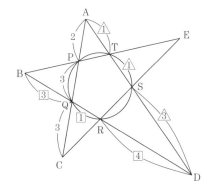

AC=8 より
$$AP=2, \quad PQ=3, \quad QC=3$$

(i) 4点 P, Q, S, T は同一円周上にあることから，方べきの定理を用いると
$$AP\cdot AQ=AT\cdot AS$$
が成り立つので
$$2\cdot5=AT\cdot2AT$$
$$AT^2=5$$
AT>0 より
$$AT=\mathbf{\sqrt{5}}$$

であり
$$ST=\sqrt{5}, \quad DS=3\sqrt{5}$$
また，4 点 Q，R，S，T は同一円周上にあること
から，方べきの定理を用いると
$$DR \cdot DQ = DS \cdot DT$$
が成り立つので，⑤ より $QR=x$，$DR=4x$ とおく
と
$$4x \cdot 5x = 3\sqrt{5} \cdot 4\sqrt{5}$$
$$x^2 = 3$$
$x>0$ より $x=\sqrt{3}$ であり
$$BQ=3\sqrt{3}, \quad QR=\sqrt{3}, \quad DR=4\sqrt{3}$$
(ⅱ) $\quad AQ \cdot CQ = 5 \cdot 3 = 15$
$$BQ \cdot DQ = 3\sqrt{3} \cdot 5\sqrt{3} = \mathbf{45}$$
であるから
$$AQ \cdot CQ < BQ \cdot DQ \quad (\mathbf{⓪}) \qquad \cdots\cdots①$$
また，3 点 A，B，C を通る円と直線 BD との交点
のうち B と異なる点を X とすると，方べきの定理
により
$$AQ \cdot CQ = BQ \cdot XQ \quad (\mathbf{⓪}) \qquad \cdots\cdots②$$
が成り立つので，①，② より
$$BQ \cdot XQ < BQ \cdot DQ$$
$BQ>0$ より
$$XQ < DQ \quad (\mathbf{⓪})$$
したがって，点 D は 3 点 A，B，C を通る円の外部
にある(**②**).

(ⅲ) $\quad CR=RS=SE=3$
線分 AD と CE の交点 S に注目して
$$AS \cdot DS = 2\sqrt{5} \cdot 3\sqrt{5} = 30$$
$$CS \cdot ES = 6 \cdot 3 = 18$$
よって，$CS \cdot ES < AS \cdot DS$ であるから，(ⅱ)と同様に
して，点 A は 3 点 C，D，E を通る円の外部にある
(**②**).
また，線分 BD，CE の交点 R に注目して
$$BR \cdot DR = 4\sqrt{3} \cdot 4\sqrt{3} = 48$$
$$CR \cdot ER = 3 \cdot 6 = 18$$
であり，$CR \cdot ER < BR \cdot DR$ であるから，点 B は 3
点 C，D，E を通る円の外部にある(**②**).

(注) △ACS と直線 BD にメネラウスの定理を用いる
と
$$\frac{AQ}{QC} \cdot \frac{CR}{RS} \cdot \frac{SD}{DA} = 1$$
が成り立つので
$$\frac{5}{3} \cdot \frac{CR}{RS} \cdot \frac{3}{5} = 1 \qquad \therefore \quad \frac{CR}{RS} = 1 \qquad \cdots\cdots⑥$$

△ACS と直線 BE にメネラウスの定理を用いると
$$\frac{AP}{PC} \cdot \frac{CE}{ES} \cdot \frac{ST}{TA} = 1$$
が成り立つので
$$\frac{2}{6} \cdot \frac{CE}{ES} \cdot \frac{1}{1} = 1 \qquad \therefore \quad \frac{CE}{ES} = 3 \qquad \cdots\cdots⑦$$
⑥，⑦ より
$$CR=RS=SE$$
また，4 点 P，Q，R，S は同一円周上にあるので，方
べきの定理を用いると
$$CQ \cdot CP = CR \cdot CS$$
が成り立ち
$$3 \cdot 6 = CR \cdot 2CR$$
$$CR^2 = 9$$
$CR>0$ より $\quad CR=3$
よって
$$CR=RS=SE=3$$

― 数ⅠA 82 ―

2023 年度

大学入学共通テスト
本試験

解答・解説

'23
解答・解説

■数学Ⅰ・A　得点別偏差値表　平均点：55.65 ／標準偏差：19.62 ／受験者数：346,628

得　点	偏差値	得　点	偏差値	得　点	偏差値	得　点	偏差値	得　点	偏差値
100	72.6	80	62.4	60	52.2	40	42.0	20	31.8
99	72.1	79	61.9	59	51.7	39	41.5	19	31.3
98	71.6	78	61.4	58	51.2	38	41.0	18	30.8
97	71.1	77	60.9	57	50.7	37	40.5	17	30.3
96	70.6	76	60.4	56	50.2	36	40.0	16	29.8
95	70.1	75	59.9	55	49.7	35	39.5	15	29.3
94	69.5	74	59.4	54	49.2	34	39.0	14	28.8
93	69.0	73	58.8	53	48.6	33	38.5	13	28.3
92	68.5	72	58.3	52	48.1	32	37.9	12	27.8
91	68.0	71	57.8	51	47.6	31	37.4	11	27.2
90	67.5	70	57.3	50	47.1	30	36.9	10	26.7
89	67.0	69	56.8	49	46.6	29	36.4	9	26.2
88	66.5	68	56.3	48	46.1	28	35.9	8	25.7
87	66.0	67	55.8	47	45.6	27	35.4	7	25.2
86	65.5	66	55.3	46	45.1	26	34.9	6	24.7
85	65.0	65	54.8	45	44.6	25	34.4	5	24.2
84	64.4	64	54.3	44	44.1	24	33.9	4	23.7
83	63.9	63	53.7	43	43.6	23	33.4	3	23.2
82	63.4	62	53.2	42	43.0	22	32.8	2	22.7
81	62.9	61	52.7	41	42.5	21	32.3	1	22.1
								0	21.6

数　　学　　2023年度本試験　数学Ⅰ・数学A　（100点満点）

（解答・配点）

問題番号（配点）	解答記号（配点）		正解	自己採点欄
第1問 (30)	アイ	（2）	-8	
	ウエ	（1）	-4	
	オ，カ	（2）	2，2	
	キ，ク	（2）	4，4	
	ケ，コ	（3）	7，3	
	サ	（3）	⓪	
	シ	（3）	⑦	
	ス	（2）	④	
	セソ	（2）	27	
	$\dfrac{タ}{チ}$	（2）	$\dfrac{5}{6}$	
	ツ$\sqrt{テト}$	（3）	$6\sqrt{11}$	
	ナ	（2）	⑥	
	ニヌ$(\sqrt{ネノ}+\sqrt{ハ})$	（3）	$10(\sqrt{11}+\sqrt{2})$	
小　計				
第2問 (30)	ア	（2）	②	
	イ	（2）	⑤	
	ウ	（2）	①	
	エ	（3）	②	
	オ	（3）	②	
	カ	（3）	⑦	
	キ，ク	（3）	4，3	
	ケ，コ	（3）	4，3	
	サ	（3）	②	
	$\dfrac{シ\sqrt{ス}}{セソ}$	（3）	$\dfrac{5\sqrt{3}}{57}$	
	タ，チ	（3）	⓪，⓪	
小　計				

問題番号（配点）	解答記号（配点）		正解	自己採点欄
第3問 (20)	アイウ	（3）	320	
	エオ	（3）	60	
	カキ	（3）	32	
	クケ	（3）	30	
	コ	（3）	②	
	サシス	（2）	260	
	セソタチ	（3）	1020	
小　計				
第4問 (20)	アイ	（2）	11	
	ウエオカ	（3）	2310	
	キク	（3）	22	
	ケコサシ	（3）	1848	
	スセソ	（2）	770	
	タチ	（2）	33	
	ツテトナ	（2）	2310	
	ニヌネノ	（3）	6930	
小　計				
第5問 (20)	アイ	（2）	90	
	ウ	（2）	③	
	エ	（3）	④	
	オ	（3）	③	
	カ	（2）	②	
	キ	（3）	③	
	$\dfrac{ク\sqrt{ケ}}{コ}$	（3）	$\dfrac{3\sqrt{6}}{2}$	
	サ	（2）	7	
小　計				
合　計				

（注）　第1問，第2問は必答。第3問～第5問のうちから2問選択。計4問を解答。

解　説

第1問

〔1〕（数学Ⅰ　数と式）

I ②③⑤　　　　　　　　　　　　【難易度…★】

$$|x+6| \leq 2$$
$$-2 \leq x+6 \leq 2$$
$$\mathbf{-8 \leq x \leq -4}$$

$x=(1-\sqrt{3})(a-b)(c-d)$ の場合を考えて

$$|(1-\sqrt{3})(a-b)(c-d)+6| \leq 2$$
$$-8 \leq (1-\sqrt{3})(a-b)(c-d) \leq -4$$

$1-\sqrt{3}<0$ より

$$-\frac{8}{1-\sqrt{3}} \geq (a-b)(c-d) \geq -\frac{4}{1-\sqrt{3}}$$

ここで

$$-\frac{1}{1-\sqrt{3}} = \frac{1}{\sqrt{3}-1} = \frac{\sqrt{3}+1}{(\sqrt{3}-1)(\sqrt{3}+1)}$$
$$= \frac{\sqrt{3}+1}{2}$$

であるから

$$4(\sqrt{3}+1) \geq (a-b)(c-d) \geq 2(\sqrt{3}+1)$$

よって

$$\mathbf{2+2\sqrt{3} \leq (a-b)(c-d) \leq 4+4\sqrt{3}}$$

次に

$$(a-b)(c-d) = 4+4\sqrt{3} \quad \cdots\cdots ①$$
$$(a-c)(b-d) = -3+\sqrt{3} \quad \cdots\cdots ②$$

が成り立つとき

$$ac-ad-bc+bd = 4+4\sqrt{3}$$
$$ab-ad-bc+cd = -3+\sqrt{3}$$

辺々引いて

$$ac-ab+bd-cd = 7+3\sqrt{3}$$
$$a(c-b)+(b-c)d = 7+3\sqrt{3}$$
$$(a-d)(c-b) = \mathbf{7+3\sqrt{3}} \quad \cdots\cdots ③$$

〔2〕（数学Ⅰ　図形と計量）

Ⅳ ①②③　　　　　　　　　　　【難易度…★★】

(1) (i)　　　　　　　(ii)

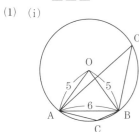
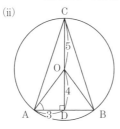

(i) △ABCで正弦定理を用いると

$$\sin\angle ACB = \frac{AB}{2 \cdot OA} = \frac{6}{2 \cdot 5} = \frac{3}{5} \quad (⓪)$$

∠ACBが鈍角のとき，$\cos\angle ACB<0$ であるから

$$\cos\angle ACB = -\sqrt{1-\sin^2\angle ACB}$$
$$= -\sqrt{1-\left(\frac{3}{5}\right)^2} = -\frac{4}{5} \quad (⑦)$$

(ii) △ABCの面積が最大になるのは，直線OCがABと垂直になるときであり，このとき3点C，O，Dはこの順に並ぶ．点Dは線分ABの中点になるので，三平方の定理により

$$OD = \sqrt{OA^2-AD^2} = \sqrt{5^2-3^2} = 4$$

よって

$$\tan\angle OAD = \frac{OD}{AD} = \frac{4}{3} \quad (④)$$

$$\triangle ABC = \frac{1}{2} \cdot AB \cdot CD = \frac{1}{2} \cdot 6 \cdot (5+4) = \mathbf{27}$$

(2)

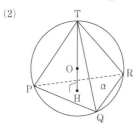
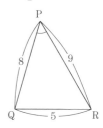

△PQRで余弦定理を用いると

$$\cos\angle QPR = \frac{9^2+8^2-5^2}{2 \cdot 9 \cdot 8} = \frac{\mathbf{5}}{\mathbf{6}}$$

$0°<\angle QPR<180°$ より $\sin\angle QPR>0$ であるから

$$\sin\angle QPR = \sqrt{1-\cos^2\angle QPR}$$
$$= \sqrt{1-\left(\frac{5}{6}\right)^2} = \frac{\sqrt{11}}{6}$$

$$\triangle PQR = \frac{1}{2} \cdot PQ \cdot PR \cdot \sin\angle QPR$$
$$= \frac{1}{2} \cdot 8 \cdot 9 \cdot \frac{\sqrt{11}}{6} = \mathbf{6\sqrt{11}}$$

三角錐TPQRの体積が最大になるのは，直線OTが平面αと垂直になるときであり，このとき3点T，O，Hはこの順に並ぶ．

△OPH，△OQH，△ORHにおいて，三平方の定理を用いると

$$PH = \sqrt{OP^2-OH^2}$$
$$QH = \sqrt{OQ^2-OH^2}$$
$$RH = \sqrt{OR^2-OH^2}$$

であり，OP＝OQ＝OR＝5であるから

$$PH＝QH＝RH \quad （⑥）$$

よって，点Hは△PQRの外心になるので，正弦定理により

$$PH＝\frac{QR}{2\sin\angle QPR}＝\frac{5}{2\cdot\dfrac{\sqrt{11}}{6}}＝\frac{15}{\sqrt{11}}$$

であり

$$OH＝\sqrt{OP^2－PH^2}＝\sqrt{5^2－\left(\frac{15}{\sqrt{11}}\right)^2}＝\frac{5\sqrt{2}}{\sqrt{11}}$$

三角錐TPQRの体積は

$$\frac{1}{3}\cdot\triangle PQR\cdot TH＝\frac{1}{3}\cdot6\sqrt{11}\cdot\left(5＋\frac{5\sqrt{2}}{\sqrt{11}}\right)$$
$$＝\mathbf{10(\sqrt{11}＋\sqrt{2})}$$

第2問

〔1〕（数学Ⅰ　データの分析）

V ① ② ③ ④ 　　　　　　【難易度…★】

(1) 図1のヒストグラムから，次の度数分布表を得る．

階　　級　（円）	度数	累積度数
1000 ^{以上}～1400 ^{未満}	2	2
1400　　～1800	7	9
1800　　～2200	11	20
2200　　～2600	7	27
2600　　～3000	10	37
3000　　～3400	8	45
3400　　～3800	5	50
3800　　～4200	0	50
4200　　～4600	1	51
4600　　～5000	1	52
合　　計	52	

52個のデータを小さい（大きくない）順に並べるとき，第1四分位数(Q_1)は13番目と14番目の値の平均値，第3四分位数(Q_3)は39番目と40番目の値の平均値であるから

$$Q_1 は 1800 以上 2200 未満の階級 \quad （②）$$
$$Q_3 は 3000 以上 3400 未満の階級 \quad （⑤）$$

に含まれる．よって，四分位範囲($Q_3－Q_1$)は800（＝3000－2200）より大きく，1600（＝3400－1800）より小さい．（⓪）

(2)(i) 地域Eの19個のデータを$x_1\leqq x_2\leqq\cdots\leqq x_{19}$とし，地域Wの33個のデータを$y_1\leqq y_2\leqq\cdots\leqq y_{33}$とすると各値は次のようになる．

	地域E	地域W
最小値	x_1	y_1
第1四分位数	x_5	$\dfrac{y_8＋y_9}{2}$
中央値	x_{10}	y_{17}
第3四分位数	x_{15}	$\dfrac{y_{25}＋y_{26}}{2}$
最大値	x_{19}	y_{33}

⓪ 地域Eにおいて，小さい方から5番目(x_5)は第1四分位数であり，図2から第1四分位数は2000より大きいので，⓪は正しくない．

① 地域Eの範囲($x_{19}－x_1$)は，図2からおおよそ3700－1200＝2500であり，地域Wの範囲($y_{33}－y_1$)は，図3からおおよそ5000－1400＝3600であるから，①は正しくない．

② 地域Eの中央値(x_{10})は，図2からおおよそ2200であり，地域Wの中央値(y_{17})は，図3からおおよそ2600であるから，②は正しい．

③ 地域Eにおいて，中央値(x_{10})は2600より小さいので，2600未満の市の割合は50％より大きい．地域Wにおいて，中央値(y_{17})は2600より大きいので，2600未満の市の割合は50％より小さい．よって，③は正しくない．

したがって，正しいものは　②

(ii) 分散は，偏差の2乗の平均値であるから，地域Eにおけるかば焼きの支出金額の分散は，支出金額の偏差の2乗を合計して地域Eの市の数で割った値である．（②）

(3) 地域Eにおける，やきとりの支出金額とかば焼きの支出金額の相関係数は，表1から

$$\frac{124000}{590\cdot570}＝0.3687\cdots$$
$$≒0.37 \quad （⑦）$$

— 数ⅠA 86 —

〔2〕 (数学Ⅰ 2次関数)
Ⅲ ②③ 【難易度…★】

(1)
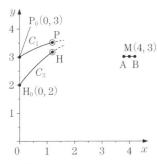

放物線 C_1 の方程式を, $a<0$ として
$$y=ax^2+bx+c$$
とする. C_1 は2点 $P_0(0, 3)$, $M(4, 3)$ を通るので
$$\begin{cases} 3=c \\ 3=16a+4b+c \end{cases}$$
$$\begin{cases} c=3 \\ b=-4a \end{cases}$$
よって, C_1 の方程式は
$$y=ax^2-4ax+\mathbf{3}$$
$$=a(x-2)^2-4a+3$$
プロ選手のシュートの高さは
$$-\mathbf{4}a+\mathbf{3} \quad (x=2)$$
同様にして, 放物線 C_2 の方程式は, $p<0$ として
$$y=p\left\{x-\left(2-\frac{1}{8p}\right)\right\}^2-\frac{(16p-1)^2}{64p}+2$$
と表される.
ボールが最も高くなるときの地上の位置は
プロ選手 …… $x=2$
花子さん …… $x=2-\dfrac{1}{8p}$

$p<0$ より $2<2-\dfrac{1}{8p}$ であるから, 花子さんの方がつねに M の x 座標に近い. (②)

(2)
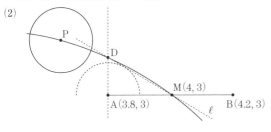

(1)より, C_1 の方程式は
$$y=ax(x-4)+3$$
と表される. $AD=\dfrac{\sqrt{3}}{15}$ のとき, 点 D の座標は

$\left(3.8, 3+\dfrac{\sqrt{3}}{15}\right)$ であり, C_1 が D を通るとき
$$3+\frac{\sqrt{3}}{15}=a\cdot 3.8\cdot(-0.2)+3$$
$$a=-\frac{5\sqrt{3}}{57}$$
よって, C_1 の方程式は
$$y=-\frac{\mathbf{5\sqrt{3}}}{\mathbf{57}}(x^2-4x)+3$$
であり, プロ選手のシュートの高さは, (1)より
$$-4a+3=-4\left(-\frac{5\sqrt{3}}{57}\right)+3$$
$$=\frac{20\sqrt{3}}{57}+3$$
$$\fallingdotseq\frac{20\cdot 1.73}{57}+3$$
$$=3.6\cdots$$
花子さんのシュートの高さは約3.4であるから, プロ選手のシュートの高さは, 花子さんのシュートの高さより約0.2(=3.6−3.4)すなわちボール約1個分だけ大きい. (⓪, ⓪)

第3問 (数学A 場合の数と確率)
Ⅶ ②③④ 【難易度…★】

(1)

球①の塗り方は5通り, 球②, 球③, 球④の塗り方は, それぞれ4通りずつあるので, 球の塗り方の総数は
$$5\cdot 4\cdot 4\cdot 4=\mathbf{320}\text{（通り）}$$

(2)

球①の塗り方は5通り, 球②の塗り方は4通り, 球③の塗り方は3通りあるので, 球の塗り方の総数は
$$5\cdot 4\cdot 3=\mathbf{60}\text{（通り）}$$

(3)

赤を2回使うとき, 赤は球①と③, または球②と④に塗ることになる.

赤を球①と③に塗るとき，球②，球④の塗り方は，それぞれ4通りずつある．赤を球②と球④に塗るときも，球①，球③の塗り方は，それぞれ4通りずつあるので，球の塗り方の総数は
$$4\cdot 4\cdot 2 = \mathbf{32}\text{（通り）}$$

(4)

赤を3回，青を2回使うとき，赤と青は球②～⑥に塗ることになるので，球の塗り方は ${}_5C_3$ 通りある．このとき，球①の塗り方は3通りあるので，球の塗り方の総数は
$${}_5C_3 \cdot 3 = 10\cdot 3 = \mathbf{30}\text{（通り）}$$

(5)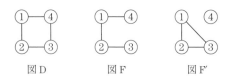

図Dにおける球の塗り方の総数は，図Fにおける球の塗り方の総数から，球③と球④が同色になる塗り方を除くことによって求められる．

図Fにおける球の塗り方の総数は，(1)の塗り方と同じであり，320通りある．このうち，球③と球④が同色になるのは，球③と球④を同色に塗り，球②は球③と異なる色，球①は球②，球③と異なる色に塗る場合であるから，図F′において球③と球④を同色に塗る塗り方の総数と同じである．その塗り方は(2)より 60通りある．（②）

よって，図Dにおける球の塗り方の総数は
$$320 - 60 = \mathbf{260}\text{（通り）}$$

(6)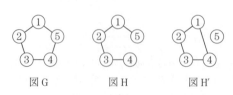

(5)の場合と同様に考えると，図Gにおける球の塗り方の総数は，図Hにおける球の塗り方の総数から，球④と球⑤が同色になる塗り方を除くことによって求められる．

図Hにおける球の塗り方の総数は，(1)の場合と同様にして
$$5\cdot 4\cdot 4\cdot 4\cdot 4 = 1280\text{（通り）}$$

このうち，球④と球⑤が同色になる塗り方の総数は，図H′において球④と球⑤を同色に塗る塗り方の総数と同じであり，その塗り方は(5)より 260通りある．

よって，図Gにおける球の塗り方の総数は
$$1280 - 260 = \mathbf{1020}\text{（通り）}$$

第4問 （数学A　整数の性質）※現行課程では範囲外
【難易度…★】

(1)
$$462 = 2\cdot 3\cdot 7\cdot 11$$
$$110 = 2\cdot 5\cdot 11$$
462と110の両方を割り切る素数のうち，最大のものは **11**
赤い長方形を並べて作ることができる正方形のうち，辺の長さが最小になるのは，一辺の長さが462と110の最小公倍数になるときであるから
$$2\cdot 3\cdot 5\cdot 7\cdot 11 = \mathbf{2310}$$
赤い長方形を並べて長方形を作るとき，長方形の縦の長さを x，横の長さを y とすると，k, ℓ を自然数として
$$x = 110k,\quad y = 462\ell \qquad \cdots\cdots ①$$
と表される．
横の長さと縦の長さの差の絶対値は，①より
$$|y - x| = |462\ell - 110k|$$
$$= 22|21\ell - 5k|$$
であり，$\ell = 1, k = 4$ のとき $|21\ell - 5k| = 1$ であるから，正方形でない長方形を作るとき，$|y - x|$ の最小値は **22**，このとき
$$x = 440,\quad y = 462$$
縦の長さが横の長さより22長いとき
$$x - y = 22$$
①より
$$110k - 462\ell = 22$$
$$5k - 21\ell = 1$$
この式を満たす k, ℓ のうち，ℓ が最小のものは，$\ell = 4, k = 17$ であるから，横の長さが最小になるものは
$$x = 110\cdot 17 = 1870$$
$$y = 462\cdot 4 = \mathbf{1848}$$

(2)
$$363 = 3\cdot 11^2$$
$$154 = 2\cdot 7\cdot 11$$
赤と青の長方形を並べてできる長方形のうち，縦の長さが最小になるのは，110と154の最小公倍数になる

ときであるから
$$2\cdot5\cdot7\cdot11=\mathbf{770}$$
462 と 363 の最大公約数は
$$3\cdot11=\mathbf{33}$$
33 の倍数のうちで 770 の倍数でもある最小の正の整数は
$$770\cdot3=\mathbf{2310}$$
赤と青の長方形を並べてできる正方形の一辺の長さを z とすると,z は 2310 の倍数であり,横の長さについて
$$z=462m+363n \quad (m, n\text{ は自然数})$$
と表される.

・$z=2310$ のとき
$$462m+363n=2310$$
$$14m+11n=70$$
$$\therefore\ 11n=14(5-m)$$
これを満たす m, n は存在しない.

・$z=4620$ のとき
$$462m+363n=4620$$
$$14m+11n=140$$
$$\therefore\ 11n=14(10-m)$$
これを満たす m, n は存在しない.

・$z=6930$ のとき
$$462m+363n=6930$$
$$14m+11n=210$$
$$\therefore\ 11n=14(15-m)$$
$m=4, n=14$ はこの式を満たす.

よって,正方形のうち,辺の長さが最小のものは,一辺の長さが **6930**

第5問 (数学A 図形の性質)

Ⅵ ①④ 【難易度…★★】

(1)

- 構想 -
直線 EH が円 O の接線であることを証明するために,$\angle OEH=\mathbf{90}°$ であることを示す.

点 C は線分 AB の中点であるから
$$OC\perp AB$$
また,直線 GH は円 O の接線であるから
$$\angle OGH=90°$$
よって,$\angle OCH=\angle OGH=90°$ であるから,4 点 C, G, H, O (③) は,線分 OH を直径とする円周上にあり
$$\angle CHG=180°-\angle COG$$
$$=\angle FOG \quad (④) \quad\cdots\cdots①$$
一方,円 O において弧 $\overset{\frown}{DG}$ に対する円周角と中心角を考えることにより
$$\angle DEG=\frac{1}{2}\angle DOG$$
であり,$\triangle ODF\equiv\triangle OGF$ より $\angle DOG=2\angle FOG$ であるから
$$\angle DEG=\angle FOG$$
つまり
$$\angle FOG=\angle DEG \quad (③) \quad\cdots\cdots②$$
①,② より
$$\angle CHG=\angle DEG=\angle CEG$$
であるから,4 点 C, G, H, E (②) は同一円周上にある.したがって,5 点 O, C, E, H, G は,線分 OH を直径とする円周上にあるので
$$\angle OEH=90°$$
よって,直線 EH は円 O の接線である.

(2)

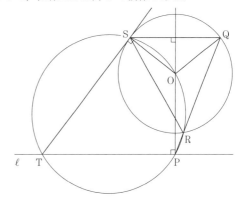

$\angle OPT=\angle OST=90°$ より,4 点 O, S, T, P は,線分 OT を直径とする円周上にある.
(1)と同様にして
$$\angle PTS=\frac{1}{2}\angle QOS=\angle QRS \quad (③)$$

よって，4点 P，R，S，T は同一円周上にあるので，
5点 O，S，T，P，R は，線分 OT を直径とする円周
上にある.
3点 O，P，R を通る円の直径は OT であるから，半
径は

$$\frac{1}{2}\mathrm{OT}=\frac{3\sqrt{6}}{2}$$

$\angle \mathrm{ORT}=90°$ より，$\triangle \mathrm{ORT}$ に三平方の定理を用いる
と

$$\begin{aligned}\mathrm{RT}&=\sqrt{\mathrm{OT}^2-\mathrm{OR}^2}\\&=\sqrt{(3\sqrt{6})^2-(\sqrt{5})^2}=7\end{aligned}$$

― MEMO ―

— MEMO —

— MEMO —

— MEMO —

駿台文庫の共通テスト対策

※掲載書籍の価格は、2024年6月時点の価格です。価格は予告なく変更になる場合があります。

2025-大学入学共通テスト 実戦問題集

2024年6月刊行

※画像は2024年度版を利用し作成したイメージになります。

本番で問われるすべてをここに凝縮

◆ 駿台オリジナル予想問題5回+過去問を収録
※英語/数学/国語/地理歴史/公民は「試作問題+過去問2回」
理科基礎/理科は「過去問3回」

◆ 詳細な解答解説は使いやすい別冊挟み込み

駿台文庫 編 B5判 税込価格 1,540円 ※理科基礎は税込1,210円

【科目別 17点】
- 英語リーディング ●英語リスニング ●数学I・A ●数学II・B・C ●国語
- 物理基礎 ●化学基礎 ●生物基礎 ●地学基礎 ●物理 ●化学 ●生物
- 地理総合,地理探究 ●歴史総合,日本史探究 ●歴史総合,世界史探究
- 公共,倫理 ●公共,政治・経済

※『英語リスニング』の音声はダウンロード式
※『公共,倫理』『公共,政治・経済』の公共は共通問題です

2025-大学入学共通テスト 実戦パッケージ問題 青パック【市販版】

2024年9月刊行

※画像は2024年度版を利用し作成したイメージになります。

共通テストの仕上げの1冊!
本番さながらのオリジナル予想問題で実力チェック

全科目新作問題ですので、青パック【高校限定版】や他の共通テスト対策書籍との問題重複はありません

税込価格 1,760円

【収録科目:7教科14科目】
- 英語リーディング ●英語リスニング ●数学I・A ●数学II・B・C ●国語
- 物理基礎/化学基礎/生物基礎/地学基礎 ●物理 ●化学 ●生物
- 地理総合,地理探究 ●歴史総合,日本史探究 ●歴史総合,世界史探究
- 公共,倫理 ●公共,政治・経済 ●情報I

「情報I」の新作問題を収録

※解答解説冊子・マークシート冊子付き
※『英語リスニング』の音声はダウンロード式
※『公共,倫理』『公共,政治・経済』の公共は共通問題です

短期攻略大学入学共通テストシリーズ

1ヶ月で基礎から共通テストレベルまで完全攻略

科目	価格	科目	価格
●英語リーディング〈改訂版〉	税込1,320円	●生物基礎〈改訂版〉	2024年刊行予定
●英語リスニング〈改訂版〉※	税込1,320円	●地学基礎	税込1,045円
NEW ●数学I・A 基礎編〈改訂版〉	税込1,430円	●物理	税込1,320円
NEW ●数学I・A 実戦編〈改訂版〉	税込1,210円	●化学〈改訂版〉	2024年刊行予定
NEW ●数学II・B・C 基礎編〈改訂版〉	税込1,650円	●生物〈改訂版〉	2024年刊行予定
NEW ●数学II・B・C 実戦編〈改訂版〉	税込1,210円	●地学	税込1,320円
●現代文〈改訂版〉	2024年刊行予定		
NEW ●古文〈改訂版〉	税込1,100円	※『英語リスニング』の音声はダウンロード式	
NEW ●漢文〈改訂版〉	税込1,210円		
●物理基礎	税込 935円		
●化学基礎〈改訂版〉	2024年刊行予定		

駿台文庫株式会社
〒101-0062 東京都千代田区神田駿河台1-7-4 小畑ビル6階
TEL 03-5259-3301 FAX 03-5259-3006
https://www.sundaibunko.jp

●刊行予定は、2024年4月時点の予定です。
最新情報につきましては、駿台文庫の公式サイトをご覧ください。

駿台文庫のお薦め書籍

※掲載書籍の価格は、2024年6月時点の価格です。価格は予告なく変更になる場合があります。

システム英単語〈5訂版〉
システム英単語Basic〈5訂版〉
霜 康司・刀祢雅彦 共著
システム英単語　　　　B6判　　税込1,100円
システム英単語Basic　B6判　　税込1,100円

入試数学「実力強化」問題集
杉山義明 著　　B5判　　税込2,200円

英語 ドリルシリーズ
英作文基礎10題ドリル	竹岡広信 著	B5判	税込1,210円	
英文法入門10題ドリル	田中健一 著	B5判	税込 913円	
英文法基礎10題ドリル	田中健一 著	B5判	税込 990円	
英文読解入門10題ドリル	田中健一 著	B5判	税込 935円	

国語 ドリルシリーズ
現代文読解基礎ドリル〈改訂版〉	池尻俊也 著	B5判	税込 935円
現代文読解標準ドリル	池尻俊也 著	B5判	税込 990円
古典文法10題ドリル〈古文基礎編〉	菅野三恵 著	B5判	税込 990円
古典文法10題ドリル〈古文実戦編〉〈三訂版〉 菅野三恵・福沢健・下屋敷雅暁 共著		B5判	税込1,045円
古典文法10題ドリル〈漢文編〉	斉京宣行・三宅崇広 共著	B5判	税込1,045円
漢字・語彙力ドリル	霜 栄 著	B5判	税込1,023円

生きる シリーズ
霜 栄 著
生きる漢字・語彙力〈三訂版〉	B6判	税込1,023円
生きる現代文キーワード〈増補改訂版〉	B6判	税込1,023円
共通テスト対応 生きる現代文 随筆・小説語句	B6判	税込 880円

開発講座シリーズ
霜 栄 著
現代文 解答力の開発講座	A5判	税込1,320円
現代文 読解力の開発講座〈新装版〉	A5判	税込1,320円
現代文 読解力の開発講座〈新装版〉オーディオブック		税込2,200円

国公立標準問題集CanPass（キャンパス）シリーズ
英語	山口玲児・高橋康弘 共著	A5判	税込1,210円	
数学Ⅰ・A・Ⅱ・B・C〔ベクトル〕〈第3版〉 桑畑信泰・古梶裕之 共著		A5判	税込1,430円	
数学Ⅲ・C〔複素数平面、式と曲線〕〈第3版〉 桑畑信泰・古梶裕之 共著		A5判	税込1,320円	
現代文	清水正史・多田圭太朗 共著	A5判	税込1,210円	
古典	白鳥永興・福田忍 共著	A5判	税込1,155円	
物理基礎+物理	溝口真之・椎名泰司 共著	A5判	税込1,210円	
化学基礎+化学〈改訂版〉	犬塚壮志 著	A5判	税込1,760円	
生物基礎+生物	波多野善崇 著	A5判	税込1,210円	

東大入試詳解シリーズ〈第3版〉
25年 英語	25年 現代文	24年 物理・上	25年 日本史
20年 英語リスニング	25年 古典	20年 物理・下	25年 世界史
25年 数学〈文科〉		25年 化学	25年 地理
25年 数学〈理科〉		25年 生物	

A5判(物理のみB5判)　各税込2,860円　物理・下は税込2,530円
※物理・下は第3版ではありません

京大入試詳解シリーズ〈第2版〉
25年 英語	25年 現代文	25年 物理	20年 日本史
25年 数学〈文系〉	25年 古典	25年 化学	20年 世界史
25年 数学〈理系〉		15年 生物	

A5判　各税込2,750円　生物は税込2,530円
※生物は第2版ではありません

2025- 駿台 大学入試完全対策シリーズ 大学・学部別

A5判／税込2,860～6,050円

【国立】
- ■北海道大学〈文系〉　前期
- ■北海道大学〈理系〉　前期
- ■東北大学〈文系〉　前期
- ■東北大学〈理系〉　前期
- ■東京大学〈文科〉　前期※
- ■東京大学〈理科〉　前期※
- ■一橋大学　前期
- ■東京科学大学〈旧東京工業大学〉前期
- ■名古屋大学〈文系〉　前期
- ■名古屋大学〈理系〉　前期
- ■京都大学〈文系〉　前期
- ■京都大学〈理系〉　前期
- ■大阪大学〈文系〉　前期
- ■大阪大学〈理系〉　前期
- ■神戸大学〈文系〉　前期
- ■神戸大学〈理系〉　前期
- ■九州大学〈文系〉　前期
- ■九州大学〈理系〉　前期

【私立】
- ■早稲田大学　法学部
- ■早稲田大学　文化構想学部
- ■早稲田大学　文学部
- ■早稲田大学　教育学部-文系 A方式
- ■早稲田大学　商学部
- ■早稲田大学　基幹・創造・先進理工学部
- ■慶應義塾大学　法学部
- ■慶應義塾大学　経済学部
- ■慶應義塾大学　理工学部
- ■慶應義塾大学　医学部

※リスニングの音声はダウンロード式
（MP3ファイル）

2025- 駿台 大学入試完全対策シリーズ 実戦模試演習

B5判／税込2,090～2,640円

- ■東京大学への英語※
- ■東京大学への数学
- ■東京大学への国語
- ■東京大学への理科(物理・化学・生物)
- ■東京大学への地理歴史
　（世界史・日本史・地理）
- ■京都大学への英語
- ■京都大学への数学
- ■京都大学への国語
- ■京都大学への理科(物理・化学・生物)
- ■京都大学への地理歴史
　（世界史・日本史・地理）
- ■大阪大学への英語※
- ■大阪大学への数学
- ■大阪大学への国語
- ■大阪大学への理科(物理・化学・生物)

※リスニングの音声はダウンロード式
（MP3ファイル）

駿台文庫株式会社
〒101-0062 東京都千代田区神田駿河台1-7-4　小畑ビル6階
TEL 03-5259-3301　FAX 03-5259-3006
https://www.sundaibunko.jp

① 20240711